食料・環境経済学
政策研究のテーマと実証

ITO Junichi
伊藤 順一［著］

Food and Environmental
Economics

勁草書房

はしがき

　程度の差こそあれ，食料・環境問題はどの時代，いかなる国にも存在するが，その所在を明らかにし，解決策を探るためには，世界で共通する「言語」の修得が不可欠である。その「言語」の1つがミクロ経済学に他ならない。

　食料・環境問題を巡り，実際に何が起きているのかを知ることも，「言語」の修得と同じ程度に重要である。現実を知らなければ，「言語」は宝の持ち腐れとなり，生半可な事実認識に基づく解決策の提示は，「百害あって一利なし」である。

　本書は，経済学的な視点から食料・環境問題を研究しようとする研究者や学生のために執筆された。ミクロ経済学をベースとして，とくにデータを使って計量的に分析しようとする読者が想定されている。紙幅の都合で，計量経済学に関する説明は割愛せざるを得なかった。詳細は専門書に当たって欲しい。

　経済学の体系を大別するとミクロとマクロがあり，総論としてこの2つの経済学が入門としての役割を果たしている。各論としては，金融・財政論，国際経済学，経済発展論，ゲーム理論，計量経済学，行動・実験経済学など様々な「経済学」が存在する。食料・環境経済学も各論の1つである。

　伝統的なミクロ経済学では，生産者や消費者の行動や財・サービスが取引される市場の機能が考察の対象となる。食料・環境経済学では，ここに政府が重要なプレイヤーとして登場する。市場が正常に機能しないために，政府がその役割を代行することもあれば，彼らが社会的厚生（social welfare）の最大化とは一見矛盾する政策を実施する場合もある。本書では，そうした政府行動の是非について判断を留保している箇所がある。読者自らの規範的判断に照らして結論を導いて欲しい。市場メカニズムの機能と政府の役割をど

う評価するか．これは本書各所に通底する重要な empirical question でもある．

本書の前半（第1・2章）では，生産者行動の理論を示した上で，日本と中国の農業を対象として筆者が行った実証分析の結果を紹介した．ミクロ経済学の基礎理論をすでに修得している読者は，第2章から読み始めてもらっても構わない．

本書の中盤（第3〜6章）では，農地の貸借市場，世界の食料安全保障，経済成長と農業，食料・環境問題の厚生経済学的考察といったトピックを取り上げた．農業における農地の重要性に鑑み，第3章では1つの章を割いて，農地貸借に関する理論と実証を扱った．第4章では世界の穀物市場の動向を概観した上で，途上国の食料安全保障について実証分析の結果を示した．第5章では経済成長と国民経済に占める農業の比重の低下について，その双方的な関係を論じた．また同章では，国際貿易の原理を丁寧に説明すると同時に，穀物貿易に関する実証研究の成果を示した．日本やアジア諸国を想定した議論となっているが，理論のベースとなっているのはオーソドックスなミクロ経済学である．第6章では，厚生経済学の観点から，コメの生産調整や国境措置，環境保全対策などに関する政策評価を行った．

本書の後半（第7・8章）の内容は，共有地問題や環境・生態系サービス支払いに関する理論と実証分析である．応用ミクロ経済学の範疇に属するテーマであり，ゲーム理論や情報の経済学が理論的なフレームワークとなっている．共有地問題については，中国雲南省昆明市の農村をフィールドとした実証分析の結果を紹介した．環境支払いについては，先行研究の争点と論点を整理した上で，日本型直接支払制度を念頭に，制度への参加要因とその成果を明らかにした．

本書の内容は，筆者が過去40年にわたり行ってきた実証分析が中心となっており，食料・環境問題を網羅するものとはなっていない．理論の理解と実証分析の手ほどきを目指して執筆したが，理解が困難な部分は読み飛ばしてもらっても一向に構わない．

勁草書房の黒田拓也氏には，出版の相談から原稿のチェックまで，大変お世話になった．心から御礼申し上げたい．中嶋晋作氏には草稿のすべてに目

を通してもらい，有益なコメントを賜った。記して謝意を表したい。

2024 年夏　伊藤順一

目 次

はしがき　i
図表目次　viii

第1章　食料生産の理論と実証：基礎編 …………………………… 1
　1.1　食料生産の技術選択　2
　1.2　農業の生産関数　8
　1.3　BC過程の利潤最大化　14
　1.4　M過程の費用最小化　19
　1.5　産出距離関数　24
　1.6　技術進歩　28
　【演習】　32

第2章　食料生産の理論と実証：応用編 …………………………… 35
　2.1　直接支払制度の経済分析　37
　2.2　政策変更に伴う生産者の技術選択　44
　2.3　農業の選択的拡大　48
　2.4　メタ生産関数と成長会計分析　57
　2.5　中国農業の発展と農民専業合作社　64
　2.6　農家の兼業化と農業の構造問題　75
　【演習】　79

第3章　農地貸借の理論と実証 ……………………………………… 81
　3.1　農地貸借の理論　82
　3.2　マルチ・エージェント・モデル　92
　3.3　日本と中国の農地制度改革　102
　3.4　農地貸借市場の実証分析1：日本の都府県の事例　108
　3.5　農地貸借市場の実証分析2：中国甘粛省の事例　115
　3.6　農地貸借市場の実証分析3：中国江蘇省の事例　121

【演習】 126

第4章　世界の穀物市場と食料安全保障 ……………………………… 127
4.1　穀物生産と貿易の動向　128
4.2　食料自給率と農業保護　137
4.3　世界の食料安全保障　145
4.4　アフリカのフード・アクセス　152
【演習】 165

第5章　経済成長と農業 ……………………………………………… 167
5.1　ペティ＝クラークの法則　168
5.2　労働力の移動と国民経済　171
5.3　比較優位の原理　179
5.4　経済成長と農業の競争力　189
5.5　穀物貿易に関する実証分析　198
補論1　中国の所得格差　209
補論2　価格に関するゼロ次同次性とワルラス法則　210
【演習】 213

第6章　厚生経済学と食料・環境問題の余剰分析 ………………… 217
6.1　資源配分と所得分配　218
6.2　厚生経済学の基本定理と社会的余剰　226
6.3　食料問題の余剰分析　230
6.4　環境問題の余剰分析　251
【演習】 264

第7章　農村共有資源の保全と管理 ………………………………… 265
7.1　共有資源の属性　266
7.2　共有資源の枯渇　267
7.3　共有地の悲劇　270
7.4　悲劇の回避　275
7.5　進化論的ゲーム理論　279

7.6　灌漑管理の協調行動　285
補論1　ナッシュ交渉解　295
補論2　漁場で多数の漁師が操業するケース　296
補論3　混合戦略を含むナッシュ均衡　297
【演習】　298

第8章　環境支払いの理論と実証……………………………301
8.1　環境・生態系サービスに対する支払い　302
8.2　PESに関する争点と論点　303
8.3　日本農業とPES　313
8.4　向上対策への加入要因と成果　318
8.5　中山間地域等直接支払の制度設計　326
【演習】　343

補章　経済数学の補足的説明……………………………345

引用文献　351
あとがき　365
索引　367

図表目次

[第1章]

第1-1図　シリアルの労働生産性と土地生産性　3
第1-1表　各指標の変化率（1970～2020年）と2020年の土地・労働比率　4
第1-2図　フィリピンにおける「緑の革命」　6
第1-3図　2投入・1産出の生産関数　10
第1-4図　$S=\bar{S}$における断面図と技術効率性　10
第1-5図　肥料の限界生産力　11
第1-6図　利潤最大化の図解　15
第1-7図　利潤最大化の2階条件を満たさない生産関数　16
第1-8図　M過程の費用最小化　20
第1-2表　2つのMテクノロジー　23
第1-9図　2つのテクノロジーの平均費用　23
第1-10図　10a当たりコメ生産費　24
第1-11図　1投入・2産出の利潤最大化　26
第1-12図　中立的技術進歩　29
第1-3表　中国農業の成長会計分析　30
第1-13図　M過程における偏向的技術変化　31

[第2章]

第2-1図　農業粗収益に占める共済・補助金の割合　39
第2-1表　技術効率性の平均値　42
第2-2表　生産関数の推計結果　47
第2-2図　主要農産物の利潤率　50
第2-3図　中国農業の配分効率性　52
第2-4図　中国の穀物，野菜・果実の生産量と穀物の自給率　54
第2-3表　中国経済の地域間格差と農業生産　58
第2-5図　メタ・フロンティアとk地域i省の技術効率性　60
第2-6図　メタ・フロンティア関数による効率性の計算結果（前期・後期）　61
第2-4表　TFP成長率の要因分解　63
第2-7図　スイカ栽培面積のヒストグラム　66
第2-5表　プロビット・モデルの推計結果（平均限界効果）　68
第2-6表　PSMによる処理効果の推定結果　69
第2-8図　肥料投入とシリアルの単収　71
第2-7表　甘粛省と標本村の基本統計　72

第 2-8 表　BC・M 過程の推計結果と技術非効率性の決定要因　74
第 2-9 図　農家の主体均衡　76
第 2-9 表　日本の農家構成　77
第 2-10　農家の平均規模と耕作放棄地率　78

[第 3 章]
第 3-1 図　農地貸借市場の均衡　85
第 3-2 図　地代と米価の連動　85
第 3-3 図　農地取引による余剰の増加　89
第 3-4 図　取引費用が農地貸借市場に及ぼす影響（Ⅰ）　91
第 3-5 図　取引費用が農地貸借市場に及ぼす影響（Ⅱ）　97
第 3-6 図　賃金上昇に伴う地代，貸借率，耕作放棄地率の変化（シミュレーション，日本）　99
第 3-7 図　賃金上昇に伴う離農率，農家の平均規模，生産量の変化　100
第 3-8 図　耕作目的の農地の権利移動面積　104
第 3-9 図　貸借率と耕作放棄地率の関係　109
第 3-1 表　日本農業の農地利用と土地持ち非農家　110
第 3-10 図　合理化法人密度と農地貸借率（日本）　111
第 3-2 表　貸借率と耕作放棄地率に関するパネル推計の結果（Zellner 推計）　113
第 3-11 図　甘粛省の貸借率と合作社　116
第 3-3 表　推計結果　119
第 3-4 表　江蘇省の農地貸借　123
第 3-5 表　地区別にみた江蘇省経済の概要（2013 年）　124
第 3-6 表　土地株式合作社の平均処理効果　125

[第 4 章]
第 4-1 図　シリアルと大豆の名目生産額　129
第 4-2 図　シリアルと大豆の輸出額　129
第 4-3 図　穀物の生産と国際取引　130
第 4-4 図　世界の地域別穀物純輸出量　132
第 4-5 図　主要国の穀物輸出　132
第 4-6 図　日本，韓国，中国の穀物輸入　133
第 4-7 図　農産物の国際需給と一物一価　135
第 4-8 図　農産物の内外価格差（日本の価格 / 米国の価格）　136
第 4-9 図　農産物の内外価格差（ノルウェーの価格 / 米国の価格）　136
第 4-10 図　主要国のシリアル自給率　138
第 4-11 図　日本の自給率と農業生産額　140
第 4-12 図　%PSE の推移　141
第 4-13 図　B2 国のフード・アクセス　147
第 4-14 図　食料とシリアルの国際価格の推移　149
第 4-15 図　中国と NFIDCs における諸指標の推移　150

第 4-1 表　食料輸入額の内訳（2020 年）　153
第 4-16 図　アフリカの地域別 1 人 1 日当たりのカロリー摂取量　154
第 4-2 表　アフリカ各地域の主な輸入相手国（2020 年）　155
第 4-17 図　食料支援（2021 年固定価格）　157
第 4-3 表　アフリカの地域別諸指標（2020 年）　159
第 4-18 図　シリアルとイモ類の自給率と栄養不足人口割合　160
第 4-4 表　アフリカの食料安全保障に関する回帰分析の推計結果　162

[第 5 章]
第 5-1 図　日本の経済成長と農業・農村シェアの変化　169
第 5-2 図　中国の経済成長と農業・農村シェアの変化　169
第 5-3 図　農林水産業のシェアと 1 人当たり GDP（2019 年）　170
第 5-4 図　日本の労働生産性成長率と要因分解　172
第 5-5 図　中国の労働生産性成長率と要因分解　172
第 5-1 表　世界の地域別にみた農業の GDP 割合（X_1）と農業の就業人口割合（V_1）　174
第 5-6 図　農業部門の過剰就業　176
第 5-2 表　日本と米国の労働生産性　181
第 5-7 図　封鎖経済と開放経済における均衡　181
第 5-3 表　相対価格と 2 国の生産　183
第 5-4 表　日本の労働生産性の上昇　186
第 5-5 表　円表示の平均費用　188
第 5-6 表　世界地域別の 1 人当たり実質 GDP（2015 年固定価格）と人口割合　190
第 5-8 図　コメの生産者価格の比較（対米国比）　191
第 5-7 表　農業部門における土地・労働比率の国際比較（2020 年）　192
第 5-9 図　世界各地域のシリアルの単収　193
第 5-10 図　世界各国の土地・労働比率とシリアルの自給率（2018 年）　194
第 5-11 図　アジア主要国のシリアル自給率　196
第 5-12 図　相対 w/q の国際比較　197
第 5-13 図　中国の農産物純輸入数量　198
第 5-8 表　シリアル・大豆の輸出国ランキング　199
第 5-14 図　穀物の RCA 指数と自給率　201
第 5-9 表　System GMM モデルの推定結果　206
第 A.5-1 図　主要国の RCA 指数と 1 人当たり実質 GDP（2010 年固定価格）　214
第 A.5-2 図　中国の所得格差　216

[第 6 章]
第 6-1 図　エッジワースのボックス・ダイアグラム　225
第 6-2 図　消費者余剰と生産者余剰　228
第 6-3 図　競争均衡の最適性と補助金の投入　230
第 6-4 図　日本のコメ需給　232

第 6-1 表　米価と逆ざや　233
第 6-5 図　コメ市場の均衡と生産者余剰　235
第 6-6 図　生産調整政策の推移　236
第 6-7 図　農産物および農業生産資材価格指数と CPI　237
第 6-8 図　一律減反を基準とする選択制下の米価変化率と余剰変化　241
第 6-9 図　一律減反を基準とする減反廃止時の米価変化率と余剰変化　242
第 6-2 表　基本計画の生産・自給率目標　244
第 6-10 図　コメの関税化　248
第 6-11 図　農業の多面的機能の評価　254
第 6-12 図　外部不経済と「市場の失敗」　256
第 6-13 図　農産物の国際需給と農業の外部効果　259
第 6-3 表　貿易自由化による外部不経済と社会的余剰の変化　261
第 6-14 図　国際貿易の均衡と総余剰　263

[第 7 章]
第 7-1 表　財・サービスの属性による分類　267
第 7-1 図　2 人の漁師の反応関数　271
第 7-2 図　パレート劣位なナッシュ均衡　273
第 7-2 表　囚人のジレンマ　278
第 7-3 表　V_1 と V_2 の計算結果　279
第 7-4 表　農家の利得行列　281
第 7-3 図　位相図　282
第 7-4 図　農家間の所得格差と相互協調確率の関係　284
第 7-5 表　雲南省西山区の共有資源管理　287
第 7-6 表　出役頻度の推計結果　292
第 A.7-1 表　モデルの解　297
第 A.7-1 図　3 つのナッシュ均衡　298

[第 8 章]
第 8-1 図　PES の交付と隠された情報　309
第 8-2 図　後継者の有無別農家世帯数　314
第 8-3 図　年齢階層別基幹的農業従事者数の推移　315
第 8-1 表　農家の利得行列　317
第 8-2 表　向上対策への参加に関するプロビット分析　321
第 8-4 図　環境支払いによる位相図の変化　324
第 8-3 表　向上対策の平均処理効果　325
第 8-5 図　中山間地域等直接支払制度への参加（集落協定）　328
第 8-4 表　交付単価　329
第 8-6 図　日本の耕作放棄地面積と放棄地率の推移　330
第 8-5 表　直接関与と間接関与の比較　334

第8-7図　直接関与と間接関与の均衡　334
第8-8図　交付単価の提示に対する集落の選択　336
第8-9図　傾向スコアのオーバーラップ　338
第8-6表　バランス検定　339
第8-7表　中山間事業の処理効果　340
第8-10図　ヘテロな処理効果　340
第8-8表　耕作放棄地率以外の変数の処理効果　342

[補章]
第A-1図　微分による近似　346
第A-2図　市場均衡の比較静学　348

第1章　食料生産の理論と実証：基礎編

　第1章で取り上げるトピックは，食料生産の技術選択，農業の生産関数，生産者の最適化行動，農業成長に対する技術進歩の貢献などである。一般のミクロ経済学のテキストと同様に，生産関数（production function）が技術的な制約として登場するが，本章では農業の特質を考慮して，やや特殊な関数型に基づいて生産者行動を描写した。生産関数分析は技術の可視化であり，次章では様々な形の生産関数が推計される。

　本章ではフロンティア生産関数（frontier production function）についても簡単な説明を加えた。ミクロ経済学の生産者理論では，生産関数の表面をフロンティア，その内側を生産可能性集合と呼び，フロンティア上で生産を行っていれば，技術的に効率的（technically efficient）であると判断される。しかし，すべての生産者が効率的な投入・産出の組み合わせを選択しているわけではない。効率性を改善するためには，経営者の自助努力だけでは不十分で，政策的な関与を必要とする場合もあれば，意図せざる結果として，制度の導入が効率性を低下させる場合もある。

　本章の後半では複数産出の生産関数（multiple-output production function）について，その概要を説明し，生産者の最適化行動を定式化した。農業に限ったことではないが，経営を多角化している生産者は，利潤が最大となるように，複数のアウトプットについて最適な組み合わせを模索しているはずである。これは配分効率性（allocative efficiency）に関する問題であり，技術効率性とは区別される。配分効率性の概念は，最適な投入と産出の組み合わせについても適用できる。

　ミクロ経済学における生産者理論では，独占や寡占を例外として，生産者は価格受容者（price-taker）として行動する。つまり，彼らにとって生産物や生産要素の価格は所与である。1社あるいは数社が市場を支配しているケ

ースでは，企業が価格をある程度コントロールしているから，そうした企業は価格受容者ではない。一方，世界のどの国・地域でも，農業部門には多くの生産者（農家や企業，組織）が生産活動に従事しているから，個々の経営者の行動が生産物や生産要素の価格に影響することは稀である。そういった意味で，ミクロ経済学の生産者理論は，食料生産の分析に適していると言える。

　ミクロ経済学の基本的な概念である最適化問題（optimization problem）は，微分の知識を必要とするが，本章ではこれとは別の解法を併せて示した。解の導出と同時に，その経済的な意味を理解しながら読み進めて欲しい。また経済学では頻繁に，比較静学（comparative statics）が登場し，そこでは全微分が用いられる。非常に汎用性のある概念なので，補章を参考に理解に努めて欲しい。

1.1　食料生産の技術選択

労働生産性の向上

　1国の農業生産量を Q，農業就業人口を L，作付面積を S で表すと，以下の (1.1) 式が恒等式として成立する。

$$\frac{Q}{L} = \frac{Q}{S} \cdot \frac{S}{L} \tag{1.1}$$

Q/L は労働生産性（労働者1人当たりの生産量），Q/S は土地生産性（単収），S/L は土地・労働比率である。S/L はその国の平均農場規模の代理変数と考えてよい。ここではシリアルについて，その労働生産性（トン/人）と土地生産性（トン/ha）を日本，韓国，米国，豪州，フランス，タイについて計算し，その自然対数値を第1-1図にプロットした。計測期間は 1970～2020 年だが，タイについてはデータの都合で 1971～2020 年とした。単収は FAOSTAT のデータをそのまま用いた[1]。労働投入は農業就業人口に（シリアル生産額/農

---

[1]　FAO 統計のシリアルとはコメ，麦類，メイズ，雑穀のことで，マメ類，イモ類を含まない。

1.1 食料生産の技術選択　　　　　　　　　　3

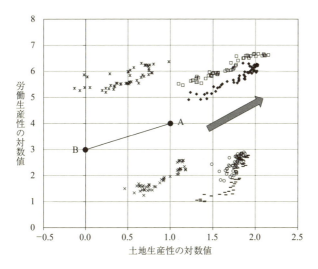

第1-1図　シリアルの労働生産性と土地生産性

資料：FAOSTAT.

業生産額）を乗じた値とし，これを用いて労働生産性と土地・労働比率を計算した。図の矢印は期間内における変化の方向を表している。

　土地生産性の対数値（横軸）と労働生産性の対数値（縦軸）の観察値が，仮に第1-1図のA点にあるとすれば，それに対応する土地・労働比率の対数値は，A点を通過する勾配1の直線と縦軸の交点（B点）で与えられる。この場合であれば，$\ln(S/L) = 3$ であるから，これより土地・労働比率の値として $S/L = 20.1$（ha/人）を得る。

　ところで，農業の交易条件（agricultural terms of trade）が期間内で一定であれば[2]，労働生産性の上昇により，農業労働者1人当たりの実質所得が増加する。(1.1)式は，労働生産性を上昇させるためには，土地生産性あるいは土地・労働比率の上昇が必要であることを示している。つまり，農作物の

---

2) この場合の交易条件（terms of trade）とは，農産物の生産者価格指数を農業生産資材価格指数で除した比率のことで，期間内にこの値が上昇すれば，農業の交易条件は改善したとみなせる。

第1-1表　各指標の変化率(1970〜2020年)と2020年の土地・労働比率

	日本	韓国	米国	豪州	フランス	タイ
労働生産性(%)	2.00	3.94	2.57	2.04	2.64	2.58
土地生産性(%)	0.35	0.90	1.84	1.03	1.32	1.37
土地・労働比率(%)	1.65	3.04	0.73	1.01	1.32	1.21
土地・労働比率(ha/人)	2.8	2.2	95.8	240.4	86.3	4.2

注：タイに関しては1971〜2020年の変化率を示した。

単収が向上し，農場の規模が拡大すると，農業所得が増加する。(1.1) 式の両辺について自然対数をとり，さらにそれを時間で微分すると，次式を得る。

$$\frac{d\ln(Q/L)}{dt}=\frac{d\ln(Q/S)}{dt}+\frac{d\ln(S/L)}{dt}$$

つまり，労働生産性の変化率は単収と土地・労働比率の変化率の和に等しい。

第1-1表は第1-1図の6か国について，1970〜2020年の労働生産性，土地生産性，土地・労働比率の変化率（年率）と2020年の S/L を計算した結果である[3]。第1-1図と第1-1表から以下のことが言える。

① 労働生産性は日本，韓国，タイに比べ，米国，豪州，フランスのほうが高い。
② 土地生産性は豪州，タイに比べ，日本，韓国，米国，フランスのほうが高い。
③ 期間内で土地生産性を大きく伸ばしたのは，米国，フランス，タイである。その結果，土地生産性の序列が期間内で大きく変化した。
④ 土地・労働比率の序列は，期間内で変化しておらず，豪州，米国，フランス，タイ，日本，韓国の順である。
⑤ 2020年における豪州の S/L は韓国，日本のそれぞれ，111倍，87倍に達する。

---

[3] 第1-1表の変化率（年率）は推計式 $\ln x = \alpha + \beta t$ から計算した。x は生産性あるいは土地・労働比率の値，t は年を表し西暦でもよいし，西暦から任意の数字を引いた値でも何でもよい。$d\ln x/dt = \beta$ から，β の値が当該変数の年率となる。2時点データから計算される変化率は異常値の影響を受けるから，期間内の時系列データが利用できるのであれば，上の回帰式を推計するほうが望ましい。

土地生産性の成長率が日本で低く，米国で高いことには理由がある。期間内で土地生産性の序列が変化したのに対し，土地・労働比率の序列が変化しなかったことにも理由がある。こうしたことについては本書を通読し，読者自らが考えて欲しい。

生物学・化学技術と機械技術

食料生産には2種類の技術がある。1つは生物学・化学（BC：biochemical）技術，もう1つは機械（M：mechanical or machinery）技術である（荏開津，1985, 2008）。前者は土地生産性（単収）を向上させる技術であり，後者は省力化あるいは規模拡大を可能にする技術である。

「緑の革命」[4]

BC技術には，病害虫対策の向上，栽培方法の改善などが含まれるが，その中心は品種改良である。アメリカのロックフェラー財団の支援により，1943年にメキシコで育成されたメキシコ矮性小麦は，日本の改良品種である農林10号と，メキシコの在来品種との交配から生まれた。開発したのは，国際トウモロコシ・小麦改良センター（CIMMYT：International Maize and Wheat Improvement Center）である。多くの実をつけても倒伏しないように，矮性，つまり太くて短い茎（短稈：たんかん）を特徴とする品種が開発されたのである。

一方，1962年にフィリピンに設立された国際稲研究所（IRRI：International Rice Research Institute）は，その数年後に高収量品種（HYV：High-Yielding Variety）のIR8を開発した。これは台湾の改良品種とインドネシアの在来品種から交配された品種である。IR8は驚異的な収量の高さのために，ミラクル・ライスと呼ばれるほどであった。改良品種の種子を用いて，高収量を上げるためには，十分な肥料と雑草や水の制御が必要であった。つまり，在来品種からHYVへの転換は，人力と天水という慣習的投入から，肥料や灌漑用水といった近代的投入への転換なしには，成果を上げることができな

---

[4] このセクションは速水 (1986)，荏開津 (2008) を参考にした。

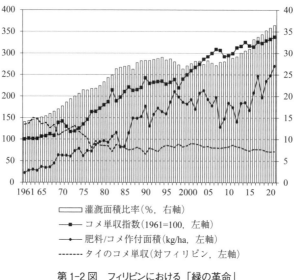

第1-2図 フィリピンにおける「緑の革命」

資料：FAOSTAT.

かったのである。

　第1-2図は，フィリピンにおけるコメの単収指数（1961＝100），肥料投入量（kg/ha），灌漑面積比率（％）の推移を表している。図には示されていないが，コメの単収は1950年代には停滞していた。1966年にIR8が導入されると，平均収量は飛躍的に上昇し，フィリピンは1968〜70年にコメの自給を達成する。病害虫（トングロ・ビールス病）の影響により，収量はその後再び低迷するが，耐虫性・耐病性の遺伝子を組み入れた新品種の普及により，コメの収量は以前を超える速度で上昇し始めた。タイにおけるコメの単収と比較すれば，その差は歴然としている。1961年当時，単収はタイのほうが35％程度高かったが，現在では逆転し，フィリピンのほうが40％ほど高い。タイには農地面積を拡大する余裕があったので，アジアの国としては例外的に，単収を向上させる必要性が低かったのである。

　1979年にノーベル経済学賞を受賞したT. W. シュルツは，低水準に停滞したままの農業を慣習的農業（traditional agriculture）と呼んだが，それは皮肉

にも非常に効率的な生産様式であった（Schultz, 1964）。慣習的農業では長期間，同じ技術・農法を用いて，同じ作物が栽培されていた。その結果，技術効率的な生産が長い間，継続的に行われていた。また農民は，農業所得を最大化する肥料の投入量についても熟知していた。つまり，配分効率的な生産が行われていた（2つの効率性については後述する）。農民は長年の経験と実践を通して，経済的に最も効率的な生産を行っていたのである。しかし，そこから生み出される所得は，彼らの生計を維持するのに十分なものではなかった。「緑の革命」は，土地生産性の向上，すなわちBC技術の進歩を通して，アジアの農民に貧困から脱する機会を提供したのである[5]。

農作業の省力化

機械技術（M technology）は農作業の省力化と経営規模の拡大（(1.1) 式における S/L の上昇）を可能にするテクノロジーである。現在，日本の水稲作は機械化一貫体系を完成させており，耕耘，田植え，管理，収穫，乾燥，調整のすべてのプロセスで手作業（manual work）が軽減されている。その結果，10アール（1アール＝100 m^2）当たりの稲作の平均労働時間は，1970年の118時間から2021年には22時間にまで減少した（「農産物生産費統計―米及び麦類の生産費―」農水省）。省力化のメカニズムについては本章第4節で詳しく述べるが，農作業から解放された農業労働力は非農業部門へと向かい，多くの稲作農家は兼業農家となった。農作業の機械化は，経済成長に対する農業者の合理的な反応であり，その結果，農家1戸当たりの所得は，勤労者世帯の所得を上回る水準にまで高まった（OECD, 2003, p. 18）[6]。

技術選択と生産者行動

ここまでの議論から明らかなように，土地利用型農業（耕種農業）における技術選択は，それぞれの国・地域における土地・労働比率に規定される。

---

5) 品種改良と化学肥料・農薬の多投を伴った「緑の革命」は，一方で生物多様性の消失と環境汚染という負の遺産をもたらした。農業と環境問題については第8章で論じられる。

6) ただし，2015年時点で，稲作農業経営体の80％以上が水稲作付面積2 ha未満の零細農であり，こうした農家では経営主の高齢化が急速に進んでいる。日本の稲作は担い手の世代交代に失敗したことで，危機的な状況に直面している（生源寺，2010）。

1戸当たりの農場規模が小さな国・地域では，経営面積を拡大するよりも土地生産性を上昇させることで，労働生産性を上昇させ，農業所得の向上に努めてきた。反対に，広大な農地を利用できる国・地域では，低単収にもかかわらず十分な所得を得ることができた。

採用される技術が要素賦存（factor endowments）の状態に規定されるというのは，食料生産の大きな特徴の1つである。容易に想像できるけれども，少なくとも先進国の間では，製造業で採用されているテクノロジーに大きな差異は存在しない。その理由は，そうした財の生産が労働力と資本に依存しているからである。一方，第1-1図にみられるように，農業の技術選択には国・地域間で大きな差異が生じているが，その原因は要素賦存の状況（土地・労働比率）が異なっているからである。言うまでもなく，人口稠密な国・地域における農業の土地・労働比率は，相対的に低い。

反面，採用される技術が異なっていても，農業生産者の目的は古今東西，ほぼ同じであると考えてよい。なるべく少ない資源（労働力や農地）を用い，より多くの所得（あるいは利潤）を生み出そうとする努力や，ある水準の収穫量を生み出すために，生産費をできるだけ抑えようとする試みがそれである。もちろん，例外的なケースは存在するが，農業で生計を立てている専業的な経営者は，より多くの所得を得るために，農業経営に勤しんでおり，われわれが目にする食料生産の現実は，こうした営為の結果に他ならない。

1.2 農業の生産関数

生産関数の定義

ある期間（1年間）の生産量を Q，使用される中間投入財を V，労働投入を L，資本を K，経営耕地面積を S とすれば，耕種農業における生産関数の一般型は次式で表される。

$$Q = F(V, L, K, S)$$

生産関数とは生産要素（input）と産出（output）の関係を表した数式である。投入と産出は物量単位，場合によっては金額単位で測定することもある（中

間投入財を金額，労働を時間で測ってもよい)[7]。生産量は期間を定めて定義される。耕種作物（たとえばコメ）であれば，1年間の収穫量で測るのが普通である。こうした経済変数はフロー（flow）と呼ばれる。投入量もフローで測られるべきだが[8]，資本財はある時点における設備の台数やその価値額といったストック（stock）で測られることのほうが多い。資本のフローは減価償却費によって測ることができるが，これはあくまで会計上のみなし計算である。

生産関数分析では，可変的要素（variable input）と固定的要素（fixed input）の区別も重要である。分析期間を長くとれば，すべての生産要素は可変的となるが，短期では土地（作付面積）は固定的要素とみなされることが多い。農家は中間投入財や労働をインプットとして使用するが，とくに耐用年数の長い資本や土地の購入は投資（investment）と呼ばれる[9]。

生産関数の特性と規模の経済

BC過程で重視されるのは，肥料（V）および作付面積（S）と生産量（Q）の関係であり，

$$Q = F(V, S) \tag{1.2}$$

と表される。第1-3図は（1.2）式を描いたものである（第1-3図とは異なる形状の生産関数については後述する）。通常，$F(0, S) = F(V, 0) = 0$ が仮定される。また，第1-4図は第1-3図の生産関数を $S = \bar{S}$ で切断した断面図である。OT曲線とOV（横軸）で囲まれた領域を生産可能性集合（production possibility set）と呼ぶ。言うまでもなく，OT曲線よりも上の領域では生産できない。

第1-4図の $V = V_0$ で可能な生産量は最大で Q_0 であるから，図のa点は効率的だが，b点は効率的ではない。図の bV_0 を aV_0 で除したものを技術効率性（technical efficiency）と呼び，この値が1であれば，生産フロンティア

---

[7] 時系列データを利用するのであれば，投入・産出データは価格の影響を除外した実質値を用いなければならない。

[8] したがって，労働投入量は人数よりも日数や時間で測ったほうが正確である。

[9] 投資理論については青木・伊丹（1985）の第6章を参照せよ。

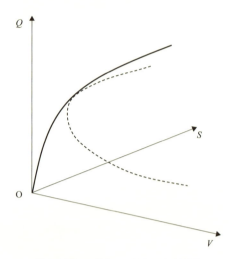

第1-3図　2投入・1産出の生産関数

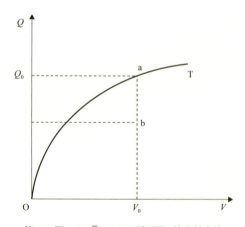

第1-4図　$S=\bar{S}$における断面図と技術効率性

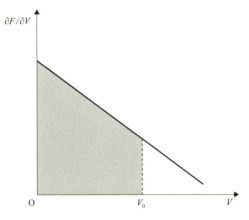

第1-5図　肥料の限界生産力

(OT曲線) 上で生産が行われていることを意味する．農業に限らず，技術効率性の決定要因を探ることは，実証分析の重要なテーマである．

　第1-4図に明らかな通り，一定の経営耕地面積に対し，肥料投入量を増やしていけば，生産量は増加するが，増加の程度は徐々に低下する．これを「要素比率に関する収穫逓減」あるいは「限界生産力 (MP：marginal product) の逓減」と呼ぶ．第1-5図は横軸に肥料投入量，縦軸に肥料の限界生産力を示したものである（肥料の限界生産力は，第1-4図のOT曲線の勾配に等しい．ここではそれを直線で描いた）．積分の公式から，第1-5図のシャドー部分の面積が $Q_0 = F(V_0, \bar{S})$ に等しくなる．

　長期では (1.2) 式の農地も可変的要素となる．いま肥料と農地の投入量をラムダ ($\lambda > 1$) 倍したとき，生産量が λ^m 倍になると仮定しよう．すなわち，

$$\lambda^m Q = F(\lambda V, \lambda S) \tag{1.3}$$

である．ここで，

$$m > (<) 1 \quad \Rightarrow \quad \lambda^m > (<) \lambda$$

であれば，規模の経済（不経済）が存在すると言う．規模に関して収穫逓増（逓減）と表現することもある．$m = 1$ であれば規模に関して収穫一定である．

コブ＝ダグラス型生産関数

生産関数の型を定めることを特定化（specification）と言うが，農業部門に限らず，多くの実証研究で用いられてきた関数は，以下のコブ＝ダグラス（CD：Cobb-Douglas）型である。関数名は人名に由来する。

$$Q = \exp(c) V^{a_V} L^{a_L} K^{a_K} S^{a_S} \tag{1.4}$$

$a_X (X=V, L, K, S)$ は 1 よりも小さい正の定数で，データと統計学の手法を用いてこの値を推定（estimate）すれば，技術の特性を知ることができる。CD 関数がこの条件を満たせば，たとえば，労働，資本，農地（作付）面積を一定として，V と Q の関係が第 1-4 図のように表される（$0<a_V<1$ であれば，第 1-4 図のようになることを確認せよ）。農業の生産量は 4 つの生産要素のみならず，気象条件や灌漑率，農業政策などにも依存するが，これらは (1.4) 式の c に含まれると考えればよい。

分離型コブ＝ダグラス

Evenson and Kislev (1975), Kislev and Peterson (1982) は農業生産における一連のサブプロセスを

$$Q = F[f_b(V, S), f_m(L, K)]$$

と表現した。$f_b(V, S)$ が BC 過程，$f_m(L, K)$ が M 過程を意味する。さらに，生産過程の第 1 段階として $S = G(L, K)$ が，第 2 段階として $Q = F(V, S)$ が想定された。変数の意味は上と同じである。同様な発想は荏開津（1985，第 10 章）にもあり，同氏は

$$Q = \exp(a) V^{a_V} S^{a_S} \tag{1.5}$$
$$S = \exp(b) L^{a_L} K^{a_K} \tag{1.6}$$

と特定化した。以下ではこれを分離型コブ＝ダグラス（SCD：Separated Cobb-Douglas）と呼ぶ。

(1.5) 式で $a_V + a_S = 1$ であれば，$a_V = a$ として

$$\frac{Q}{S} = \exp(a) \left(\frac{V}{S}\right)^a \tag{1.5'}$$

と書ける。$0<a<1$ であれば，単収（Q/S）の増加の程度は，面積当たりの施

肥量（V/S）の上昇に伴って低下する（要素比率に関する収穫逓減）。

　(1.6) 式は作付面積 S を耕作するためには労働力が必要であり，それは資本によって代替されるという技術関係を表している．たとえば 1 ha の農地を耕すためには，10 人の労働者と農機具 10 セットが必要であるが，5 人の労働者と 20 セットの農機具でもそれは可能であるといった関係である．

確率的フロンティア生産関数

　第 2 章の分析では，確率的フロンティア生産関数（SFPF：Stochastic Frontier Production Function）を多用するので，これについて簡単に説明しておこう[10]．農家 i の生産関数を $Q_i = F(X_i)$，v_i をランダムな誤差項とすれば，確率的フロンティアが $Q_i = F(X_i) \exp(v_i)$ で表される（X_i は投入ベクトル）。SFPF のフロンティアは deterministic ではなく，確率的な要素にも依存する．

　農家 i の投入・産出の組み合わせが，何らかの理由で（確率的な）フロンティアから乖離すれば，すでに述べたように技術効率性は 1 を下回る．この農家の技術効率性を ξ_i とし，

$$Q_i = F(X_i) \xi_i \exp(v_i)$$

としたものが SFPF である[11]．ξ_i は $0 < \xi_i \leq 1$ であり，$\xi_i = 1$ であれば，この農家はフロンティア上で生産していることになる．上式の両辺について自然対数をとれば，

$$\ln Q_i = \ln F(X_i) - u_i + v_i$$

となる．$F(X_i)$ が (1.5) 式であれば，上式は

$$\ln Q_i = a + \alpha_V \ln V_i + \alpha_S \ln S_i - u_i + v_i$$

と書ける．ただし $-u_i = \ln \xi_i$，$u_i \geq 0$ である．通常，v_i と u_i は独立で，$\sigma_{uv} = 0$ が仮定される（両者の相関はゼロ）．また u_i は，正の領域だけに分布する確率変数で，たとえば $u_i \sim N^+(0, \sigma_u^2)$ が仮定される．

　SFPF モデルでは，生産関数と非効率回帰式の同時推計が一般的であり，

---

[10] SFPF の先駆的な研究として，Aigner et al. (1977), Meeusen and van den Broeck (1977) を挙げておく．

[11] 技術効率性は DEA（Data Envelopment Analysis）と呼ばれる方法でも測定できる．興味ある読者は自ら文献に当たって欲しい．

Stataなどの計量ソフトは，そのためのコマンドを用意している。実証分析では，生産関数の推定と同時に，技術効率性を規定する要因として何を選択するかが問題となるが，この点については第2章で具体的に検討する。

1.3 BC過程の利潤最大化

利潤最大化の1階条件

　農業経営（企業経営）の利潤（π：profit）は，収益（R：revenue）から費用（C：cost）を引いたものとして定義される。収益は生産物価格に生産量を乗じたものに等しく（$R=pQ$），費用は生産要素価格に要素投入量を乗じたものに等しい。いま，農業生産のための生産要素として，肥料と農地を仮定すれば，費用は肥料費（uV）と地代（sS）の合計となる（uは肥料の価格，sは地代で，$C=uV+sS$）。農地がすべて自作地であったとしても，利潤を計算する際には，機会費用（opportunity cost）の考えに基づいて，sSも費用とみなすのである[12]。したがって，利潤最大化は以下のように定式化される。

$$\max_{V,S} \quad \pi = R - C = pQ - uV - sS \qquad (1.7)$$
$$\text{s.t.} \quad Q = F(V, S)$$

上式は「生産関数を制約条件として，VとSに関して利潤を最大化する」と読む。農業の場合，個々の生産者の存在は市場の規模に比べきわめて小さいから，彼らは価格（農産物や肥料の価格）をコントロールすることができない。つまり生産者は価格受容者（price-taker）として行動する。

　微分を使えば，最適化問題の1階条件が

$$\frac{\partial F}{\partial V} = \frac{u}{p}, \quad \frac{\partial F}{\partial S} = \frac{s}{p} \qquad (1.8)$$

で与えられる。すなわち，利潤を最大化する肥料や農地の投入量は，その限界生産力がそれぞれ，u/pとs/pに一致するところで決まる。以下では，作付面積が一定（$S=\bar{S}$）であるとして，この最適化問題を，微分を使わずに解

---

[12] 機会費用とは，その生産要素を他の用途に用いたときに得られる最大収益のことである。

1.3 BC過程の利潤最大化

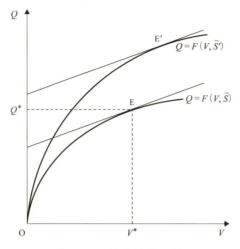

第1-6図　利潤最大化の図解

く方法を解説する。(1.7) 式から

$$Q = \left(\frac{s\bar{S}}{p} + \frac{\pi}{p}\right) + \frac{u}{p}V \tag{1.9}$$

を得るが、これは等利潤直線（iso-profit line）と呼ばれる。生産者にとって価格は所与（与えられたもの）であるから、これを定数とみなせば、(1.9) 式は切片が $(s\bar{S}+\pi)/p$、勾配が u/p の直線群を構成し、利潤の大小に応じて (1.9) 式が上下にシフトする。

(1.9) 式で利潤を最大化する (V, Q) の組み合わせは、生産可能性集合の中になくてはならないから、第1-6図のE点でπが最大となり、この点で $\partial F/\partial V = u/p$ が成立していることは明らかであろう。作付面積も可変的要素である場合、等利潤平面が定義され、生産関数が規模に関して収穫逓減の場合に限り、利潤を最大化する (V, S, Q) がユニークに決まる。

利潤最大化の2階条件

利潤最大化の1階条件（必要条件）は (1.8) 式で与えられるが、2階条件（十分条件）とはどのようなものであろうか。第1-6図に示した生産関数は

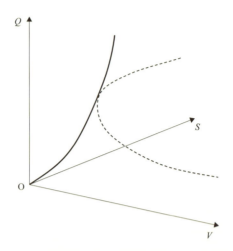

第1-7図　利潤最大化の2階条件を満たさない生産関数

上に向かって凸（下に向かって凹）であり，たとえば $Q=a\sqrt{V}$（a は正の定数）であれば，利潤を最大化する V がユニークに決まる（$V=V^*$）。したがって，この場合は，2階条件を満たしている。ところが $Q=aV^2$ であれば，2階条件を満たしておらず，V をユニークに決めることができない。この場合，肥料の投入量を増やせば増やすほど利潤は大きくなる。肥料が唯一の可変的要素であれば，(1.7) 式から利潤最大化の2階条件は $\partial^2\pi/\partial V^2<0$ であり，これは $\partial^2 Q/\partial V^2<0$ を意味する。

　肥料と農地の2変数が可変的要素で，生産関数が第1-7図のようであれば，利潤最大化の2階条件を満たさない。これは直観的に理解できるはずである。この場合，等利潤平面が生産関数と接することがないので，利潤を最大化する (V, S) がユニークに決まらないのである。生産関数が第1-3図のようであれば，2階条件を満たしている。やや専門的ではあるけれども，生産関数が凹関数（concave function）であれば，利潤最大化の2階条件が満たされる（西村，2009）。

要素需要関数・供給関数と比較静学

　$S=\bar{S}$ の下で，利潤を最大化する肥料の投入量は生産物価格，肥料価格，

1.3 BC 過程の利潤最大化

作付面積の関数であり,
$$V^* = V(p, u, \bar{S}) \tag{1.10}$$
と書ける（*は利潤を最大化する値であることを意味する）。(1.10)式は要素需要関数（factor demand function）と呼ばれる（ここでは肥料需要関数）。生産物価格と肥料価格が同じ倍率で変化した場合，肥料の投入量（V^*）は変化しない。その理由は (1.8) 式から明らかである。このような性質を価格に関するゼロ次同次性（homogeneity of degree zero）と言う。肥料の需要量（均衡投入量：V^*）が決まると，供給量（均衡生産量：Q^*）も決まる。すなわち,
$$Q^* = Q(p, u, \bar{S}) \tag{1.11}$$
であるが，これを供給関数（supply function）と呼ぶ。これも生産物価格と肥料価格に関してゼロ次同次である。(1.10) 式と (1.11) 式を利潤の定義式に代入すれば，利潤関数（profit function）が以下のように表される。
$$\pi^* = pF(V^*, \bar{S}) - uV^* - s\bar{S} \tag{1.12}$$
価格 (p, u, s) が λ 倍されると，均衡利潤は λ 倍となる。これを価格に関する 1 次同次性と呼ぶ。

第 1-6 図から明らかなように，生産物価格と作付面積が一定の下で，肥料価格 (u) が上昇すると，肥料の投入量は減少する。同様に，肥料価格と作付面積が一定の下で，生産物価格 (p) が上昇すると，肥料投入量が増加するから生産量も増加する。

経済学では与件（この場合であれば，価格や固定的要素）の変化に伴い，均衡がどのように変化するのかを検討することを比較静学（comparative statics）と呼ぶ。上の例で言えば，生産物価格や肥料価格が均衡解に及ぼす影響のことであるが，ここでは，作付面積の影響について考えてみよう。

固定的要素である $\bar{S}$ が増加すれば，第 1-6 図に示すように，生産関数が上方へシフトし，それに伴って，利潤を最大化する均衡は E 点から E' 点へと移動する。ところが，等利潤直線の切片は $(s\bar{S} + \pi)/p$ であったから，$\bar{S}$ の増加が π に及ぼす影響を図から判断することはできない。

そこで，(1.12) 式を $\bar{S}$ で微分して以下を得る（合成関数の微分については補章を参照）。

$$\frac{d\pi^*}{d\bar{S}} = p\left[\frac{\partial F}{\partial V^*} \cdot \frac{\partial V^*}{\partial \bar{S}} + \frac{\partial F}{\partial \bar{S}}\right] - u\frac{\partial V^*}{\partial \bar{S}} - s$$

ここに $\partial F/\partial V = u/p$ を代入すると，

$$\frac{d\pi^*}{d\bar{S}} = p\frac{\partial F}{\partial \bar{S}} - s$$

となる。したがって，当初（作付面積が変化する前），農地の限界価値生産力（$p(\partial F/\partial \bar{S})$）が地代（$s$）よりも大きければ，$\bar{S}$ の増加で利潤は増加する。反対に，農地の限界価値生産力が地代よりも小さければ，$\bar{S}$ の増加で利潤は減少する。

このことは何を意味しているのであろうか。かりに農地が可変的要素であれば，利潤最大化の1階条件は $p(\partial F/\partial S) = s$ である。したがって，偶然にもこの条件を満たす水準に当初の作付面積が決まっていれば，$d\pi^*/d\bar{S} = 0$ が成り立つ。つまり，作付面積が微小変化しても利潤は変化しない。一方，当初 $p(\partial F/\partial S) > s$ であれば，作付面積が利潤を最大化する水準よりも少なかったことを意味する。したがって，作付面積を増やせば，利潤は増加する。反対に，$p(\partial F/\partial S) < s$ であれば，農地が過大投入となっていたことを意味する。したがって，作付面積を減らせば，利潤は増加する。

なお，農地のように固定性の強い財は，それを取引する市場が存在しないことが多い。したがって，その市場価格（地代）を把握することが困難である。固定的要素の限界価値生産力を帰属価格（shadow price or imputed price）と呼ぶ。

比較静学の別の問題として，生産物価格（p）の変化が利潤に与える影響も検討しておこう。最初に，p の上昇が名目利潤（$\pi^* = \pi^{*N}$）に与える影響である。(1.12)式から次式を得る。

$$\frac{d\pi^{*N}}{dp} = F(V^*, \bar{S}) + p\frac{\partial F}{\partial V} \cdot \frac{dV^*}{dp} - u\frac{dV^*}{dp}$$

ここに，$p(\partial F/\partial V) = u$ を代入すれば，$d\pi^{*N}/dp = F(V^*, \bar{S}) = Q^*$ となるから，$d\pi^{*N}/dp > 0$ は明らかである。なお，$d\pi^{*N}/dp = Q^*$ はホテリング・レンマ（Hotelling's lemma）と呼ばれるが，詳細は補章を参照して欲しい（同様に，$d\pi^{*N}/du = -V^*$ が成り立つ）。

実質利潤についてはどうであろうか。経済の「実質」とは価格の影響を除外した値のことであるから，実質利潤は $\pi^{*R} = \pi^{*N}/p$ と定義され，次式を得る。

$$\frac{d\pi^{*R}}{dp} = \frac{(d\pi^{*N}/dp)\,p - \pi^{*N}}{p^2}$$

$d\pi^{*N}/dp = Q^*$ であったから，上式は，$d\pi^{*R}/dp = (pQ^* - \pi^{*N})/p^2$ となる。$pQ^* - \pi^{*N} > 0$ であるから，p の上昇は実質利潤をも増加させることが分かる。

1.4　M過程の費用最小化

費用最小化の1階条件

　農業生産のM過程が（1.6）式によって表されると仮定しよう。繰り返すが，（1.6）式は労働力（L）と資本（K）を利用して，作付面積 S を耕作するという技術関係を表している。第1-8図の mm' 曲線は，1 ha の農地を耕作するために必要となる労働力と資本の組み合わせを表しており，この北東の境域が生産可能性集合である[13]。言うまでもなく，M過程は農業に固有な技術ではない。自動車の生産には労働力と資本（工作機械）の投入が不可欠であるが，それを可能にする組み合わせは1つとは限らない。

　M過程の費用（C）は次式で与えられる。

$$C = wL + rK \tag{1.13}$$

ここで w は賃金，r は資本財の価格（レンタル・プライス）を表す。労働者が農家の家族構成員であっても，農業経営には労働費用がかかる（ここでも機会費用の考え方が適用できる）。価格受容者（price-taker）である生産者は，この要素価格をコントロールすることができないので，彼らは賃金とレンタル・プライスを所与として行動する。

　農家は，この費用（たとえば，1 ha の農地を耕作するのに必要な費用）が最小となるような労働と資本の組み合わせを選択する。（1.13）式を

13）ミクロ経済学では，同じ産出量を生産できる要素投入の組み合わせのことを等量曲線（isoquant）と呼ぶ。mm' 曲線よりも北東の領域では最低でも 1 ha の農地を耕作できるので，ここが生産可能性集合となる。

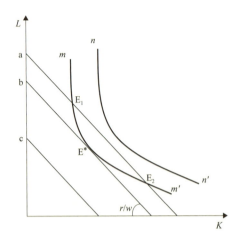

第1-8図 M過程の費用最小化

$$L = \frac{C}{w} - \frac{r}{w}K \qquad (1.13')$$

と書き換えると，これは切片 C/w，勾配が $-r/w$ の直線であることが分かる。第1-8図の a, b, c は (1.13') 式で表される直線群であり，それぞれの直線上では費用が等しい（等費用直線）。直線 c がこの3本の直線の中では最小のコストを与えるが，この直線上の (K, L) では 1 ha の農地を耕作することができない。一方，直線 a 上の E_1 や E_2 に対応する (K, L) を用いれば，1 ha の耕作は可能だが，費用は最小化されていない。明らかに，最小費用を与える等費用直線は b であり，農家は E^* 点に対応する (K, L) を選択する。第1-8図の状態から賃金が上昇すれば，費用最小点は E^* 点よりも右側の mm' 曲線上に移動する。これも比較静学である。なお，補章にラグランジュ未定乗数法による費用最小化問題の解法を示した。

費用最小化の2階条件

利潤最大化の2階条件と同様に，費用最小化にも2階条件が存在する。M過程の費用最小化問題から明らかなように，第1-8図で mm' 曲線が直線あるいは北東方向に向かって凸（原点に向かって凹）であれば，費用を最小化

する図の E^* 点はユニークに決まらない。特定の面積の農地を耕作するために必要となる労働力と資本の組み合わせの曲線が，原点に向かって凸であれば，費用最小化の 2 階条件が満たされる。

M 過程における生産関数の一般型は，$S = G(L, K)$ で表される。第 1-8 図の mm' 曲線（あるいは nn' 曲線）上では，S が一定なので，この式を全微分すると次式を得る。

$$0 = \frac{\partial G}{\partial L} dL + \frac{\partial G}{\partial K} dK$$

これより次式を得る。

$$-\frac{dL}{dK}\bigg|_{dS=0} = \frac{\partial G/\partial K}{\partial G/\partial L} = \frac{G_K(L, K)}{G_L(L, K)} = \text{MRTS} \tag{1.14}$$

(1.14) 式の $-dL/dK|_{dS=0}$ は mm' 曲線（あるいは nn' 曲線）の傾きの絶対値であり，これを経済学では技術的限界代替率（MRTS：marginal rate of technical substitution）と呼ぶ。MRTS は，一定の農地面積を耕作するために必要となる労働と資本（機会）の代替関係を表している（一方が増えると他方が減るという関係である）。

ところで，mm' 曲線（あるいは nn' 曲線）が第 1-8 図のように，原点に向かって凸であれば，K の増加に伴って MRTS は減少する[14]。すなわち，

$$\frac{d\text{MRTS}}{dK} = \frac{G_L[G_{KL}(dL/dK) + G_{KK}] - G_K[G_{LL}(dL/dK) + G_{LK}]}{G_L^2}$$

$$= \frac{G_{KK}G_L^2 - 2G_L G_K G_{LK} + G_{LL}G_K^2}{G_L^3} < 0$$

であり，これが費用最小化の 2 階条件となる（この計算過程で (1.14) 式を代入した）。これを行列式で表すと

$$\begin{vmatrix} G_{LL} & G_{LK} & G_L \\ G_{LK} & G_{KK} & G_K \\ G_L & G_K & 0 \end{vmatrix} > 0$$

となる。これは，生産関数が準凹であることを意味するが，これが費用最小

---

14) 第 1-8 図では横軸を資本，縦軸を労働として MRTS とその傾きを定義したが，資本と労働を入れ替えても同じことが言える。

化の2階条件となる（準凹関数については西村（2009）を参照）。第1-7図の生産関数は，利潤最大化の2階条件を満たしていないが，費用最小化の2階条件を満たしている。

資本の分割不可能性と規模の経済

　たとえば，農機具（鍬，鋤など）10セットは分割可能だが，農業機械は分割できない（0.3台というトラクターは存在しない）。第1-2表は耕作面積に応じて必要となる労働力と農機具・機械の組み合わせを表している。たとえば，10 haの農地を耕作するためには，ローテク（労働力と農機具）では100人の労働者と100セットの農機具が必要だが，ハイテクでは10人の労働者と1台のトラクターで十分である。農業労働の賃金をa円/人，農機具一式の価格をb円/セット，トラクターの価格（減価償却費）をc円とすれば，総費用と平均費用（1 haを耕作するための費用）が第1-2表のようにまとめられる[15]。

　第1-9図の実線は耕作面積（農場規模）と平均費用の関係を描いたものである（2つの平均費用は適当な領域で交差するものと仮定する）。ローテクの平均費用は10a＋10bで一定だが，ハイテクの平均費用は耕作面積に関係なく，一定の減価償却費がかかるので，農場規模に関して右下がりの曲線となる。図から明らかなように，平均費用を少なくするためには，N点を境として，利用すべきテクノロジーを変更しなければならない。農場規模がN点より左の生産者はローテクを使い，右の生産者はハイテクを使えばよい。ここで，賃金（a）が2倍になれば（賃金の上昇は経済成長を意味する），ローテクの平均費用の上昇幅は，ハイテクの上昇幅よりも大きいので，2つの平均費用曲線が交差する耕作面積はN点からM点へと移動する。その結果，規模が小さな農家でもトラクターを導入するほうが（平均）費用を節約できる。

　第1-10図は2015年における都府県と北海道の10 a当たりコメ生産費を，経営規模別に示したものである。本章第1節で述べたように，日本の稲作ではすべての作業工程が機械化されている。つまりハイテクが採用されており，

15）　経済学では平均費用を生産量1単位当たりの費用と定義するが，ここでは面積当たりの費用として測った。

1.4 M過程の費用最小化

第1-2表　2つのMテクノロジー

耕作面積	技術	労働力	農機具・機械	総費用	平均費用
1 ha	ローテク	10人	10セット	10a + 10b	10a + 10b
	ハイテク	1人	1台	a + c	a + c
5 ha	ローテク	50人	50セット	50a + 50b	10a + 10b
	ハイテク	5人	1台	5a + c	a + c/5
10 ha	ローテク	100人	100セット	100a + 100b	10a + 10b
	ハイテク	10人	1台	10a + c	a + c/10

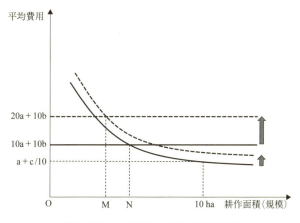

第1-9図　2つのテクノロジーの平均費用

平均費用は第1-9図に示したように，規模に関して右下がりの曲線となる。経済学では平均費用が右下がりの状態を規模の経済（economies of scale）が存在すると言う。これは，(1.3) 式で定義した規模の経済とまったく同じことを意味しており，その証明は補章でなされている。(1.6) 式について，$a_L + a_K > 1$ であれば，M過程に規模の経済が存在することを意味する。

　本来であれば，規模の経済が存在する状態は長続きしない。規模の小さな経営は規模の大きな経営よりも，コストの面で劣っているから，大規模農家に農地を売ったり貸したりするほうが彼らの経済的利益に適っている。つまり，小規模農家はコメ作りを止めたほうが，より多くの利益を得られる。大規模農家も農地を集積したほうが，多くの利益を得られる（詳細は第3章）。

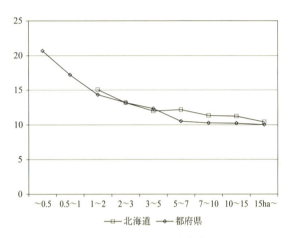

第1-10図　10 a 当たりコメ生産費(万円)

資料：「農産物生産費統計」（農水省）．

　本節の説明から明らかなように，稲作に規模の経済が存在する理由は，資本（農業機械）を分割することができないからである．したがって，仮にM過程の農作業を他の農家や専門業者に委託すれば，機械サービスが分割され，規模の経済は消滅する．言いかえれば，平均費用が農場規模に関して右下がりとなる理由は，個々の農家が農業機械の一式すべてを購入するからである．農家が高価な農業機械を購入する理由は様々であるが，1つは作期（作業の時期）の問題がある．田植えや収穫の時期はその年の収穫量や米の品質に影響する．機械サービス（賃耕）を利用した場合，適期を逃すおそれがあるため，小規模農家でも高額な機械を購入するのである．

1.5　産出距離関数

複数産出の生産関数

　労働力（L）を投入し，コメ（Q_1）とイチゴ（Q_2）を生産している農家を想定しよう（労働力以外の生産要素を無視する）．コメとイチゴの生産関数をそれぞれ，

1.5 産出距離関数

$$Q_i = a_i\sqrt{L_i} \quad (i=1,2)$$

で表し（a_i は正の定数），$L_1 + L_2 = \bar{L}$ と仮定する（$\bar{L}$ は一定の労働力を意味する）。これより生産関数は

$$\frac{Q_1^2}{a_1^2} + \frac{Q_2^2}{a_2^2} = \bar{L}$$

と表される。これを変換曲線（transformation curve）と呼ぶこともある。

農家の利潤最大化問題は

$$\max_{L_1, L_2} \pi = p_1 Q_1 + p_2 Q_2 - w\bar{L} \qquad (1.15)$$
$$\text{s.t.} \quad Q_1 = a_1\sqrt{L_1}, \quad Q_2 = a_2\sqrt{L_2}, \quad L_1 + L_2 = \bar{L}$$

と表される。w は賃金，p_1, p_2 はそれぞれ，コメ，イチゴの価格であり，これらは生産者にとって所与であると仮定する。農家は利潤を最大化するために，2 部門に労働力を適当に配分する。微分を使ってこれを解くと以下を得る。

$$L_i^* = \frac{a_i^2 p_i^2}{a_1^2 p_1^2 + a_2^2 p_2^2}\bar{L} \quad (i=1,2) \qquad (1.16)$$

$$Q_i^* = \frac{a_i^2 p_i}{\sqrt{a_1^2 p_1^2 + a_2^2 p_2^2}}\sqrt{\bar{L}} \quad (i=1,2) \qquad (1.17)$$

本章第 3 節と同様に，利潤最大化問題を図解することができる。(1.15) 式から

$$Q_2 = \frac{w\bar{L} + \pi}{p_2} - \frac{p_1}{p_2}Q_1 \qquad (1.18)$$

を得るが，これは切片が $(w\bar{L}+\pi)/p_2$，勾配が $-p_1/p_2$ の直線群であり，利潤の大小に応じて (1.18) 式が上下にシフトする。変換曲線の勾配は，

$$\frac{dQ_2}{dQ_1} = -\frac{a_2^2}{a_1^2}\cdot\frac{Q_1}{Q_2}$$

で与えられるから[16]，利潤最大化条件は，変換曲線の勾配と $-p_1/p_2$ の一致，すなわち

---

16) 勾配は変換曲線の全微分から得られる。

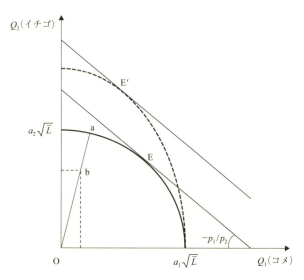

第1-11図　1投入・2産出の利潤最大化

$$\frac{a_2^2}{a_1^2} \cdot \frac{Q_1}{Q_2} = \frac{p_1}{p_2}$$

となり，これを解けば，(1.16) 式と (1.17) 式が得られる。なお，この2つの式から，労働需要関数と供給関数は価格 (p_1, p_2) に関してゼロ次同次であることが分かる。

第1-11図でE点が均衡であるとして，この状況から p_1/p_2 が低下すれば，均衡点は変換曲線上を左方へと移動する。つまり，コメに対するイチゴの価格が上昇すれば，コメの生産量が減少し，イチゴの生産量が増加する。これは常識的な理解に適っていると思われる。また，a_1 の値が一定で，a_2 の値が上昇すれば，変換曲線が破線のようにシフトする。その結果，p_1/p_2 がそのままであれば，イチゴの生産量は確実に増加する。

確率的フロンティア産出距離関数

複数産出の生産関数についても，第2節と同様に，技術効率性を定義することができる。第1-11図の Ob/Oa がそれであり，コメとイチゴの産出量の

組み合わせが，フロンティア上にあれば，技術効率性は1となる。ただし，図のa点では利潤が最大化されていないため，生産者の選択は配分効率的（allocatively efficient）とは言えない。コメとイチゴの相対価格がp_1/p_2の場合，E点が技術効率的であり，かつ配分効率的であることは明らかである。

2つの効率性を同時に把握するためには，確率的フロンティア産出距離関数（SFODF：Stochastic Frontier Output Distance Function）を推計すればよい（O'Donnell et al., 2008；Huang et al., 2014）。X，Yをそれぞれ投入ベクトル，産出ベクトルとして，生産可能性集合を以下のように定義する。

$$P(X) = \{Y \in R_+^M : X \text{ can produce } Y\}$$

ここで，産出距離関数が以下のように定義される。

$$D_O(X, Y) = \min\{\theta : (Y/\theta) \in P(X)\}$$

θは距離パラメータで1以下の値である。距離関数はYに関して非減少，1次同次の凸関数であり，Xに関して非増加，準凸関数である[17]。Yに関する1次同次性から，

$$\lambda D_O = D_O(X, \lambda Y_1, \lambda Y_2)$$

を得る。したがって，$\lambda = 1/Y_1$として次式を得る。

$$\frac{D_O}{Y_1} = D_O(X, 1, Y/Y_1) \equiv D(X, Y^*) \tag{1.19}$$

(1.19) 式について両対数をとれば以下を得る。

$$\ln Y_1 = -\ln D(X, Y^*) + \ln D_O$$

第1-11図で定義した技術効率性がこのD_Oで与えられ，$0 < D_O \leq 1$を満たす。そこで$-u = \ln D_O$とすれば，$-u$は負で最大値ゼロの値をとる。上式を書き換えて以下を得る。

$$\ln Y_1 = -\ln D(X, Y^*) - u \tag{1.20}$$

実証分析では，$-\ln D(X, Y^*)$を特定の関数で特定化した後，パラメータを推定する。(1.20) 式にランダムな誤差項（v）を加えたものが，最終的な推計式となる。SFODFの推計方法については，第2章第3節を参照して欲しい。

---

17) 準凸関数については西村（2009）を参照。

1.6 技術進歩

中立的技術変化

1投入・1産出の生産関数を

$$q_t = B_t f(x_t)$$

で表す。t は時間で、たとえば1年1作の農産物の場合、年度を表すと考えればよい。B_t は x_t（インプット）以外で q_t に影響するファクターを表す。第1-12図は、この B_t が $t=T_1$ と $t=T_2$ ($T_1<T_2$) の間に増加したことを表している。これは生産関数のシフトであり、x_t の変化による q_t の変化とは区別される。図から明らかなように、期間内に生産量が q_{T_1} から q_{T_2} へと増加した原因は2つあり、1つは生産要素投入の増加であり、もう1つは生産関数のシフトである。通常、後者を中立的技術進歩と呼ぶ。

2投入・1産出の生産関数 $q_t = f(x_{1t}, x_{2t})$ を CD 型で特定化すると、

$$q_t = B_t x_{1t}^\alpha x_{2t}^\beta \tag{1.21}$$

となる。(1.21) 式について以下を仮定する。① 2つの生産要素（労働や土地）の他に、B_t が t 期の生産量に影響する。② α と β は一定である。

①、② は技術進歩がヒックス（Hicks）の意味で中立的（neutral）であること意味し、B_t の値が時間の経過とともに上昇すれば、中立的な技術進歩が起きたとみなす。② で α と β が時間とともに変化する場合、偏向的技術変化（biased technological change）が起きたとみなすが、これについては後述する。

労働や土地の投入量を数量的に把握することは容易だが、技術進歩（技術変化）を数量化することはきわめて困難である。穀物生産の場合、品種改良、灌漑施設の設置、生産者の学習効果（learning by doing）などが技術進歩の中身であるが、これを集計し数値化することは、ほとんど絶望的だと言ってよい。そこで経済学ではこれらを一括して B_t で表し、これを時間の関数とみなすのである。

(1.21) 式を $q_t = B_t g(x_{1t}, x_{2t})$ と書いて、これを全微分すると、

1.6 技術進歩　　29

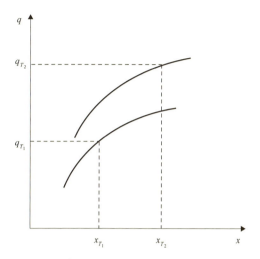

第1-12図　中立的技術進歩

$$dq_t = gdB_t + B_t\frac{\partial g}{\partial x_{1t}}dx_{1t} + B_t\frac{\partial g}{\partial x_{2t}}dx_{2t}$$

となるので，これを（1.21）式に適用し，その両辺を dt で除し，さらにそれを $q_t = B_t x_{1t}^a x_{2t}^\beta$ で除すと以下を得る。

$$\frac{dq_t}{q_t dt} = \frac{dB_t}{B_t dt} + \alpha\frac{dx_1}{x_1 dt} + \beta\frac{dx_2}{x_2 dt} \quad (1.22)$$

（1.22）式は生産量の成長率が，中立的技術進歩の成長率，$\alpha \times$（x_1 の変化率），$\beta \times$（x_2 の変化率）の合計に等しい（近似できる）ことを意味している。

公表統計を使えば，生産量や投入量の変化率を計算でき，計量経済学の手法を用いれば，α やと β の値を知ることもできる。したがって，（1.22）式から，生産量の増加に対する技術進歩の貢献を残差（residual）として計算することができる。すなわち，

$$\frac{dB_t}{B_t dt} = \frac{dq_t}{q_t dt} - \alpha\frac{dx_1}{x_1 dt} - \beta\frac{dx_2}{x_2 dt} \quad (1.23)$$

である。これを成長会計分析（growth accounting analysis）と呼ぶ。米国の実質 GDP データ（1909〜1949 年）を用いて，技術進歩を計測した Solow

第1-3表　中国農業の成長会計分析
(%)

	1984〜2000年	2001〜2021年
実質農業生産額の変化率	4.9	4.2
農業生産要素の変化率		
肥料	8.9	1.6
労働力	0.1	−3.1
農業機械	5.7	3.5
作付面積	0.6	0.5
総合生産性成長率	0.1	2.3

(1957) の古典的研究は，GDP 成長率の8分の1が労働者1人当たりの資本の増加によって説明され，残りの8分の7が技術進歩に起因するというものであった。

第1-3表は中国農業に関する成長会計分析の結果である。(1.23) 式の左辺 ($dB_t/B_t dt$) は総合生産性 (TFP) の成長率を表す。2001〜2021年については，上記 Solow の研究と同様に，TFP が実質農業生産額の成長に大きく寄与しているが，1984〜2000年については，TFP の貢献は無視し得るほどに小さい。このことについては，第2章第4節で議論したい。

偏向的技術変化

(1.21) 式で α や β の値が時系列で変化した場合，偏向的な技術変化が起きたとみなす。ここでは BC 過程と M 過程それぞれについて，偏向性の意味を考察する。(1.5′) 式で，$q = Q/S$，$V/S = v$ とすれば，$Q = S\exp(a)v^a = Sf(v)$ となる。これより肥料と農地の限界生産力の比率が次式で与えられる。

$$R \equiv \frac{dQ/dV}{dQ/dS} = \frac{\alpha}{1-\alpha} \cdot \frac{1}{v}$$

v が一定の下で，α の値が低下すると，農地の限界生産力に対する肥料の限界生産力の値（すなわち R の値）は低下する。これを肥料節約的な技術変化と呼ぶ。その反対は肥料使用的な技術変化である。

ここで，以下の最適化問題を考えるが，基本的に (1.7) 式と同じである。

$$\max_{V} \quad \pi = pQ - uV - sS$$
$$\text{s.t.} \quad Q = S\exp(a)v^a$$

1.6 技術進歩

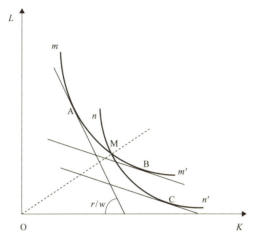

第 1-13 図　M 過程における偏向的技術変化

肥料投入に関する利潤最大化の 1 階条件が，$p\, df/dv = u$ で与えられるから，次式を得る。

$$v^* = \left(\alpha \exp(a) \cdot \frac{p}{u}\right)^{\frac{1}{1-\alpha}}$$

これより p/u と $\exp(a)$ が一定で，α の値が低下すれば，v^* は減少する。いま，肥料価格の上昇あるいは生産物価格の低下により，p/u が低下したと仮定する。この状況で生産者は，面積当たりの肥料投入量 (v) をできるだけ節約したいはずだから，α の値が低下するような技術変化を望むであろう。つまり，肥料節約的な技術変化の採用により，R が低下する。

　一方，M 過程について (1.6) 式を仮定する。本章第 4 節で述べたように，r/w が低下すれば，農業労働力から農業機械への代替が進む。これは費用を最小化する (K, L) の組み合わせが，第 1-13 図の A 点から B 点へ移動することを意味する。しかし r/w の低下に伴い，図の等量曲線が mm' から nn' へとシフトすれば，費用最小点は C 点まで移動する（2 つの等量曲線は，同じ面積の農地を耕作するために必要となる労働力と農業機械の組み合わせを表す）。つまり，賃金がレンタル・プライスよりも相対的に高くなると，労働

力を節約する技術が開発され,労働力から機械への代替がいっそう進むと考えられる。mm' から nn' へのシフトは技術変化（α_L や α_K の値の変化）を意味する。mm' 上あるいは nn' 上における (K, L) の変化は通常の要素代替とみなされ,技術変化とは区別される。

(1.6) 式から技術的限界代替率（MRTS）は,

$$\text{MRTS} \equiv \frac{\partial G/\partial K}{\partial G/\partial L} = -\frac{dL}{dK} = \frac{\alpha_K}{\alpha_L} \cdot \frac{L}{K} \tag{1.24}$$

で与えられる。ここで,L/K が一定の M 点で MRS を評価すれば,MRS は mm' に比べ nn' のほうが大きい。これは α_K/α_L が上昇したからに他ならない。つまり,労働の限界生産力に対する資本の限界生産力の比率が上昇しているが,これを資本使用的・労働節約的な技術変化と呼ぶのである。

このような議論は,技術変化の偏向性が,要素賦存や価格の変化によって内生的に決まることを示唆しているが,これを「誘発的技術進歩仮説」と言う。Hicks (1963) が最初の提唱者であるが,農業部門については,Hayami and Rutan (1971), Kikuchi and Hayami (1980) などの実証研究がある。後者はテクノロジーだけでなく,農業に関する制度が稀少資源を節約する方向に徐々に変化するという仮説（induced institutional innovation）の妥当性を証明した。

【演習】

1-1

農家 1,農家 2 が同じ技術制約（生産関数）の下で,同じ量の肥料と作付面積を用いて生産を行っていると仮定しよう。(1.3) 式で $m=1$ のとき,一方の農家の資源（肥料,土地）を他方の農家に移動させた場合,集計的生産量（生産量の合計）はどのように変化するか。$m=2$ のときはどうか。規模の経済が存在する場合,資源をどちらか一方の農家に集積することのメリットを考察しなさい。また (1.4) 式で,$\alpha_V + \alpha_L + \alpha_K + \alpha_S > 1$ のときに,規模の経済が存在することを確認しなさい。

1-2

たとえば，生産関数 $Q = aV^\alpha S^\beta$ で，$\alpha + \beta > 1$ であれば，利潤を最大化する (V, S) はユニークに決まらないが，S が固定的要素で，$0 < \alpha < 1$ であれば，短期の利潤を最大化する V がユニークに決まることを示しなさい。

1-3

第 1.3 節で，「当初 $p(\partial F/\partial S) > s$ であれば，作付面積が利潤を最大化する水準よりも少なかったことを意味する」の意味を説明しなさい。

1-4

第 1-7 図の mm や nn 曲線が原点に向かって凸である理由を考察しなさい。また，M 過程の MRTS が（1.24）式で与えられることを証明しなさい。

第2章　食料生産の理論と実証：応用編

　本章の第1〜5節では，以下のテーマに関する実証分析の結果を示した。(1) 直接支払制度が農業の技術効率性に及ぼす影響と効率性の経営形態別比較。(2) コメの生産調整方式の変更が農家の技術選択に及ぼす影響。(3) 農家の作物選択に関する合理性と政策介入。(4) 農業技術の地域間格差と後発地域のキャッチ・アップ過程。(5) 農村生産者組織（rural producer organizations）への加入が農家の所得形成や技術効率性に及ぼす影響。いずれも日本あるいは中国の農業を対象としており，各節の内容はそれぞれが独立している。テーマの意義を順に要約しておこう。

　直接支払制度はWTO農業合意に則ったものであり（詳細は第4章），かつ国民負担の観点から透明性の高い政策だが，その経営成果に及ぼす影響については検証が不十分で，少なくとも，わが国に関する研究蓄積は皆無に近いと言ってよい。そこで第1節では，フロンティア生産関数を用いて，直接支払いの技術効率性に及ぼす影響を検討した。同制度の目的は，農産物価格の低下によって農業経営体が被った所得の減少を補塡することにあるが，日本に関しては，食料自給率の向上や担い手の育成・確保もそこに含まれる[1]。またここでは効率性スコアに基づいて，担い手政策のターゲットとして相応しい経営体と，そうでない経営体を峻別した。

　1969年から始まったコメの生産調整は，米政策改革大綱の提言を踏まえ，2004年産から生産数量を配分する方式（ポジ数量配分）へと移行した。第2節では，こうした政策変更が稲作農家の技術選択に及ぼす影響を明らかにした。面積を割り当てていたネガ方式の時代，生産者は作付け制限による減産

---

[1]　WTO農業合意で許容された政策介入は，生産に対する影響がないことを条件としている。日本の直接支払いがデ・カップルされた性質を帯びていなければ，それはそれで別の問題を惹起する。

を，土地生産性の上昇で挽回できた。つまり，減反政策は単収向上に対する生産者の士気を鼓舞していたことになる。ここではSCD型生産関数の推計を通して，ポジ方式への移行により，こうしたインセンティブが減退した可能性を検証した。また本節ではこれとは別に，M過程における技術変化の偏向性を検討した。日本の稲作部門については，wage-rental ratioの上昇に伴う労働節約的・資本使用的バイアスが通念であるけれども，機械化一貫体系がすでに確立していれば，こうしたバイアスは現時点で消滅しているはずである。

第1章で述べたように，多くの農業経営者はより少ない資源（生産要素）で，より多くの所得あるいは利潤の創出を目指している。他方，政府は経営者のこうした営みを支えながら，国民に対して十分な食料を供給するといった責務を負っている。そこで第3節では，生産者の作物選択と政策目標との整合性を，配分効率性の概念に基づいて検討した。収益性の高い作物（たとえば野菜・果実）への転換を図る生産者に対し，収益性は低いが食料安全保障上，重要性の高い作物（穀物）の栽培を政府が奨励すれば，作物選択に関して両者の間に齟齬が生じる。

食料の生産が気象や地理的条件，要素賦存やインフラ整備の影響を受けることは言を俟たないが，広大な版図を有する中国では，こうしたことが原因となり，地域間で農業の技術や生産性に大きな格差が生じている。フロンティア生産関数を用いた第4節の分析では，後発地域におけるキャッチ・アップのメカニズムを解き明かすと同時に，過去40年間にわたる中国農業の成長が，要素投入依存型から生産性主導型へと移行したことを明らかにした。

サプライ・チェーンとグローバル・ルールが世界の農産物取引を支配するなかで，農村生産者組織の役割に注目が集まっている。元来，価格受容者である農家は，圧倒的な規模を誇るアグリビジネスと市場の自由化に対抗できる手段を持ち得ない。そこで政府は生産者団体を組織し，農民の経済的な利益を保護しながら，自国農業の競争力を強化しようというのである。この点については中国も例外ではない（World Bank, 2006）。現在，中国政府は農村改革の1つの柱として「農業産業化」を掲げているが，その担い手である農民専業合作社に多くの関心が寄せられている（宝剣，2017）。そこで第5節で

は，生産者組織への加入が農家の所得形成や技術効率性に及ぼす影響を計量経済学の手法を用いて明らかにした。

第6節では，日本農業の構造的な変化について，2つの事実に注目した。1つは1950〜70年代までの専業農家率の低下と，その後の反転上昇であり，もう1つは土地持ち非農家の増加である。土地持ち非農家とは，農家以外で耕地及び耕作放棄地をあわせて5アール以上所有している世帯のことで，多くはかつての農家である[2]。農林業センサスによれば，2015年に土地持ち非農家の世帯数は140万を突破し，数の上で販売農家を上回った。本節では，離農を選択する世帯の増加と専業農家率の上昇という，一見矛盾する現象を合理的に説明し，日本農業が衰退した原因の一端を明らかにする。農業の構造を改善する鍵は，農地の効率的な利用を促す貸借市場の発展にあるが，このテーマに関する分析は第3章に持ち越される。

2.1 直接支払制度の経済分析[3]

コメ政策改革

日本のコメ政策は，食糧管理法（食管法）の廃止と主要食糧の需給及び価格の安定に関する法律（食糧法）の施行（1995年）を皮切りに新たな局面に入ったが，改革の道のりは決して平坦なものではなかった。コメに関する制度の複雑さに加え，そこに関与する人々や組織の利害が対立していたため，政策担当者の試行錯誤が避けられなかったからである。コメ市場への政治的な介入と政権交代に伴う混乱も，改革の紆余曲折に拍車をかけている。

しかし改革の理念はすでに確立されており，その実現に向けて，市場メカニズムの活用と直接支払制度の継続——消費者負担型から納税者負担型への政策転換——を敢然と進めることが，現在のコメ政策改革に課せられた最大のテーマであると言ってよい。改革の最終的な到達点が，担い手の育成と水

---

[2] 自ら所有するすべての農地を生産者組織に貸与し，そこで農業従事者として雇用される者がいる世帯も土地持ち非農家としてカウントされる。

[3] 本節は多田・伊藤（2018）に多くを依拠している。

田農業の発展にあることも異論のないところであろう[4]。

直接支払制度の経営成果と担い手

　農業分野における価格政策から所得・経営政策への変化は世界的な趨勢であり，消費者負担型から納税者負担型への政策転換と言いかえることができる。日本では1998年に導入された稲作経営安定対策，それを引き継いだ稲作所得基盤確保対策と担い手経営対策がその先駆をなしており，この2対策は2007年に品目横断的経営安定対策に統一された。

　経営安定対策の下で実施されている直接支払金制度は，米の直接支払交付金（2018年産から廃止），収入減少影響緩和対策（「ナラシ」），生産条件不利補正対策（「ゲタ」）から成り立っている。「ナラシ」は経営総体として収入減少に伴う損失をプールして補塡しており，「ゲタ」は農業経営体を対象に生産条件の不利を直接支払いによりカバーしている（佐伯，2009）。関税により海外からの影響が遮断されているコメについては，「ゲタ」が適用されないから，畑作物に比べて追加的な助成（所得補償）のレベルは若干落ちる。またこれらに加え，水田で麦，大豆，米粉用米，飼料用米などの作物（戦略作物）を生産する農業者に対しては，水田活用の直接支払いが交付されている。

　第2-1図は農業粗収益に占める共済と補助金の割合を経営形態別に示したものである。共済には「ナラシ」が含まれ，補助金は米の直接支払，水田活用の直接支払，畑作物の直接支払（「ゲタ」）の他に，日本型直接支払交付金のうち個人配分された部分の合計である[5]。図に示す通り，共済・補助金割合は若干の変動を伴いながら，2004～2015年の間に10～30ポイント上昇した。要するに，補助金への依存度が年々高まっており，その傾向は集落営農で最も顕著である。また「営農類型別経営統計」によれば，麦，大豆，米粉

---

[4] 直接支払制度が導入される以前のコメ政策の中心的な課題は，米価の維持と生産調整の推進にあったと思われる。こうしたテーマについては第6章第3節で議論される。

[5] 「営農類型別経営統計」（農水省）から補助金の内訳が把握できるのは2011年以降である。当時，米の直接支払，水田活用の直接支払，畑作物の直接支払の合計が「共済・補助金」の7割以上を占めていた。2010年における共済・補助金割合の急上昇は，農産物価格の急落により農業粗収益が減少したことによる。

2.1 直接支払制度の経済分析

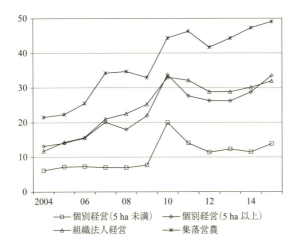

第2-1図　農業粗収益に占める共済・補助金の割合(%)

資料:「営農類型別経営統計―水田作経営―」(農水省).
注:分母の農業粗収益には共済・補助金が含まれる。農地面積は,個別経営(一戸一法人を含む)の平均で1.5〜1.9 ha,組織法人経営の平均で30〜37 ha,集落営農の平均は2004〜2007年で14〜16 ha,2008〜2014年で35〜39 haである。

用米,飼料用米といった戦略作物の作付面積割合が高い経営体,つまり水田「本作化」に積極的に取り組んでいる経営体ほど,農地利用率が高く,助成金への依存度も高い(「本作化」については第6章第3節を参照)。

こうした政策転換について梅本(2010)は,生産者の助成金に対する依存度が過度に高まることに警鐘を鳴らしている。経営存続の可能性が直接支払いに規定され,それが長期化すると,農業者の経営マインドに悪影響が及ぶというのである[6]。一般論として言えば,企業を財政的にサポートするための施策が恒常化すると,彼らの経営改善に向けてのインセンティブが低下する。Kornai(1980)が指摘したソフトな予算制約(soft-budget constraint)に起因する効率性の悪化である。

---

6) 佐伯(2009:p. 116)はEU農業では直接支払いが慣習化することで,それを個人の当然の権利であるとみなす風潮が強まったとした上で,そのような状況に日本も陥った場合,農政の展開,農協の農政活動がどのように変わるのか,はなはだ興味深い問題であると述べている。また田代(2006:p. 271)は,直接支払いが経営赤字を埋めるという関係が,農業・農村に対する健全なイメージを与えることになるのか,深刻に考えさせられると述べている。

コルナイ (J. Kornai) は共産圏における国有・公有制企業を念頭に置き，このような議論を展開したが，逆の結果も期待できる。たとえば，財政的な支援が信用制限を緩和し，リスク回避的な生産者の投資を促進すれば，経営規模が拡大し，生産性が向上するかも知れない[7]。いずれにせよ，直接支払型交付金が経営成果に及ぼす影響は，実証研究のテーマであると同時に，政策の妥当性を問う上で重要な判断材料を提供する。国民負担の観点から，直接支払いが価格支持に比べて透明性の高い政策であり，かつ担い手の安定的な営農活動に寄与することは認めるとしても，それが経営の効率性や生産性の向上に資するか否かは，にわかに判断できないからである。つまりこれは，食料・農業・農村基本法 (1999 年施行) が掲げる，効率的かつ安定的な経営体の育成と直接的に関わる問題である。

　本節で取り上げるもう 1 つのテーマは，担い手と目される経営体間におけるパフォーマンスの相違である。現在農水省は，個別経営の一部と集落営農を含む組織経営体を担い手の中核に位置づけている。言うまでもなく，これは農業基本法 (1961 年) に規定された自立経営の育成と協業の助長を淵源とし，その理念を継承するものだが，どちらを育成の対象として重視すべきかについて，日本の農業経済学会では長い論争が続いている。石田 (1999：pp. 100-101) によれば，この 2 つの考え方は，担い手の創出メカニズムを論じようとしている点では共通しているが，集団に対して個，組織に対して市場，協力に対して競争というように，あらゆる点できわどい対照をなしており，しばしばその論争は的確な実態理解から遊離して，科学者としての信念の対立にまで発展してしまうことも多いという。

　そこで以下では，農水省の公表データを利用して，担い手の経営成果を経営形態間で比較し，それぞれの強みと弱みを技術効率性の面から評価する。育成すべき経営体は生産者や地域に固有な要因，たとえば，労働力の賦存状態や世帯のライフ・サイクルのステージ，集落内の合意形成や個と集団の競争・補完関係などにも依存するから，担い手の選定は本来，各地域の判断に

---

7) 直接支払いが農業の生産性や効率性に及ぼす影響については，Rizov et al. (2013) の議論がよく整理されている。この他にもヨーロッパ農業を対象として，直接支払いが技術効率性に及ぼす影響を計量的な手法を用いて検討した研究が数多く公表されている。

委ねられるべき問題かも知れない。しかし,直接支払いは国費の投入であり,担い手の存続がそれに強く依存している以上,政策のターゲットとして相応しい経営体とそうでない経営体を峻別し,真の担い手像を探ることは実証研究のテーマに値しよう。

実証分析の結果

実証分析では,確率的フロンティア生産関数(SFPF)を用いて,直接支払いが農業経営の効率性に及ぼす影響を把握した。生産関数は以下の分離型コブ=ダグラス(SCD)を用いた(第1章第2節)。

$$Q_{it} = \exp[a(t)] V_{it}^{\alpha_V} S_{it}^{\alpha_S} \exp(v_{BCit} - u_{BCit}) \qquad (2.1)$$

$$S_{it} = \exp[b(t)] L_{it}^{\alpha_L} K_{it}^{\alpha_K} \exp(v_{Mit} - u_{Mit}) \qquad (2.2)$$

$\exp[a(t)]$,$\exp[b(t)]$は中立的な技術進歩を,Vは経常投入,Sは作付面積,Lは農業労働,Kは資本(農業機械)を表す。(2.1)式がBC過程を,(2.2)式がM過程を表していることは言うまでもない。v_{BC}とv_Mはランダムな誤差項,u_{BC}とu_Mは技術的非効率項で,後者は変数Zの関数であると仮定する($\boldsymbol{\beta}_{BC}$,$\boldsymbol{\beta}_M$はパラメータ・ベクトル)。

$$u_{BCit} = g_{BC}(\boldsymbol{Z}_{it}, \boldsymbol{\beta}_{BC}) \qquad (2.3)$$

$$u_{Mit} = g_M(\boldsymbol{Z}_{it}, \boldsymbol{\beta}_M) \qquad (2.4)$$

分析では2004~2015年の「営農類型別経営統計—水田作経営—」(農水省)の全国統計を利用した。データの形式は12年の20規模階層(個別経営が10階層,組織法人経営と集落営農がそれぞれ5階層)である。計量分析では,(2.3)式と(2.4)式を線型近似した上で,(2.1)~(2.4)式を同時推計した。また,直接支払いに関係する変数の内生性を考慮して,操作変数法を用いた。詳細は多田・伊藤(2018)を参照して欲しい。

推計結果によれば,直接支払いへの依存度が高い経営体ほど,BCおよびM過程の効率性は低い。M過程については,直接支払いが信用制限を緩和し,フロンティアへの接近を促すものと期待されたが,この関係は完全に否定された。補助金の交付が効率性を低下させるという結果は,Kornai(1980)が指摘したソフトな予算制約に起因する効率性の悪化を示唆しており,共通農業政策(EU)の直接支払いを取り上げた先行研究の結果とも矛盾しない(Rizov

第 2-1 表 技術効率性の平均値

	標本サイズ	BC 過程	M 過程
平均(全標本)	220	0.596	0.457
		(0.173)	(0.229)
個別経営(5 ha 未満)	55	0.828	0.194
		(0.085)	(0.047)
個別経営(5 ha 以上)	55	0.639	0.412
		(0.082)	(0.142)
組織法人経営	55	0.423	0.607
		(0.059)	(0.171)
集落営農	55	0.493	0.615
		(0.079)	(0.204)

注：括弧内の数字は標準偏差である。

et al., 2013)。直接支払い以外にも技術効率性に影響する要因が複数存在するが，この点については，多田・伊藤 (2018) を参照して欲しい。

第 2-1 表は推定された技術効率性を経営形態別に計算した結果である。BC 過程に関する技術効率性の序列は，高い方から個別経営 5 ha 未満，個別経営 5 ha 以上，集落営農，組織法人経営の順である。これは，所得の残余請求権者から成る個別経営が，肥培管理において高い効率性を維持できるという先行研究の考察と矛盾しない（荒井，2011；高橋他，2008）。M 過程の序列は，集落営農，組織法人経営，個別経営 5 ha 以上，個別経営 5 ha 未満の順であった。これも，集落営農が農地の効率的な利用に関してアドバンテージを有しているという通説の妥当性を示唆している（生源寺，2008, p. 123；田代，2006, p. 34）。4 経営形態の平均値について，有意確率の補正を伴う多重比較検定を行った結果，BC 過程については，すべての組み合わせで，1%水準で有意差があった。M 過程については，組織法人経営－集落営農の差が有意ではなかったが，他の組み合わせは，すべて 1%水準で有意差があった。

政策的含意

日本農業の直接支払いには，生産者の所得補償や「市場の失敗」の是正にとどまらず，生産振興を通じた食料自給率の向上や担い手の育成・確保といった目標が含まれる。農産物の供給が潜在的に過剰である EU とは，この点

が決定的に異なっている．本節の結果が示すように，直接支払いが効率性の低下を伴うものであれば，制度が農家の所得補塡という点で十分な成果を残したとしても，生産振興という点から言えば，問題なしとしない．制度に参加した農業者の目的が交付金の獲得にあり，これが原因で効率性が悪化したのであれば，補助金交付の事前審査を厳格化しなければならない．あるいは，多額の交付金を得たことで，経営改善の意欲が低下したのであれば，事後のチェックが必要となる．

　佐伯（2009）が指摘するように，日本のコメ市場には食管遺制と呼ばれる統制的な体質がシステムの隅々にまで浸透・固着し，かつそれが複雑に絡み合っていた．食糧法の施行を起点とするコメ政策改革は，これを解きほぐす作業からスタートした．改革の理念は明白であり，その政策的手段もすでに周知のものとなっている．食料・農業・農村基本法に謳われた食料の安定供給の確保と農業の持続的発展が改革の目指すところであり，市場メカニズムの活用と直接支払いがそのための手段である．本章の結果は，直接支払制度に改善の余地があることを示唆しているが，日本の土地利用型農業が，政策的な保護と国民の理解なくして存続できないことを考慮すれば，改革の成否は，生産者の経営改善に向けた意気込みと，真摯な取り組みにかかっているように思われる．

　経営形態別の効率性比較は，個別経営と集落営農の優位性がBC・M過程に関して反対の関係にあることを示している．ただし，相対的に規模の大きな個別経営と集落営農の間に，総合的な技術効率性に関する有意差は存在しない（多田・伊藤，2018）．個別経営は農地集積の面で集落営農に劣るが，BC過程の優位性がそれを補塡して余りある水準に達している．一方，集落営農は肥培管理の面で個別経営に劣るが，M過程のアドバンテージがそれをカバーしている．組織法人経営が効率面で任意組織の集落営農に劣るという結果は，法人化を推進する政策に疑義を呈するものだが，使用したデータの性格上，再検討の余地を残している[8]．

---

[8] 分析に使用した統計は，法人化した集落営農と企業経営を区別せず，組織法人経営として一括している．したがって，この2経営形態のパフォーマンスを他の経営体と比較することができない．

2.2 政策変更に伴う生産者の技術選択

コメの生産調整

1969年から始まったコメの生産調整は，当初「減反」と呼ばれていたが，これは過剰基調が定着したコメの生産に対して，政府が生産者の作付面積を強制的に制限したことに由来する。その後，米政策改革大綱（2002年）の提言を踏まえ，2004年産から「減反」は生産数量を配分する方式（ポジ数量配分）へと移行した。この政策変更には，生産者に市場ニーズ（需要）に応じたコメ作りを促すという政策的な意図が込められている（佐伯，2009）[9]。

コメの生産調整に関するマクロ的な評価は，第6章第3節に譲るとして，ポジ方式への移行は稲作農家の作付け行動に，どのような影響を及ぼしたのであろうか。原理的に考えると，「減反」の下で作付面積が制限されても，生産者はそれを単収の増加で挽回することができた。つまり，面積を割り当てるネガ方式の「減反」は，生産者に単収向上のインセンティブを与えていたことになる。したがって，2004年の政策変更は，生産者のこうした意欲を減退させた可能性が高い[10]。

本節の仮説は，ネガ方式からポジ方式への移行により，稲作に粗放的な栽培方法が定着したというものだが，その検証に当たり考慮すべきことが少なくとも2つある。1つは1999年から始まったエコ・ファーマー制度であり，もう1つは2007年からスタートした農地・水・環境保全向上対策（現在の多面的機能支払と環境保全型農業直接支払）である[11]。どちらもより持続性の高い農法の推進を目的としているが，こうした政策が所期の目的を達す

---

9) 佐伯（2005a）は生産数量の割当はアナクロニズムであり，官僚統制の復活であるとも述べている。政府が主導する生産調整は2018年をもって終了した。
10) 市町村段階では数量目標と併せて，その面積換算値が配分されることもあるが，その際には，低い単収で面積換算されていたとの報告もある。これがコメの産地で一般的に行われている慣行であれば，仮説が支持される可能性はますます高まる。
11) 環境保全型農業に対する関心は次第に高まりをみせている。2021年に開催された国連食料システム・サミットに先駆け，日本政府は同年6月に「みどりの食料システム戦略」を策定し，翌年それを法制化した。法律の正式名称は「環境と調和のとれた食料システムの確立のための環境負荷低減事業活動の促進等に関する法律」である。

れば，施肥量の減少と同時に単収の低下が予想される。つまり，ポジ方式への移行と環境政策が及ぼす影響の区別が困難となる。そこで本節では，環境保全型農業への取り組みは肥料節約的な技術変化によって捉えられ，ポジ方式への移行は，BC過程の生産関数をシフトさせるものと想定し，生産関数を推計した。

BCおよびM過程の生産関数がそれぞれ，(2.5)式と(2.6)式で表される。

$$\ln Q_{it} = a + a_V \ln V_{it} + \alpha_S \ln S_{it} + \alpha_{Vt}(\ln V_{it} * \ln t) + \alpha_{St}(\ln S_{it} * \ln t)$$
$$+ \delta_{BC} \ln t + \gamma_{BC} D_t + \varepsilon_{BCit} \quad (2.5)$$

$$\ln S_{it} = b + \beta_L \ln L_{it} + \beta_K \ln K_{it} + \beta_{Lt}(\ln L_{it} * \ln t) + \beta_{Kt}(\ln K_{it} * \ln t)$$
$$+ \delta_M \ln t + \gamma_M D_t + \varepsilon_{Mit} \quad (2.6)$$

時間の対数値（$\ln t$）は中立的技術進歩を，時間と$\ln X$（$X = V, S, L, K$）の交差項は，偏向的技術進歩を把握するためのものである。ポジ方式の効果は，2004年以降を1，それ以前をゼロとするダミー変数（D）により捉えることとした。回帰式の説明変数としてはこの他に，BC過程については作況指数を加えた。また，両過程で農区別の固定効果（fixed effects）を考慮した[12]。

OLS推定値がバイアスを持つ一般的な原因は，誤差項と説明変数の相関であるが，上の式で2つの誤差項（ε_{BCit}とε_{Mit}）が相関すると，$\ln S_{it}$とε_{BCit}が相関するため，(2.5)式のOLS推定値はバイアスを持つ。つまり，$\ln S_{it}$の内生性が問題となる。そこでここでは，3段階最小2乗法（3SLS：3-Stage Least Squares）を用いて2式を同時に推計した。3SLSは2段階最小2乗法（2SLS）を用いて推定された体系に，一般化最小2乗法を適用するもので，2SLSよりも効率的な推定値を与える。

生産関数の推計では「農産物生産費統計―米及び麦類の生産費―」（農水省）の1991～2016年農区別・規模階層別データを利用した[13]。稲作農家が標本であるから，そうした経営体には経営所得安定対策の補助金が交付されている。ただし前節の分析とは異なり上記統計では，もっぱら水稲を栽培す

---

12) 計測期間で階層区分が変更されているため，通常の個体固定効果の代わりに，農区別の固定効果とした。
13) 使用したデータは，京都大学農学部食料・環境経済学科の卒業生遠藤里佳氏の卒業論文を元に，筆者が新たに作成した。

る農家が標本として抽出されているため[14]，米の直接支払交付金以外の補助金は支給されておらず，農業粗収益に占める補助金の割合は，どの規模階層でも8％に満たない。したがって，ここでは補助金が効率性に及ぼす影響を無視した。

仮説の検証とM過程のバイアス

　(2.5)式と(2.6)式の推定結果を第2-2表の(a)に示した[15]。(b)については後述する。ポジ方式ダミーの係数はM過程では有意ではないが，BC過程ではマイナスで，1％水準でゼロと有意差を持っている。したがって，本節で提示された仮説は肯定されたと考えてよいであろう。つまり，ポジ方式への移行は，単収向上に対するインセンティブを減退させた。

　BC過程における技術変化の偏向性は，肥料と農地の限界生産力の比率，すなわち，

$$R = \frac{\partial Q/\partial V}{\partial Q/\partial S} = \frac{\alpha_V + \alpha_{Vt}\ln t}{\alpha_S + \alpha_{St}\ln t}\left(\frac{S}{V}\right)$$

で，S/V を一定とした場合の時間変化（dR/dt）によって判断できる（第1章第6節）。第2-2表の推計結果は，肥料節約的・農地使用的な技術変化を示しており，環境保全型農業技術の普及により，偏向的な技術変化が起きたことを示唆している。BC過程における作況指数の係数はプラスで有意であり，常識的な道理に適っている。また，$\ln t$ の係数もプラスで有意であることから，この間における中立的技術進歩が示唆された。

　一方，M過程に関しては，(a)の β_{Lt} と β_{Kt} の推定値はゼロと有意差を持っておらず，技術変化の偏向性は否定された。第2-2表の(b)は，計測期間を1991～2003年として，生産関数を再推計した結果である（BC過程の結果は省略した）。β_{Lt} はマイナスで10％水準で有意，β_{Kt} はプラスで5％水準で有意であった。Kuroda(1987)は費用関数の推計を通して，戦後日本における

---

14) 生産費調査では玄米600kg以上を販売した農家が標本として抽出されている。
15) モデル推計の前に，すべての変数（被説明変数，説明変数）の農区平均値について定常性テストを行った。単位根検定は，すべてのパネル・データが単位根を含んでいるという帰無仮説を棄却した。また，(2.5)式について行った共和分検定は，共和分されていないという帰無仮説を棄却したが，(2.6)式については棄却されなかった。

2.2 政策変更に伴う生産者の技術選択

第 2-2 表　生産関数の推計結果

	(a) 1991〜2016 年 BC 過程 推定値	SE	(a) 1991〜2016 年 M 過程 推定値	SE	(b) 1991〜2003 年 M 過程 推定値	SE
ln 肥料	0.365***	0.123	—		—	
ln 農地	0.669***	0.112	—		—	
ln 肥料 * ln 時間	−0.130***	0.045	—		—	
ln 農地 * ln 時間	0.122***	0.041	—		—	
ln 労働	—		0.951***	0.055	1.015***	0.058
ln 機械	—		0.401***	0.053	0.334***	0.057
ln 労働 * ln 時間	—		−0.002	0.021	−0.049*	0.030
ln 機械 * ln 時間	—		0.016	0.020	0.065**	0.029
ln 時間	0.526***	0.174	−0.035	0.073	−0.161	0.106
作況指数	0.257***	0.040	—		—	
ポジ方式ダミー	−0.021***	0.008	0.021	0.015	—	
農区固定効果	YES		YES		YES	
標本サイズ	1311		1311		687	
修正済み決定係数	0.992		0.975		0.977	
H_0：1 次同次性	$p=0.015$		$p=0.000$		$p=0.000$	

注：*，**，***はそれぞれ 10％，5％，1％水準で有意であることを意味する。SE は標準誤差を表す。

農業の技術変化が，労働節約的・資本使用的なバイアスを持っていたことを明らかにした。これは wage-rental ratio の上昇に対応する技術変化の偏向性を表しており，(b) の結果はこれと矛盾しない。しかし (a) の結果は，こうした偏向性が少なくとも最近年においては消滅し，稲作の機械化一貫体系がすでに確立したことを示唆している。

第 2-2 表の下段に，関数の 1 次同次性に関する帰無仮説の結果を示した。BC 過程では 1％水準で仮説は棄却されず，M 過程では 1％水準で棄却されたから，M 過程には明確な規模の経済が存在すると言える（$\beta_L + \beta_K > 1$）。こうした結果は先行研究と矛盾しない（荏開津，1985）。

2.3 農業の選択的拡大[16]

農業基本法と食の洋風化・多様化

　1961年にわが国で制定された農業基本法は，日本農業の向かうべき新たな道を明らかにし，農業に関する政策の目標を定めている[17]。選択的拡大とは，この法律が農業部門の作物構成について示した重要なキーワードである。食料需要の変化に対し無差別な増産ではなく，消費パターンの変化に即した生産，すなわち，需要の増加が見込まれる農産物を選択的に拡大する必要性が，当時の日本では強く認識されていたのである。「畜産3倍，果樹2倍」がそのときのスローガンである。

　Pingali (2006) によれば，近年アジア諸国でも，持続的な経済成長や急速に進む都市化，グローバリゼーションの影響により，食生活に構造的な変化がみられる。小売業の近代化やサプライ・チェーンの垂直統合（vertical integration）も，こうした動きに拍車をかけている。言い古されてはいるけれども，食の洋風化・多様化が日本の近隣諸国でも，深く進行しているのである。したがって，農業の選択的拡大は1960年代の日本に固有な政策課題ではない。

　需要の変化に即した生産の拡大は，政策的な先導を必要とせず，市場メカニズムの作用がそれを代行する。経済成長に伴い所得弾力性が大きな作物の需要曲線が右方にシフトし，当該財の価格が上昇すれば，農業収益の拡大を目指す農家は，それに合わせて栽培する作物を変化させるからである。このことからも明らかなように，消費パターンに即した作物構成の変化は，消費者のみならず生産者の利益にも適っている。

　本節では中国農業を対象として，生産者の作物選択に関する合理性を検討する。日本の高度経済成長期と同様に，近年中国でも食料消費のパターンに著しい変化がみられる。いわゆる食生活の高度化と呼ばれる現象であり，農

---

16) 本節は伊藤 (2013) の内容がベースとなっている。
17) 1999年に新基本法（食料・農業・農村基本法）が制定された。新旧基本法の違いを一言で表現すれば，新が農業保護を，旧が農家保護を目的としている（荏開津, 2008）。

作物に関して言えば，飼料用穀物や野菜・果物の消費が増え，主食用穀物の消費が減少している（池上，2023）。生産者の作物選択は，果たして消費パターンの変化に即したものとなっているのだろうか。

作物選択の合理性：配分効率性

　第 2-2 図は 2000～2019 年における中国の作物別の利潤率の推移を表している。数字は 3 か年の移動平均をとってある。利潤率は農業利潤（＝農業収益－総費用）を農業収益で除したもので，全国 1553 の県から抽出された 6 万戸の農業経営データに基づいている（2022 年時点で，中国の県級行政機関数は 2843 である）。後述するように，中国政府は 2000 年代央～後半に，大豆を含む穀物の生産拡大を目的として，生産補助政策と価格支持政策を導入したが，利潤率は穀物や換金作物よりも野菜・果実のほうが 20％以上高い。図にはないが，コメ，小麦の利潤率はシリアルと同水準にあり，大豆を例外として，利潤率は需要が相対的に拡大している作物で高い。

　こうした事実を念頭に置いた上で，以下では作物選択に関する合理性を配分効率性によって判断するが，それは具体的に変換曲線の勾配と生産物の相対価格に依存する（第 1 章第 5 節）。(1.20) 式から，技術的限界代替率が

$$\text{MRTS}_{mn} = \frac{\partial D(\boldsymbol{X}, \boldsymbol{Y}^*)/\partial Y_m^*}{\partial D(\boldsymbol{X}, \boldsymbol{Y}^*)/\partial Y_n^*} = \frac{Y_n^*}{Y_m^*} \cdot \frac{\partial \ln Y_1/\partial \ln Y_m^*}{\partial \ln Y_1/\partial \ln Y_n^*}$$

として計算される。$D(\boldsymbol{X}, \boldsymbol{Y}^*)$ は生産量 Y_1 で基準化された産出距離関数である。第 k 生産物の価格を p_k として，

$$\text{MRTS}_{mn} = \frac{p_m}{p_n}$$

であれば，生産者の利潤が最大化される。2 階条件については後述する。以下では

$$\text{AE}_{mn} = \frac{\text{MRTS}_{mn}}{p_m/p_n} \qquad (2.7)$$

を配分効率性の指標とみなす。$\text{AE}_{mn}=1$ であれば，配分効率的（生産者の作物選択は合理的）であり，$\text{AE}_{mn}>(<)1$ であれば，m 部門の生産は n 部門に対して過剰（過少）である。

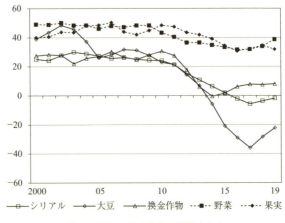

第2-2図　主要農産物の利潤率(%)

資料:「全国主要農産物費用収益比較表」(国家発展改革委員会).

本節では，確率的フロンティア産出距離関数（SFODF）を推計して，(2.7)式の MRTS を計算する。(1.19)式の $D(X, Y^*)$ をトランス・ログ（TL：trans-log）型で以下のように特定化する。

$$\ln Y_{1it} = \alpha_0 + \Sigma_k \alpha_k \ln X_{kit} + \Sigma_{m \neq 1} \beta_m \ln Y^*_{mit} + \gamma_t \ln t + \frac{1}{2} \Sigma_k \Sigma_l \alpha_{kl} \ln X_{kit} \ln X_{lit}$$
$$+ \Sigma_k \Sigma_{m \neq 1} \chi_{km} \ln X_{kit} \ln Y^*_{mit} + \Sigma_l \alpha_{l_t} \ln X_{lit} \ln t$$
$$+ \frac{1}{2} \Sigma_{m \neq 1} \Sigma_{n \neq 1} \beta_{mn} \ln Y^*_{mit} \ln Y^*_{nit} + \Sigma_{n \neq 1} \beta_{n_t} \ln Y^*_{nit} \ln t + \gamma_{tt} (\ln t)^2 - u_{it} + v_{it}$$
(2.8)

ここで，i, t はそれぞれ観察ユニット，時間を表し，$Y^*_m = Y_m/Y_1$ である（$m \neq 1$）。TL 関数の対称性条件から，パラメータは $\alpha_{kl} = \alpha_{lk}$，$\beta_{mn} = \beta_{nm}$ を満たす。通常の確率的フロンティア生産関数（SFPF）とは異なり，(2.8)式の右辺には，output に係わる変数や $\ln Y^*$ と他の変数とのクロス項が入っている。複数産出の生産関数を陰関数で表すと，$F(Y_{1i}, Y_{2i}, \cdots, Y_{ni}, X_i) = 0$ となるから，これを変換すれば，$Y_{1i} = G(Y_{2i}, \cdots, Y_{ni}, X_i)$ となる。ここにランダムな誤差項（v_{it}）と非効率性項（ξ_{it}）を加え，$Y_{1i} = G(Y_{2i}, \cdots, Y_{ni}, X_i) \xi_{it} \exp(v_{it})$ として，この両辺について自然対数をとり，$G(\cdot)$ を TL 型で特定化すれば，(2.8)式が得られる（$u_{it} = -\ln \xi_{it}$）。生産関数が 1 次同次であれば，左辺に置かれる output の選択は推計結果から得られる様々な経済指標の値に影響しない。

(2.8) 式で v_{it} は平均ゼロ，分散 σ_v の正規分布に従うランダム項で ($N(0, \sigma_v^2)$)，u_{it} は技術非効率性スコアで，$N^+(\mu, \sigma_u^2)$ に従うものとする。u と v は独立で，$\sigma_{uv} = 0$ を仮定する。技術非効率性が Z_{it} の線型関数であれば，

$$u_{it} = \delta_0 + Z_{it}'\delta + \varepsilon_{it}, \tag{2.9}$$

と書ける。Z_{it} は技術非効率性に影響する要因を表す。(2.8) 式と (2.9) 式を同時に推計すれば，一致推定量が得られる（Battese and Coelli, 1995）[18]。

SFODF の単調性条件は，$\partial \ln Y_1 / \partial \ln Y_m^* < 0$，$\partial \ln Y_1 / \partial \ln X_l > 0$ であるが，変数の平均値で評価すれば，これらは $\beta_m < 0$，$\alpha_l > 0$ を意味する。(2.7) 式に基づいて配分効率性を検討するためには，SFODF が産出に関する凸性条件を満たす必要があり，これが利潤最大化の 2 階条件となる。以下に示すヘシアン行列の主小行列式が非負であれば，凸性条件が満たされる。なお，この凸性条件を満たすためには，TL 型のような flexible function を用いる必要があり，CD 型による特定化は意味をなさない。

$$H = \begin{bmatrix} h_{11} & h_{12} & \cdots & h_{1M} \\ h_{21} & h_{22} & \cdots & h_{2M} \\ \vdots & \vdots & \cdots & \vdots \\ h_{M1} & h_{M2} & \cdots & h_{MM} \end{bmatrix}$$

ここで $h_{ij} = \partial^2 D(X, Y^*) / \partial Y_i^* \partial Y_j^*$ である。(2.8) 式から，

$$\frac{\partial \ln D(X, Y^*)}{\partial \ln Y_k} = -\frac{\partial \ln Y_1}{\partial \ln Y_k^*} \equiv \beta_k^{TL} \quad (k = 2, 3).$$

であるから，以下を得る。

$$\frac{\partial^2 D(X, Y^*)}{\partial Y_m^{*2}} = -\frac{D(X, Y^*)}{Y_m^{*2}} [\beta_{mm} - \beta_m^{TL}(\beta_m^{TL} + 1)],$$

$$\frac{\partial^2 D(X, Y^*)}{\partial Y_m^* \partial Y_n^*} = -\frac{D(X, Y^*)}{Y_m^* Y_n^*} [\beta_{mm} - \beta_m^{TL} \beta_n^{TL}].$$

SFODF の推計は，中国の 31 直轄市・省・自治区の耕種農業投入・産出データを用いて行い，分析期間を 1991〜2009 年とした。データの出所は「中国統計年鑑」と FAOSTAT である[19]。耕種部門を 3 つに分け，配分効率性

---

18) 以下では，技術効率性の決定要因に関する議論を省略する。
19) Li and Ito (2023) は中国甘粛省の 2013〜2017 年データを用いて，同様の分析を行った。

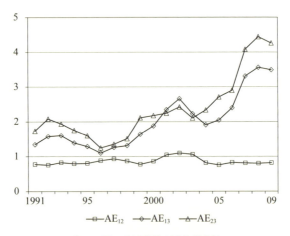

第2-3図　中国農業の配分効率性

出所：伊藤（2013）．

を(2.7)式に基づいて判定した。第1部門は食用穀物で，内訳はコメ，麦類，イモ類，第2部門は加工・飼料用作物で，内訳はトウモロコシと大豆を含む油糧作物，第3部門は野菜と果実である[20]。

　SFODFの産出に関する凸性条件の成立を確認した上で，各年におけるデータの平均値から AE_{mn} を計算し，その推移を第2-3図に示した。3つの配分効率性指標は1990年代半ばに1に接近したから，この時期における生産者の作物選択は，きわめて合理的であったと判断される。その後2000年代半ばから，配分効率性は急速に悪化する。その原因は第3部門への作物転換が不十分だったからである。1991〜2009年の間に，野菜・果実の生産者価格は年率8%で上昇したが，第1部門の生産物価格はほぼ一定，第2部門の生産者価格の上昇率は2.6%であった。

　野菜・果実の穀物に対する相対価格が上昇したにもかかわらず，第3部門への作物転換が十分に進まなかった理由は，穀物生産を重視する農業政策にあると考えられる。AE_{13} と AE_{23} が上昇し始めた2000年代半ばは，生産補

---

[20] 畜産部門の産出をモデルに取り込むためには，耕種部門の生産量の一部を生産要素として扱わなければならない。これを考慮した産出距離関数が未開発であるため，ここでは耕種部門だけを分析の対象とした。

助政策と買付制度がスタートした時期と一致する。後述するように，この 2 つの政策は第 1・2 部門の生産者を財政的にサポートしており，その結果，彼らの作物選択がそちらに誘導された可能性が高いのである[21]。

農業政策の穀物自給バイアス

1996 年に開催された世界食料サミットはローマ宣言を採択し，世界の食料安全保障に関して，いくつかの公約を掲げたが，その中には「農産物貿易の公正かつ市場指向的なシステムを通じた食料安全保障の促進」といった行動計画が含まれている（FAO, 1996）[22]。またローマ宣言は，食料安全保障に対する責任は一義的には各国政府にあるとしながらも，サミット関連のドキュメントは，食料自給については一切言及していない[23]。一方，中国政府はサミット開催年の 1996 年に，穀物生産に関する白書（White Paper）を公表し，その中で穀物の自給率として 95％の維持を公式に表明した（Zhang and Cheng, 2017）。つまり，当時の中国は自国の食料安全保障政策として，ローマ宣言とは異なる独自の方向性を模索していたのである[24]。さらに，食料の国際価格が高騰した 2008 年，中国政府は国家食糧安全中長期計画綱要を採択し，食糧（穀物）自給率 95％の維持と食糧用農地の確保を改めて明言した。

第 2-4 図は，中国の穀物（シリアルと大豆），野菜・果実の生産量および穀物の自給率の推移を示したものである。2000 年代に入り穀物の生産量が

---

[21] 技術変化のバイアスは，第 3 部門の生産が第 1 部門に対して拡大的であり，第 2 部門の生産が第 1 部門に対して縮小的であった。

[22] この他の公約としては，貧困・飢餓の撲滅，食料の効率的な利用，農業の多面的機能の発揮，自然災害や人為的な危機への対処，持続的な農業・農村開発，公共および民間の最適な投資配分などがある。このサミットでは，2015 年までに世界の栄養不足人口を半減するとの宣言がなされたが，実現には至っていない。持続可能な開発目標（SDGs）はさらに野心的で，2030 年までに飢餓人口をゼロとする目標を掲げている。

[23] 2009 年に開催された世界食料安全保障サミットも同様であり，WTO ルールと整合的でない措置を講じないとの行動規範が示された。また，2021 年に国連が開催した食料システム・サミットでは，SDGs を達成するための方策として，持続可能な食料システムへの転換が議論されたが，その中で自由で公正な貿易の維持，強化が謳われる一方で，食料自給に関する言及は一切ない。

[24] サミットには 185 か国が代表団を送り込んだが，中国からは当時の李鵬首相が出席していた。

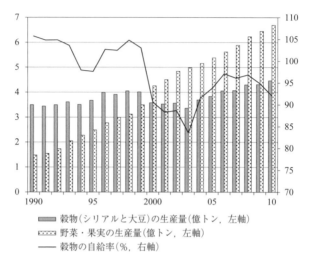

第 2-4 図　中国の穀物，野菜・果実の生産量と穀物の自給率

資料：FAOSTAT.

減少し，それに伴い自給率は 100％を大きく下回る水準にまで急落した。一方，野菜・果実は 1990 年からの 20 年間で，ほぼ直線的に生産量を伸ばしており，2000 年に穀物の生産を重量ベースで上回った。このような事態に対し中国政府は，2004 年から生産補助政策と，コメと小麦の主産地を対象とする最低買付価格制度を導入した[25]。後者は市場価格が政府の設定価格を下回った場合，国有食糧企業が農民から収穫物を設定価格で買い取るという政策である。また，2007，2008 年からはそれぞれ，トウモロコシと大豆の主産地を対象に臨時買付保管制度が導入され，その後，ナタネ，綿花，砂糖も対象作物に追加された（同制度は最低買付価格制度と同様に，市場価格が買付価格を下回った際に発動される）。

　生産補助政策も価格政策も食糧の増産と農民に対する所得補償を目的としており，前者は，早い事業であれば，2002 年から試験的に導入され，次第に食糧の主産地から全国の農村へと広がった。同政策の財政支出は，2004

---

[25]　生産補助政策は，以下の 5 つの事業から成り立っている。① 食糧栽培農民直接補助，② 優良品種補助，③ 農業機械購入補助，④ 農業生産資材総合補助，⑤ 農業保険費事業。

年の145億元から2010年には1438億元まで増加し、2006年から本格始動した農業生産資材総合補助の事業費が、2010年時点で全体の58％を占めていた。補助金は主に作付面積を基準に交付され、中には大規模経営農家だけに支給を限定する事業もあったが、支給額が最も多い農業生産資材総合補助は、すべての食糧栽培農家が助成の対象となっており、2008年の補助金総額は国家農業歳出額の20％を突破した（草野・小山、2010）。

第1・2部門の生産者価格が買付制度によって上昇し、それに伴い同部門の生産量が増加したのであれば、配分効率性は必ずしも悪化しない。しかし既述の通り、穀物の野菜・果物に対する生産者価格は、計測期間中（1991～2009年）相対的に低下している。これが食料需要の変化を反映したものであれば、計量分析の結果は、生産補助政策の導入により穀物生産が刺激され、その結果、配分効率性が悪化したことを示唆している。その背景には、自給による食料安全保障の確保という中国の国家戦略があったと考えられる。同国が飼料用穀物の自給率目標を引き下げ、輸入を自国の食料安全保障政策に位置づけたのは、2014年の1号文件が最初である。

中国政府は同時期（2010年代半ば）に、農家に対する所得補償の方策として、価格支持政策に代わり、不足払い（目標価格の設定）・直接支払制度を導入した[26]。さらに、農地貸借市場の発展を後押しするため、農地の所有権、請負経営権、利用権の分離（3権分離）を打ち出した。こうした動きは市場歪曲的な制度を徐々に撤廃し、中国農業の生産構造を改善しながら、生産力の維持・向上を図るという政策転換を意味している。Huang and Yang（2017）はこれをもって、中国の農業政策が「正しい軌道」に戻った（back to the right track）と述べている[27]。

中国の農業政策と食料安全保障

現在、農産物の国際取引に関して最も主流的な考え方は、自給政策は国際

---

[26] 2016年に生産補助政策の名称は耕地地力維持保護補助金に変更された。表面的には、生産者補助的な政策から環境保全対策への転換がうかがわれる。

[27] 第2-2図で示したように、現在でも野菜・果物の利潤率は、穀物や大豆、換金作物のそれを上回っているが、中国政府は穀倉地帯の各省に対して、2010～2020年の間、合計5千万トンの穀物増産を指示した。

貿易における比較優位の原則に反するばかりでなく，適地適作を阻害することで，農産物の価格上昇を招くというものである。こうした考え方は，とくに農産物価格の低迷期に表れ，WTO農業合意という形で明文化されたが（詳細は第4章第2節），世界的に食料需給が逼迫する度に，これとは異なる考え方が表明されてきた。たとえば，NGOや市民社会団体が主導する食料主権運動（food sovereignty movement）などはその最たるものである[28]。必需品である穀物の調達を，全面的に市場メカニズムに任せられないという主張であり，食料を国際市場で調達する購買力を持たない国や，国際価格の変動が国内市場に及ぼす影響を遮断したいと考えている国では，自国農業の振興を食料安全保障上の最優先課題に位置づけている[29]。1996年当時，FAO（1996）は食料安全保障を「人々が日々の生活で，常に十分で安全かつ栄養ある食料を物理的，社会的，経済的に入手できる状態」と定義していた。

　Clapp（2017）によれば，食料危機と呼ばれた2007〜08年当時，食料自給の重要性を訴えていたのは，フィリピン，マレーシア，フランス，イラン，インド，インドネシア，カタール，エジプト，ロシア，バングラデシュ，セネガル，カザフスタンなどであり，中国は2010年代前半まで，国家としてこうした主張の急先鋒に立っていた。その後，中国政府は農産物市場への介入の程度を弱め，農産物の輸入を自国の食料安全保障に位置づけた[30]。飼料用穀物という限定付きではあるが，「市場指向的なシステムを通じた食料安全保障」の実践であり，国際規律に則っているという意味で，同国の農業政策はHuang and Yang（2017）が言うように，「正しい軌道」に戻ったのかも知れない。しかし，経済成長を続ける人口大国中国が，国内で不足する食糧

---

[28]　Carlile et al.（2021）によれば，食料主権とは生態的に健全で，持続可能な方法によって生産された健康的で文化的に適切な食料に対する人々の権利を指す。食料主権は，食料システムを管理する生産者，流通業者，消費者のこうした権利を擁護する政治運動である。

[29]　食料安全保障は，「供給可能性」，「物理的・経済的入手可能性」，「適切な利用」，「安定性」を構成要素としている。小泉（2024）によれば，2020年に公表されたFAOレポートは，これに「エージェンシー」と「フードシステムの持続可能性」を加えた。「エージェンシー」とは人々が自由に行動を選択できる能力のことである。またイギリスのエコノミスト・インテリジェンス・ユニット（EIU）は，「手頃な価格」，「入手可能性」，「品質と安全性」，「持続可能性と適応」という4つの観点から，世界113か国・地域の食料安全保障を評価している。

[30]　2024年に施行された中国食糧安全保障法も，コメと小麦の自給を堅持しつつも，飼料用穀物については適度な輸入を行うと明言している。

2.4 メタ生産関数と成長会計分析[31]

中国農業とメタ生産関数

広大な版図を有する中国では，国内農業の技術的フロンティアに地域差があると考えるのが自然であろう。これは相対的なものだが，たとえば，東部沿岸と内陸地域とでは，気候や地理的条件，要素賦存やインフラ整備の違いより，農業生産のテクノロジーそのものが異なっていると予想される。地域間にみられる生産性や技術格差は農業に限った問題ではなく，西部地域の後進性が長らく，中国経済のアキレス腱の1つと考えられていた。こうしたことから，中国政府は1999年に国家戦略として西部大開発を立ち上げ，大型投資を梃子とする格差の解消に着手した（計画の実施は2001年から）。2004年に党中央から提起された和諧社会（調和のとれた社会）の建設を先取りした経済政策と言える。

第2-3表は2020年における中国の地域別経済指標と1984年以降，今日までの農業生産に関する統計を要約したものである。地域分類はGong (2020)にならい，東部，中部，西部とした（第2-3表の注に3地域を構成する直轄市・省・自治区を示した）。2020年の1人当たり可処分所得は，都市，農村ともに東部が最も高く，西部が最も低い。農村世帯の可処分所得に占める賃金所得（農外所得）の割合は，西部が最も低く，農村人口割合，第1次産業GDP割合は，いずれも西部が最も高い。こうした統計からも，西部地域の経済的な後進性は明らかである。

1984～2000年の間，実質農業生産額の成長率（年率）は，東部で5.0%，中部で4.5%，西部で5.5%と，西部がもっとも高いが，労働生産性には顕著

---
[31] 本節はIto and Li (2023) の内容がベースとなっている。

第2-3表 中国経済の地域間格差と農業生産

	全国平均	東部	中部	西部
2020年				
都市世帯1人当たり可処分所得(元)	43834	48652	42305	38291
農村世帯1人当たり可処分所得(元)	17132	20422	16224	13753
農村世帯の賃金所得割合(%)	40.7	48.5	35.6	33.5
農村人口割合(%)	36.1	30.4	39.9	43.0
第1次産業GDP割合(%)	8.01	5.65	10.65	11.76
1984〜2000年				
実質農業生産額成長率(%)	4.9	5.0	4.5	5.5
第1部門	1.7	1.2	2.1	2.0
第2部門	3.3	2.6	2.3	6.0
第3部門	10.4	10.6	10.8	9.1
労働生産性成長率(%)	4.4	5.8	4.1	3.0
土地生産性成長率(%)	3.9	4.6	3.8	2.7
土地・労働比率成長率(%)	0.5	1.2	0.3	0.3
2001〜2020年				
実質農業生産額成長率(%)	4.2	3.0	4.3	6.2
第1部門	2.4	1.4	3.5	1.5
第2部門	1.4	1.7	0.6	1.3
第3部門	3.3	2.3	3.1	6.6
労働生産性成長率(%)	5.8	5.5	6.6	6.1
土地生産性成長率(%)	2.3	2.3	2.2	3.1
土地・労働比率成長率(%)	3.6	3.2	4.3	3.1

資料:「各省統計年鑑」.
注:地域区分は次の通り。東部:北京,天津,河北,遼寧,上海,江蘇,浙江,福建,山東,広東,広西,海南。中部:山西,内蒙古,吉林,黒竜江,安徽,江西,河南,湖北,湖南。西部:重慶,四川,貴州,雲南,チベット,陝西,甘粛,青海,寧夏,新疆。地域別の1人当たり可処分所得や賃金所得割合は,すべて各省の人口をウエイトとする加重平均である。
第1部門は穀物,第2部門は換金作物,第3部門は野菜・果実で,重量の成長率を示した。

な地域間格差が存在し,高いほうから東部(5.8%),中部(4.1%),西部(3.0%)の順であった。労働生産性の成長率は,土地生産性(単収)の成長率と土地・労働比率の成長率の和であり,各地域で単収の増加が労働生産性の成長の大半を占めている。また第2-3表では割愛したが,この期間,肥料投入の年変化率が3地域でいずれも8%を超えている。

一方,2001〜2020年の期間では,実質生産額および労働生産性の成長率に関する東部の優位性は完全に消滅し,中・西部の躍進が目立つ。この時期,労働生産性の成長率を支えていたのは,土地・労働比率の上昇であり,

1984～2000年の期間から様変わりした。この原因は農業就業人口が大幅に減少したからである（全国平均で年率マイナス3.1％）。またこの時期，中央政府の指導により，肥料投入の成長率が全国平均で1.6％にまで低下した（この点について本章第5節で触れる）。

メタ生産関数は，こうした技術選択に関する地域間格差や，後発地域のキャッチ・アップ（catch-up）の過程を捉えるために開発されたモデルであり，その原型はHayami（1969），Hayami and Ruttan（1970, 1971）にまで遡る[32]。通常の効率性分析では，単一のフロンティアを前提とするのに対し，メタ関数分析では地域別に異なるフロンティアが想定され，その包絡面が全体のフロンティアを形成する。したがって，効率的な技術選択への接近は，地域フロンティアへの接近と，メタ・フロンティアへの接近という2段階で行われる。

第2-5図はt期におけるk地域（東部・中部・西部）i省農家の技術選択を表した模式図である。メタ・フロンティア技術効率性（MTE）は，農家が実際に選択した投入・産出の組み合わせ（C点）とメタ・フロンティア上の値（A点）に基づき計算され，CD/ADで与えられる。以下の（2.10）式が示すように，MTEは2つの要素の積に等しく，1つが技術ギャップ比率（TGR）で，これはメタ・フロンティアとk地域に固有なフロンティアとの乖離として計算され，BD/ADで与えられる。もう1つはTE（通常の技術効率性）で，これはk地域のフロンティアとC点から計算され，CD/BDで与えられる。これより，次式が成り立つ。

$$\mathrm{MTE}_{it}^{k} = \mathrm{TGR}_{it}^{k} \times \mathrm{TE}_{it}^{k} \tag{2.10}$$

メタ技術効率性の要因分解

確率的フロンティア生産関数を推計し，（2.10）式を計算した。データの出所や加工方法，推計結果については，Ito and Li（2023）を参照して欲しい。分析では，1984～2020年の省データを利用したが，ここでは以下に述べる理由から，分析期間を前期（1984～2000年）と後期（2001～2020年）に分割した。1つは，農業の土地・労働比率が前期ではほとんど一定であったの

---

[32] 山本他（2007）は本節と同じ問題意識で，日本の稲作を対象に実証研究を行った。

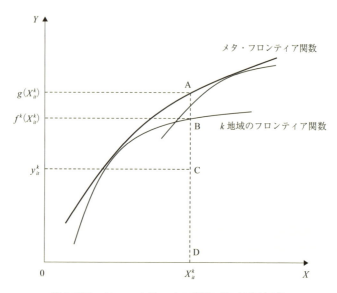

第2-5図 メタ・フロンティアと k 地域 i 省の技術効率性

に対し，後期では大きく上昇したこと。もう1つは，東部の農業生産額の全体に占めるシェアが2000年をピークに低下したのに対し，2000年代半ばから西部のシェアが急速に上昇したことである。尤度比検定の結果，2期間の生産関数に構造的な相違があることが判明した。

　第2-6図に，MTE，TGR，TEの箱ひげ図（Boxplot）を示した。前期，後期ともに，MTEの値は東部が最も高く，西部が最も低い。つまり農業投入-産出の組み合わせが，メタ・フロンティアに最も接近しているのは東部で，最も離れているのが西部であった。多重比較（pairwise mean comparison）の結果，前期については3地域間で有意差が存在するが，後期については，中部と西部の間で有意差が認められなかった（それ以外は有意差が存在）[33]。TGRについては前期，後期ともに3地域間で有意差が存在した。前期のTGRスコアの序列は，東部，中部，西部であったが，後期に入り，中部と西部のスコアが逆転した。要するに，後期に入り，西部の農業フロンティアがメ

---

33) 多重比較の方法としては，Bonferroni error correction 法と Dunnet 法を用いた。

2.4 メタ生産関数と成長会計分析

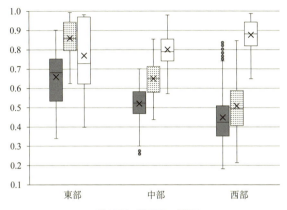

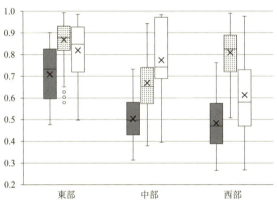

第 2-6 図　メタ・フロンティア関数による効率性の計算結果
　　　　　　（上：前期，下：後期）

注：MTE：メタ・フロンティア技術効率性，TGR：技術ギャップ，TE：地域固有の技術効率性。ひげの上端が最大値，下端が最小値，×が平均値，箱の上端が第三四分位数，下端が第一四分位数を意味する。

タ・フロンティアに接近したのである。しかしこの過程で，西部では，TEスコアが前期に比べて大きく低下している。これはキャッチ・アップの過程で，各省の農業投入・産出の組み合わせが，西部固有のフロンティアから乖離したことを意味する。したがって，西部の各省が今後，効率性を改善するためには，地域フロンティアへの接近を阻んでいる省固有の要因を取り除く必要がある。Ito and Li（2023）は，灌漑施設の整備と自然災害による負の影響の緩和が，その具体策であることを指摘した。

成長会計分析

フロンティア生産関数の推計結果を利用すれば，次式に基づいてTFP成長率の要因を分解できる（Feng and Serletis, 2010）。TCは技術進歩率，ΔTEは技術効率性の変化，SEは規模効果である（X_kとYはそれぞれ，k生産要素と産出を表し，$\eta_k = \partial \ln Y / \partial \ln X_k$である）。

$$\frac{d\ln \text{TFP}}{dt} = \text{TC} + \Delta\text{TE} + \text{SE}, \tag{2.11}$$

$$\text{TC} = \frac{\partial \ln Y_{it}^k}{\partial t}, \quad \Delta\text{TE} = \frac{\partial \ln \text{TE}_{it}^k}{\partial t}, \quad \text{SE} = \left(\frac{\eta-1}{\eta}\right)\sum_k\left(-\frac{\eta_k}{\eta}\right)\frac{d\ln X_{k_t}}{dt}.$$

規模効果は規模弾力性（η）と集計的な生産要素の成長率に依存する。

（2.11）式に基づき，TFP成長率の要因分解を行い，その結果を第2-4表に示した。前期（1984～2000年）では，TFP成長率の実質農業生産額の成長率に対する貢献はきわめて小さい。東部におけるTFPの寄与率は34％（1.68/4.96）だが，中部ではマイナス，西部ではほぼゼロであった。つまり1984～2000年における中国の農業成長は，もっぱらinput growthによって支えられていた。ところが後期（2001～2020年）に入ると，TFP成長率の寄与率は各地域で7割を超えている[34]。要するに，前期・後期で中国農業を成長させる要因が一変したのである。第2-4表でもう1つ注目すべきは，前期の農業生産額（実質）の成長率が地域間でほぼ同じであったのに対し，後

---

34) 全国平均の寄与率は54％にとどまり，地域の値との間に矛盾が生じている。これは全国平均については，全省のデータを利用してフロンティア生産関数を推計し，それに基づきTFPの成長率を計算したからである。

2.4 メタ生産関数と成長会計分析

第2-4表 TFP成長率の要因分解

		実質農業生産額成長率(%)	TFP	TC	ΔTE	SE
前期 (1984～2000年)	平均	4.91	0.05	2.08	−0.10	−1.93
	東部	4.96	1.68	1.82	−0.01	−0.13
	中部	4.52	−0.57	1.43	−0.06	−1.93
	西部	5.51	0.00	−0.20	−0.21	0.42
後期 (2001～2020年)	平均	4.19	2.26	2.37	0.04	−0.15
	東部	2.97	2.60	2.57	0.00	0.03
	中部	4.34	3.46	3.22	0.19	0.06
	西部	6.18	4.44	3.48	0.91	0.05

出所：Ito and Li (2023).
注：TFP：総合生産性の成長率，TC：技術変化率，ΔTE：技術効率性の変化，SE：規模効果．

期では明確な格差が現れ，東部がその優位性を完全に失ったことである．2000～2020年の間に，農業の成長率がもっとも高かったのは後発の西部であった．これは上で述べた後発地域のキャッチ・アップと矛盾しない．

こうした事実に対して Ito and Li (2023) では，以下のことを指摘した．まず，TFP の成長をもたらした要因として，農業の研究・開発に対する政府の積極的な投資が挙げられる（Huang and Yang, 2017）．OECD（2018）によれば，2013年における中国農業の R&D 実質支出額は，2000年水準の4倍に達したという．TFP の成長，とくに西部地域の総合生産性の成長を支えたもう1つの有力な要因は，中国の WTO 加盟（2001年）に伴う作物構成の変化である．中国農業は 2000 年代半ばから急速に比較優位を失い，いまや世界最大の農産物輸入国となったが，唯一野菜だけが競争力を維持している[35]．野菜・果実の生産量は 2000～2020 年の 20 年間で倍増し，現在 8.4 億トンに達している．一方，シリアルの生産量は同期間で 1.5 倍，2020 年の生産量は 6.2 億トンである．

西部の TFP が 2000～2020 年の間，急速に成長した原因は，この地域が園芸作物の栽培を拡大させたからである．野菜・果実の実質生産量の成長率は

---

[35] 中国は 2000 年代初頭から果実の輸出を増加させてきたが，2018 年から輸入超過となっている．

この間，西部の 6.6％ が突出しており，従来の主産地である東部では 2.3％，中部では 3.1％ にとどまっている（第 2-3 表）。WTO 加盟を契機として，中国農業の作物構成は徐々に比較優位の構造と整合的な方向に変化したが，これを最も強力に推進したのが後発の西部地域であり，そのことでメタ・フロンティアへの接近が可能となったと考えられるのである。

2.5　中国農業の発展と農民専業合作社

冒頭で述べたように，現在，中国政府は農村改革の 1 つの柱として「農業産業化」を掲げており，農民専業合作社はその中心的な担い手と目されている。専業合作社の萌芽的な発展はすでに 1980 年代にみられるが，中国政府は 2007 年に農民専業合作社法を施行し，合作組織の結成による農業再編の動きを加速させている。

中国の合作社が国内外で注目を集めている理由は，それが「三農問題」の核心である都市・農村間の所得格差を是正し，農民の経済的地位の向上に寄与すると考えられているからである[36]。中国の「三農問題」とは，農業の収益性が低く，農村が疲弊・空洞化し，農民の所得が低い状態を指す。また，小規模・零細経営が大宗を占める中国農業の構造的な弱点を，生産者の組織化によって克服しようというのが合作事業の狙いと言える。以下では，江蘇省と甘粛省の合作社を対象とした事例分析の結果を示す。

合作社参加による所得向上効果

伊藤他（2010），Ito et al.（2012）は計量経済学の手法を用いて，合作社への参加が農家所得に及ぼす影響を検討した。分析は筆者が江蘇省南京市横溪鎮で独自に収集した農家世帯データに基づいている。標本は 160 戸の合作社加入農家（社員）と，158 戸の非加入農家から成る。横溪鎮はスイカの一大産地で，分析の対象となった合作社では，加入世帯から集荷した贈答用のスイカを近隣の都市に出荷している。

---

[36]　中国の所得格差については，第 5 章の補論 1 でジニ係数とタイル指数を計算した。2000 年代半ば以降，格差は縮小傾向にある。

当該合作社の事業内容は，社員に対する技術サポート，農産物の共同販売，生産資材の共同購入，信用の連帯保証，土地改良投資の補助，個別農家の規模拡大補助，卸売市場の開設，種苗の市況に関する情報提供などである。合作社と社員の契約期間は1年で，契約内容は，栽培するスイカの品種，栽培期間，出荷時期，出荷量，買付価格，肥料・農薬の種類と使用方法と，多岐にわたる。合作社の買付価格は，周辺の市場価格よりも平均して20％程度高く，合作社はスイカの糖度，色，鮮度，重量などを勘案しながら等級付け（1～3級）を行い，最上級のスイカだけを農家から買い取る。また合作社は契約不履行社員に対して，契約解除という厳しい罰則を設けており，こうしたことが，農家の品質改善や契約遵守に向けての強力なインセンティブとなっている。

　筆者が調査を行った2009年当時，鎮内には21の合作社が事業を行っていたが，合作社に加入する農家の割合は，南京市平均で20％程度であり，大多数の農家が事業への参加を見合わせていた。加入率が低い理由の一つは小農排除（smallholder exclusion）であり，当該合作社は経営面積が3畝（1畝＝1/15ヘクタール）以下の農家との契約を拒否している。第2-7図に示したように，非加入農家と加入農家の規模分布は明らかに異なっている。江蘇省南部の農村で筆者が見聞した限りでは，ほとんどの合作社が小規模農家の加入を制限していた。

　合作社が規模の大きな農家との契約を優先させる主な理由は，取引費用の節減であるが，先行研究が指摘するように，小農排除は農村内に新たな格差を生み出す要因となっている（Glover and Kusterer, 1990；Key and Runsten, 1999；Little and Watts, 1994）[37]。中国政府が合作社の設立を政策的に推し進めている最大の目的は，合作化による利益の均霑にあるが，現場ではこれとは矛盾する事態が頻繁に観察された。

　加入率が低いもう1つの理由は自己選択（self-selection）である。農家自らが敢えて合作社への加入を拒んでいるのであるが，周（2004）は「参加者が少ない原因は，農民が人民公社に対して強い嫌悪感を抱いているからであ

---

37) 張・刘（2004），王・刘（2007）は，合作社設立の経済的なメリットが大規模農家に集中していると述べている。

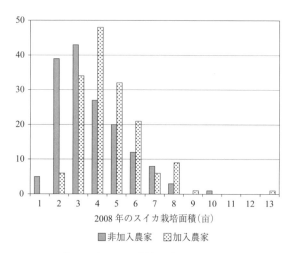

第2-7図　スイカ栽培面積のヒストグラム

注：栽培面積が30畝の社員1戸が図から除かれている。

り，彼らの心理的な抵抗を取り除くことなく，合作社の発展はあり得ない」と述べている。黄他（2002）にも同様な記述がみられる[38]。1950年代後半に設立された人民公社は，当時の農村社会を統治する行政・経済組織で，その前身として相互扶助組織，初級合作社，高級合作社が順次設立された。1950年代後半には，全国でほぼすべての農民が人民公社に加入している。つまり，加入は強制的だったわけだが，労働インセンティブを無視した報酬制度の下で，農業生産は不振を極め，大躍進政策と文化大革命の嵐の中で農村社会は疲弊し，農民の生活も窮地に陥っていった。人民公社体制は，鄧小平が主導した改革開放政策（1978年〜）の下で完全に解体した。

仮説の検証

農家iの農業所得をY_i，加入を表すダミー変数をD_i（加入：$D_i=1$，非加入：$D_i=0$），Y_iに影響するD_i以外の変数ベクトルをX_iで表す。所得と加

---

[38] エチオピアの農民生産者組織を分析したBernard and Spielman（2009）も同じことを指摘している。同国の旧政権下における農業協同組合は，社会主義のイデオロギーを浸透させるための手段であった。現在，農民の警戒心を解くため，協同組合の組織化は漸進的に行われている。

入・非加入に関して，次式が成立するものと仮定する。

$$Y_i = X_i' \alpha_X + \alpha_1 D_i + \varepsilon_i \tag{2.12}$$

$$D_i^* = Z_i' \beta_z + u_i \quad D_i = 1 \text{ if } D_i^* > 0, \text{ 0 otherwise} \tag{2.13}$$

既述の通り，加入・非加入はランダムに決まっているわけではなく，小農排除や自己選択が影響している。ここで，(2.12) 式と (2.13) 式の2つの誤差項 (ε_i, u_i) が相関すれば，ε_i と D_i が相関するため，(2.12) 式の OLS 推定値はバイアスをもつ。(2.12) 式を識別するためには，Z_i の中に少なくとも1つだけ，ε_i にも Y_i にも影響しないが，D_i と強く相関する変数（操作変数）を見つけ出す必要がある（Z_i と X_i はこの点を除き重複してよい）。これを除外制約（exclusion restriction）と呼ぶが，こうした条件をクリアした上で，操作変数法を用いれば，(2.12) 式の回帰係数について一致推定値が得られる。

実証分析では「人民公社に対する印象」（悪いイメージを持っている場合を1，そうでない場合をゼロとするダミー変数）と「新旧合作社の区別」（区別できる場合を1，そうでない場合をゼロとするダミー変数）を，除外制約を満たす操作変数（excluded instruments）として用いた。(2.13) 式をプロビット・モデルで推計し，その結果（平均限界効果）を第2-5表に示した。同表によれば，人民公社に対して悪いイメージを持っている農民の加入率は，そうでない農家に比べて26.6％低く，新旧合作社を区別できている農民は，そうでない農民に比べて，加入率が19.1％高い。また，「スイカ栽培面積」が6畝で加入率が最大となり[39]，合作社に参加している周辺の隣家が多いほど，加入率が上昇することも判明した。(2.12) 式の α_1 の推定値は，用いる操作変数によって異なるが，35.4〜60.9元/日でありゼロと有意差がある。

操作変数法は内生性問題を解決するための古典的な手法だが，これは母集団全体に関する因果効果ではなく，その一部の局所的な因果効果（LATE：Local Average Treatment Effect）を推定するためのツールである（森田, 2014）。したがって，上で示したように，用いる操作変数によって推定値が異なる。一方，操作変数法とはまったく異なる手法による因果推論（causal inference）の方法として，傾向スコア・マッチング（PSM：Propensity Score Matching）

---

39)「スイカ栽培面積」の標本平均値は3.7畝で，最大値は30畝であった。

第 2-5 表　プロビット・モデルの推計結果（平均限界効果）

	推定値	SE
世帯構成員数	−0.015	0.066
世帯構成員数^2	0.001	0.007
世帯主の年齢	−0.028	0.022
世帯主の年齢^2	0.000	0.000
世帯主の学歴	−0.013	0.013
自宅から鎮庁までの距離	0.005	0.012
新技術・新品種の導入	0.092	0.063
リスク態度	−0.004	0.011
2000〜2005 年の間の借金の有無	0.066*	0.037
スイカ栽培面積	0.164***	0.053
スイカ栽培面積^2	−0.013**	0.006
人民公社の印象	−0.266***	0.094
新旧合作社の区別	0.191***	0.057
周辺農家の入社状況	0.066***	0.006
標本サイズ	288	
対数尤度	−82.3	
Pseudo R^2	0.577	

出所：Ito et al.（2012）．
注：*, **, *** はそれぞれ 10％，5％，1％水準で有意であることを意味する。SE は標準誤差を表す。

があり，そこでは反事実（counterfactual）としての成果（潜在的成果）の把握が鍵となる。この例で言えば，加入農家が仮に合作社に加入しなかった場合の所得，および非加入農家が仮に合作社に加入した場合の所得が潜在的な成果であり，それらが推定できれば，平均処理効果（ATE：Average Treatment Effect）が計算できる。詳細は計量経済学のテキストを参照して欲しい。ATE の推定結果を第 2-6 表に示した[40]。

加入農家と非加入農家の農業所得の単純差（マッチング以前の差）は 46.2 元/日で，平均処理効果は 28.3 元/日であった（ちなみに，当地における農外賃金は 66 元/日であった）。つまり，単純差の 6 割を合作社の処理効果が占める。スイカ栽培面積の 3 畝で小農と大農を分け，それぞれについて処理効果を推定すると，小農では 40.6 元/日で（1％水準で有意），単純差のほとん

---

[40] 操作変数法と PSM 法では，因果推論の仮定が異なるので，推定値を直接比較することはできない。

第 2-6 表　PSM による処理効果の推定結果(元/日)

処理群と対照群	単純差	平均処理効果	Bootstrap SE
加入農家 vs 非加入農家	46.2***	28.3***	9.6
小規模農家 vs 非加入農家	41.9***	40.6***	12.0
大規模農家 vs 非加入農家	40.1***	22.9*	14.3
早期加入農家 vs 晩期加入農家	7.9	12.7	11.4

出所：Ito et al. (2012).
注：*，*** はそれぞれ 10％，1％水準で有意であることを意味する。

どを処理効果が占めていた。ところが大農では 22.9 元/日で（10％水準で辛うじて有意），処理効果の値も小規模農家の半額程度に過ぎない。なお，2003 年以前に加入した農家（72 軒）を早期加入者，それ以外を晩期加入者とした場合，単純差にも処理効果にも有意差は存在しなかった。要するに加入時期は成果とは無関係であった。

　上の推計結果は，合作社が加入農家に与えるメリットの大きさを示唆しているが，その効果は，農家規模に関して一様ではなく，小規模の加入農家がより大きな経済的な便益を享受していた。にもかかわらず，当該合作社は取引費用の節減を理由に小農の加入を制限している。小農排除は本節の事例に限らず，世界各地に展開する契約栽培で観察される一般的な現象だが，中国の合作社は農民所得の均霑を目的に設立されたから，この矛盾を解決することなく事業の発展はあり得ない。

　合作事業に潜むもう 1 つの問題は，農民の自己選択による加入拒否である。本分析では，1950 年代の初級・高級合作社と現在の合作社を正確に区別できず，人民公社のイメージを払拭できない農民ほど，合作社への加入を拒否する傾向が強いことを指摘した。農民が経営自主権の喪失を警戒してのことだと思われるが，中国政府が合作社のさらなる発展を目指すのであれば，農民に対する正確な情報提供がまずもって必要となる。

　なお，詳細は Ito et al. (2012) に譲るが，標本となった 318 戸の内 67 戸の農家が，スイカの市況や栽培技術に関する情報を，公的な農業普及センターから得ている。これについても PSM 法を適用し処理効果を推定したが，農業所得に及ぼす影響について有意な結果を得ることはできなかった。要する

に，農家の所得向上に寄与しているのは，公的機関が提供する市況・技術情報ではなく，営利を目的とする合作社との契約栽培のほうであった。

合作社による技術普及と垂直統合

　農民専業合作社法の施行後，多くの合作社が中国全土で事業を開始し，設立数は 2007 年の 2 万 6 千から 2019 年には 2 千 2 百万にまで増加し，同年における加入者数は，農業就業人口の 6 割を超えている。合作社の設立主体は，農民グループ，地元政府，農企業など様々であり，加入・退出の自由，集団所有，幹部の民主的な選出，一般社員の経営参加，社員に対する利益の均等分配などが運営方針の特徴として指摘されている（Huang et al., 2016）[41]。合作社は，契約栽培の枠組みの中で，様々なサービスを加入農家に提供するだけでなく，農家間の農地貸借を仲介したり，垂直統合を通じて，自ら大規模農場を開設したりする場合もある（Ba et al., 2019；Zhong et al., 2018）。Li and Ito（2024）はこの点に注目し，合作社が提供するサービスが BC および M 過程の効率性に及ぼす影響を検討した。

　農業の BC 技術は作物単収の増加と単位面積当たり施肥量の減少を通して，土地生産性の向上と環境保全型農業の普及に寄与する。第 2-8 図は世界各地域の肥料投入量とシリアルの単収（2020 年）の関係を示したものである。中国については 1990～2020 年の推移を示した。北米と西ヨーロッパの肥料投入量は現在，0.13～0.17 トン/ha で，単収は 7.1～7.3 トン/ha に達する。一方，中国の肥料投入量は，1990 年の 0.22 トン/ha から 2015 年には 0.46 トン/ha へと増加し，単収も 4.3 トン/ha から 6.0 トン/ha へと変化した。しかし，欧米や日本に比べると肥料の生産性は低い。現在，中国は世界最大の化学肥料使用国であるが[42]，2015 年に中央政府が「2020 年までに化学肥料使用量の増加率をゼロとするアクション・プラン」を施行した結果，図に示すように，1990～2015 年の右上がりの傾向がこれを境に反転した。中国政府が標榜する

41）もちろん，こうした運営方針は法規の原則であって，これとは異なるルールの下で運営されている合作社も数多く存在する。

42）2020 年時点で，中国の耕地面積は世界全体の 8.6％を占めているが，農業用肥料の使用割合は 22.6％に達する。

2.5 中国農業の発展と農民専業合作社

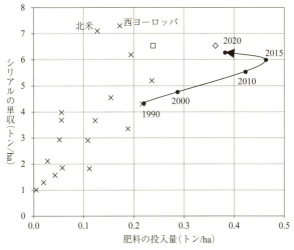

第 2-8 図　肥料投入とシリアルの単収

資料：FAOSTAT.
注：肥料投入量は窒素，リン酸塩，カリの重量の合計。中国は矢印の始点が 1990 年で，終点が 2020 年である。その他の地域には，東アフリカ，中部アフリカ，北アフリカ，南部アフリカ，西アフリカ，北米，中央アメリカ，カリブ海，中央アジア，南アジア，東南アジア，西アジア，東ヨーロッパ，北欧，南ヨーロッパ，西ヨーロッパ，オセアニアが含まれる。

"agricultural greening"の成否は，合作社の技術指導にもかかっている[43]。

一方，M 技術とは，第 1 章で述べたように，農作業の省力化や農場規模の拡大に資するテクノロジーのことで，合作社が農地貸借を仲介するか，垂直統合によって農業に直接参入すれば，労働と資本（農業機械）の最適結合が実現し，効率性の改善が期待できる。また，wage-rental ratio の上昇に伴い，一部の農家は自家の農作業を合作社が提供する機械サービスに委託し，生産コストの節減を図っている（山田，2017）。

筆者は 2021～2022 年に，甘粛省農業科学院の協力を得て，蘭州市，白銀市，定西市，臨夏州で調査票を用いての聞き取り調査を実施した。調査対象

---

[43] 中国の 1 号文件では 2004 年以来，21 年連続で三農問題を取り上げているが，2015 年に "agricultural greening" が新たな重点政策として追加された。

第 2-7 表　甘粛省と標本村の基本統計

	甘粛省	標本村
農村世帯 1 人当たり可処分所得(元)	10344	9775
農業生産額の農林牧漁業生産額に占める割合(%)	72.5	72.9
世帯ベースの合作社への参加率(%)	37.4	32.4
農地貸借率(%)	17.5	15.8
栽培面積シェア		
穀物	67.3	46.2
油糧作物	7.0	4.7
野菜・果物	18.5	39.6
薬用作物	7.2	3.8
その他	—	5.7
単位面積当たり施肥量(トン/ha)	0.20	0.87
農家 1 世帯当たり栽培面積(ha)	0.75	0.47
農業の土地・労働比率(ha/人)	0.89	0.39
農業機械・労働比率(kw/人)	5.29	3.84
農業機械サービスを提供する合作社がある村の数	—	54
垂直統合した合作社がある村の数	—	188

資料：「甘粛発展年鑑」，「中国農村経営統計年鑑」.

となったのは無作為抽出された 410 余の村（村民委員会）である（ただし，畜産と林業を主産業とする村は最初から除外されている）。第 2-7 表は，主要な調査項目について，甘粛省と標本村の平均値を比較したものである。「農村世帯 1 人当たり可処分所得」，「農業生産額の農林牧漁業生産額に占める割合」，「世帯ベースの合作社への参加率」，「農地貸借率」については，2 群の間に大きな差異は存在しない。しかし，「野菜・果実の栽培面積シェア」は調査村のほうが高く[44]，それとの関連で，「単位面積当たりの施肥量」が省平均値よりも多い。反対に，「農家 1 世帯当たりに栽培面積」，「農業の土地・労働比率」，「農業機械・労働比率」は省平均値のほうが高い。調査村の中で「農業機械サービスを提供する合作社がある村の数」は 54，「垂直統合した合作社がある村の数」は 188 であった。本分析の標本について言えば，合作社が垂直統合を通して開設した農場の平均規模は 11.8 ha に達し，農家 1 世帯当たりの平均規模（0.75 ha）よりもはるかに大きい。

---

[44] 甘粛省は国内でも有数のトウモロコシ種子の生産地だが，主産地は西部の張掖市などに広がっている。

2.5 中国農業の発展と農民専業合作社　　　73

　分析では村を観察単位とする農業投入・産出データを利用して，確率的フロンティア生産関数（SFPF）を推計し，BC・M過程の技術効率性に影響する要因を検討した。分析で重視したのは，合作社への加入率，村内における農業機械サービスおよび垂直統合型合作社の有無といった合作社関連の指標である。加入率とは，村の加入農家数を全農家世帯数で除した値であり，これについては内生性を考慮した。操作変数は当該村を除く郷鎮レベル（村民委員会の上位政府）の加入率とした。この点については，第3章第5節の実証分析で，同じ方法で操作変数を定めているので，詳細はそちらを参照して欲しい。

　確率的フロンティア生産関数の推計結果を第2-8表に示した。BC過程については，外生性に関する帰無仮説が棄却されたため（p-値：0.001），「合作社加入率」を内生変数扱いとした結果を示し，M過程については，仮説が棄却されなかったため（p-値：0.282），外生変数扱いとした結果を示した。技術非効率性の回帰式で，プラス（マイナス）の係数は，当該変数の増加によって，効率性が悪化（向上）することを意味する。

　同表によれば，「合作社加入率」が高い村ほど，BC過程の技術効率性は高いが，M過程の技術効率性とは無関係であった。つまり，合作社への加入は土地生産性の向上に寄与しており，合作社と作物単収の関係を論じた多くの先行研究と矛盾しない（Ma et al., 2018；Zhang et al., 2020；Ma et al., 2022）。反対に，「農地貸借率」はBC過程の効率性とは無関係であったが，M過程における技術効率性の改善には寄与している。農地貸借市場の発展が，農業経営における土地・労働比率の適正化を促すのであれば，この結果は首肯し得る。推計結果によれば，「機械サービス」と「垂直統合」のM過程における係数はマイナスで有意であった。これは賃耕サービスを提供し，大規模農場を開設している合作社が存在する村ほど，M過程の技術効率性が高いことを示している。前者については，機械サービスの提供により，資本が分割可能な財となり，それにより労働・資本の最適結合が実現した結果であると推察される。

　他方，BC過程における「垂直統合」のプラスの係数は，農場規模と土地生産性の逆相関という伝統的な仮説の妥当性を肯定している。通説に従えば，

第2-8表　BC・M過程の推計結果と技術非効率性の決定要因

	BC過程 係数	SE	M過程 係数	SE
生産関数				
ln 肥料	0.109***	0.025	—	
ln 農地	0.872***	0.049	—	
ln 労働	—		0.228***	0.042
ln 機械	—		0.036	0.022
穀物生産額割合	−0.271*	0151	−0.247	0.158
県ダミー	YES		YES	
技術非効率性				
合作社加入率	−2.258***	0.573	0.006	0.268
農地貸借率	−1.540	1.000	−1.795**	0.863
機械サービス	0.196	0.356	−0.831**	0.374
垂直統合	0.453*	0.258	−0.904***	0.256
出稼ぎ労働者割合	0.033	0.038	0.117	0.103
肥沃度	−0.158	0.130	−0.042	0.125
灌漑率	−1.040***	0.387	0.005	0.026
平坦地ダミー	−0.005	0.004	0.004	0.003
外生性に関する検定(p-値)	0.001		0.282	
標本サイズ	345		340	
対数尤度	−349.4		−356.4	
平均技術効率性	0.589		0.525	

注：*，**，***はそれぞれ10％，5％，1％水準で有意であることを意味する。生産関数の推計では，各村で栽培されている作物の差異の影響をコントロールするため，穀物生産額割合を説明変数に追加した。SEは標準誤差を表す。

逆相関は雇用依存型の大規模農場で，労働者に対するモニタリングが不完全であることに起因するが（Otsuka et al., 2016），これは，本章第1節で指摘した肥培管理における家族農場の優位性と同じことを意味している。したがって，今後，合作社が垂直統合という形で農業に参入し，事業を拡大していくためには，BC過程とM過程の効率性に及ぼす相反的な効果を解消する必要がある。最後に「灌漑率」の上昇はBC過程の効率性改善に寄与しており，常識的な理解と矛盾しない。

2.6　農家の兼業化と農業の構造問題

　第1章第4節で述べたように，経済成長の過程で賃金が上昇すると，農業生産者は農業機械を導入し，労働から資本への代替を図る。その結果，日本の多くの農家，とくに稲作農家は自家労働力の一部を他産業に振り向けた。兼業化はとくに先進国の農業に共通してみられる現象である。

　いま，ある農家の農業生産関数を

$$Q = f(L_1, \overline{S})$$

とし，第2-9図の曲線がこの生産関数を表すものとする[45]。Q は農業生産量，L_1 は農業に投入される労働力，$\overline{S}$ は固定的要素としての経営耕地面積で，これ以外の生産要素を無視する。p を農産物価格，w を農外賃金，L_2 を兼業労働力とすれば，農家所得（農業所得と兼業所得の合計）が次式で与えられる。

$$Y = wL_2 + pQ$$

価格所与の下で農家はこの Y が最大となるように，労働力の配分を決定する。世帯当たりの労働力の賦存量には限りがあるから，$L_1 + L_2 = \overline{L}$ が成り立つ（$\overline{L}$ が労働力の上限で，ここでは余暇選好を無視した）。したがって，農家の所得最大化問題は

$$\max_{L_1} \quad Y = w(\overline{L} - L_1) + pQ \qquad (2.14)$$
$$\text{s.t.} \quad Q = f(L_1, \overline{S})$$

と書ける。1階条件は次式で与えられる。

$$\partial f / \partial L_1 = w/p \qquad (2.15)$$

(2.14) 式から，等所得直線が

$$Q = \left(\frac{Y}{p} - \frac{w\overline{L}}{p}\right) + \frac{w}{p} L_1$$

で定義される。第1章第3節の議論と同様に，この直線と生産関数の接点であるE点で，(2.15) 式が成立する。

　実質賃金 (w/p) が第2-9図のOTの勾配よりも高くなると，兼業を止めて，すべての労働力を非農業部門に投入することで，農家所得が最大となる。図

---

45)　本節のモデルは今井他 (1982) を参考にした。

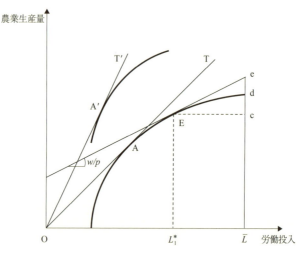

第2-9図　農家の主体均衡

のAは「離農点」と呼ばれる。同図には経営耕地面積が異なる2つの農家の生産関数が描かれている。規模の大きな農家の「離農点」はA′で、それに対応する実質賃金はOT′で表される。実質賃金が上昇する過程で、離農が小規模農家（$\bar{S}$の小さな農家）から始まるというのは道理に適っている。

　(2.14) 式で定義される農家所得は名目値であり、$Y^R = Y/p$を実質所得とすれば、実質農業所得は第2-9図のL_1^*Eによって表される。また、実質兼業所得はw/pに$\bar{L} - L_1^* = $Ecを乗じたものであり、これは図のceに等しい。したがって、実質農家所得（実質農業所得と実質兼業所得の合計）は$\bar{L}$eで表される。実質賃金がOTの勾配よりも低ければ、農家はOL_1^*を自家農業労働に、$L_1^*\bar{L}$を兼業労働に振り向けることで、所得を最大化する。

　第2-9表は日本における農家構成（専業・兼業農家戸数）と土地持ち非農家の推移を表している[46]。総農家とは自給的農家と販売農家の総称であり、

---

46) 2020年のセンサスでは、担い手を表す指標としては適切ではなくなったとの理由で、専兼業別農家統計の調査を止めている。また農水省は、2005年のセンサスから「農業経営体」という言葉を使い始めたが、野菜・花卉栽培、畜産部門以外については、経営耕地面積が30アール以上であることを要件とする。農業経営体には自給的農家が含まれない。

2.6 農家の兼業化と農業の構造問題

第 2-9 表　日本の農家構成

(百万)

年	総農家	自給的農家	販売農家	専業農家	兼業農家	土地持ち非農家
1950	6.18	—	—	3.09	3.09	—
55	6.04	—	—	2.11	3.94	—
60	6.06	—	—	2.08	3.98	—
65	5.66	—	—	1.22	4.45	—
70	5.40	—	—	0.84	4.56	—
75	4.95	—	—	0.62	4.34	0.27
80	4.66	—	—	0.62	4.04	0.32
85	4.23	0.91	3.31	0.50	2.82	0.44
90	3.83	0.86	2.97	0.47	2.50	0.78
95	3.44	0.79	2.65	0.43	2.22	0.91
2000	3.12	0.78	2.34	0.43	1.91	1.10
05	2.85	0.88	1.96	0.44	1.52	1.20
10	2.53	0.90	1.63	0.45	1.18	1.37
15	2.16	0.83	1.33	0.44	0.89	1.41
20	1.75	0.72	1.03	—	—	1.50

資料：「農林業センサス累年統計」(農水省).
注：1985 年以降，農家を販売農家と自給的農家に分けたため，とくに，兼業農家に不連続が生じている．自給的農家とは，経営耕地面積が 30 a 未満かつ調査期日前 1 年間における農産物販売金額が 50 万円未満の農家をいう．— は調査なしを意味する．

　1985 年以降については，販売農家についてのみ，専兼業別農家戸数が公表されている．本章の冒頭で述べたように，同表からは少なくとも 2 つのことが指摘できる．1 つは 1950～70 年代までの専業農家率の低下と，その後の反転上昇であり，もう 1 つは土地持ち非農家の増加である．

　高度経済成長期（1955～73 年），実質賃金（w/p）の上昇により，農家の選択は E 点から生産関数上を左方向へ移動し，A 点に達すると離農を決断する．1950～70 年代までの専業農家率の低下（兼業農家率の上昇）と土地持ち非農家の増加は，この実質賃金の変化によって説明できる．一方，70 年代以降の専業農家率の上昇は，担い手の充実ではなく，兼業先の定年退職と同時に，すべての構成員が農業専従者となった世帯の増加を意味している．彼らが賃金の自己評価をゼロにまで引き下げると，第 2-9 図の d 点で農家所得が最大となり，$L_1^* = \bar{L}$ が成立する．

　高齢専業農家と土地持ち非農家の増加は，今後も暫く続くものと予想され

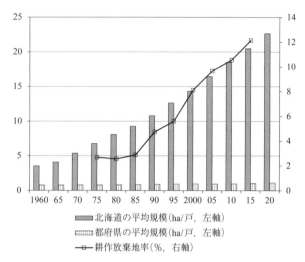

第 2-10 図　農家の平均規模と耕作放棄地率

資料:「農林業センサス」(農水省).

るが、問題はこうした世帯構成の変化が、農地利用に及ぼす影響である。農地の転用が制限されるなかで、離農世帯の増加は地代の低下圧力として作用する。一方、経営所得安定対策をはじめとする補助金の交付により、担い手経営の地代負担力は向上しているはずである。貸借市場の借り手市場化と相まって、土地利用型農業の担い手にとっては、事業を拡大する機会の到来である。

しかし実際には、第 2-10 図に示すように、少なくとも都府県に関しては、状況が劇的に好転しているとは言いがたい。農業経営体について言えば、1 経営体当たりの経営耕地面積は 2020 年に 2 ha を突破したが、農業経営体の数は 2005〜2020 年の間に、201 万から 108 万まで半減している[47]。担い手への農地集積は、長年わが国農政の目標の 1 つであったが、遅々として進んでいないのが実情である。第 1 章で述べたように、M テクノロジーは省力化や規模拡大を可能にする技術であり、日本の稲作に関して言えば、機械化一

---

[47]　農家以外の農業事業体の平均規模は 20 ha 程度である。北海道で平均規模が拡大した 1 つの理由は、挙家離村する世帯が多いからである。

貫体系の確立により，農作業の時間は過去半世紀の間に大幅に減少した。しかし，省力化は規模拡大には直結せず，いわゆる農業の構造問題が深刻化した。

第2-10図が示す別の問題は，耕作放棄地率の上昇であり，構造改善の遅れとともに，日本農業が抱える最も深刻な問題の1つとなっている。耕作放棄地とは「所有している耕地のうち，過去1年以上作付けせず，しかもこの数年の間に再び作付する考えのない耕地」のことで，耕作放棄地率（耕作放棄地面積を経営耕地面積と耕作放棄地面積の和で除した値）は，1980年半ばから上昇の一途を辿っている。

【演習】

2-1
第2節の分析結果で，BC過程の技術効率性が個別経営で高く，M過程の技術効率性が集落営農で高い理由をさらに詳しく論じなさい。

2-2
農場規模と土地生産性が逆相関する理由を調べなさい。

2-3
第2-9図で，A点が離農点となる理由を考察しなさい。

第3章　農地貸借の理論と実証

　標準的なミクロ経済学のテキストでは，農地貸借をトピックとして取り上げることはほとんどないが，農業における農地の重要性に鑑みて，本書では1つの章を割いてこの問題を扱うこととした[1]。

　本章の前半では，農地の効率的な利用という観点から，農地貸借市場，貸借の取引コスト，離農選択，耕作放棄地の発生といったテーマについて理論的な考察を試みた。農地取引を担う機構としては，政府（計画）と市場の2つがあるが，それぞれに長所と短所があるから，現実の世界では両者の補完的な役割が期待されている。政府の関与をどこに残し，市場メカニズムに何を任せるかは，農地利用の問題にとどまらず，経済政策のあらゆる領域に通底するテーマでもある。

　章の中盤では，過去半世紀にわたる日本と中国の農地制度改革の特徴を整理した。言うまでもなく，農地の貸借を通してその利用効率を向上させるためには，農地の保有に関する権利を明確化すると同時に，利用権の譲渡を可能にしなければならない。こうした権利が曖昧に設定されていれば，農地取引は活発化せず，土地・労働比率の差を原因とする生産性格差が経営間に温存される（Deininger and Binswanger, 2001）[2]。議論のポイントは2つあり，1つは貸し手層の出現を受け受け手層の農地集積に繋げる制度の整備であり，もう1つは農家以外の事業体の農業参入を可能とする法律の制定である。

　本章の後半では，日本と中国の農地取引に関する実証分析の結果を示した。とくにここでは，農地貸借における仲介組織の役割と組織経営体の農業参入に注目した。後者に関して言えば，世界の農業経営で大宗を占めるのは家族

---

1)　農地取引に関する経済学的な考察は有本・中嶋（2010），高橋（2013）などが参考になる。
2)　農地貸借を促すもう1つの条件は，非農業部門が牽引する経済成長とそれに伴う農地の出し手層の出現であり，農業が過剰就業の状態にある国・地域では，とくにそうである。

農場であり，それが最も効率的な生産単位であるとの認識が，農業経済学者の間では通念として共有されている（Ito et al., 2016a, b；Ito, 2024）。しかし現実には，これとは異なる新たな経営体の萌芽的な発展が日中両国でみられる。日本では「効率的かつ安定的な経営体」の育成・確保が唱えられるなかで，農業生産法人や一般法人，集落営農が農業経営の一翼を担うものとして期待されている。一方中国では，「新型農業経営体系」の構築が政策目標として掲げられるなかで，龍頭企業（農産物の加工・流通企業）や農民専業合作社の役割に注目が集まっている（池上，2017）。

　本章では，農産物価格の変化が農地取引に及ぼす影響についても，理論的・実証的な検討を行った。価格政策と構造政策の結節点に係わるテーマであり，とくに日本の農業が長年直面してきた難題でもある。分析結果によれば，日本では農産物価格の低下が貸借市場の発展に寄与しており，中国では反対に，農産物価格の上昇が農地貸借率の上昇をもたらしている。どちらの現象が理論と整合的なのであろうか。あるいは相反する現象を理論は容認しているのであろうか。

3.1　農地貸借の理論

見えざる手

　ある集落で2軒の農家がコメを生産している。その生産関数を以下で表す。
$$Q_i = a_i \sqrt{S_i} \quad (i = 1, 2)$$
ここでは農地（S）以外の生産要素（労働力や農業機械，肥料など）を無視する。a_iは生産性を表す正の定数で，$a_1 < a_2$を仮定する。2軒の農家は同じ面積（$\bar{S}$）の農地を所有しているが，農地の再配分（貸借）の結果，農家1，農家2の経営耕地面積がそれぞれ，S_1，S_2となると仮定する。農地の造成や転用，かい廃はなく，$S_1 + S_2 = 2\bar{S}$が常に成立し，農地取引はこの2軒の農家の間だけで行われる。

　［ケース1］として，コメの総生産量（$Q = Q_1 + Q_2$）が最大となるように，地元の政府がS_1とS_2を決定するものと仮定する。この最適化問題の解は以

下で与えられる。

$$S_i^* = \frac{2a_i^2}{a_1^2 + a_2^2}\bar{S} \quad (i=1,2) \tag{3.1}$$

$S_1^* < S_2^*$ であるから，コメの総生産量を最大化するために，政府は一部の農地を生産性の低い農家から高い農家へと移動させる[3]。

次に［ケース2］として，2軒の農家が自主的に農地を貸借するものと仮定する。農地が農家1から農家2へ移動すれば，農地の貸し手である農家1は地代収入を得て，農地の借り手である農家2は地代費用を負担する。米価を p，地代を r で表せば，農家の収益（R：revenue）が以下のように表される。

農家1： $R_1 = pa_1\sqrt{S_1} + r(\bar{S} - S_1)$

農家2： $R_2 = pa_2\sqrt{S_2} - r(S_2 - \bar{S})$

［ケース2］では，2軒の農家が自身の収益が最大となるように経営耕地面積を決める。$dR_k/dS_k = 0$ より，次式を得る（$d^2R_k/dS_k^2 < 0$ であるから，2階条件は満たされる）。

$$S_i = \frac{a_i^2}{4}\left(\frac{p}{r}\right)^2 \quad (i=1,2) \tag{3.2}$$

第1章で述べたように，要素需要関数は価格（このケースでは米価と地代）に関してゼロ次同次である。また（3.2）式から明らかなように，農地需要は米価の増加関数であり，地代の減少関数である。通常，要素（農地）需要曲線は，横軸を数量，縦軸を要素価格（地代）として描かれるので，（3.2）式を書き換えて，

$$r = \frac{a_i p}{2\sqrt{S_i}} \quad (i=1,2) \tag{3.3}$$

とすることもできる。（3.3）式の右辺は農地の限界価値生産力（生産関数を S で微分したものに農産物価格を乗じたもの）を表す。

米価（p）はコメの市場で決まるため，2軒の農家にとっては所与であるが，地代は農家1の貸し出し面積と農家2の借り入れ面積が一致する水準に決ま

---

[3] その結果，農家1の農業収益が農地の再配分後に減少するので，農家2からの所得移転がなければ，農家1はこの事業の実施に反対するはずである。しかし，ここではそれを無視し，農地の再配分は強制的に行われると仮定した。

る。すなわち，

$$\bar{S} - S_1 = S_2 - \bar{S} \tag{3.4}$$

である。(3.2) 式を (3.4) 式に代入し，r に関して解くと，

$$r^* = p\sqrt{\frac{a_1^2 + a_2^2}{8\bar{S}}} \tag{3.5}$$

を得る。(3.4) 式は

$$S_1 + S_2 = 2\bar{S} \tag{3.4'}$$

と書き換えられる。(3.4') 式の左辺は農地需要の合計，右辺は農地供給（農地賦存量）の合計である。つまり，均衡地代（r^*）は農地の需給が一致する水準に決まる。(3.5) 式に示す通り，均衡地代は，米価や農家の生産性（a_k）の上昇により上昇し，$\bar{S}$ の増加により低下する。この比較静学はいずれも道理に適っているものと思われる。

　第 3-1 図は，農家 1，農家 2 の原点をそれぞれ O_1，O_2 として，2 つの農地需要曲線（農地の限界価値生産力曲線），すなわち，(3.3) 式を描いたものである。図の E 点で 2 つの需要曲線が交差しており，農家 1 の農地需要は O_1F，農家 2 の農地需要は O_2F となる。繰り返すが，均衡地代は農地需要の合計と $2\bar{S}$ が一致する水準（r^*）に決まり，これより 2 軒の農家の農地需要が決まる。米価（p）が低下（上昇）すると，2 軒の農家の農地需要曲線が下方（上方）にシフトするので，均衡地代が低下（上昇）する。(3.5) 式が示すように，均衡地代は米価に連動して変化する。

　第 3-2 図は日本の統計を用いて，稲作の自作地地代の全国平均値と米価指数の推移を示したものである。地代も米価指数も 1985 年をピークに下がり続けている。また同図に示すように，2015 年のコメの実質生産額は，1985 年の水準と比較して 33％も減少した。米価の引き下げとそれに伴う農地に対する派生需要（derived demand）の減少が，地代低下の原因であることは明らかであろう[4]。

　ところで，(3.5) 式を (3.2) 式に代入すると，農家 1，農家 2 の農地需要は (3.1) 式と一致する（一般的な生産関数を仮定しても，このことは証明

4）米価の引き下げは，価格政策から所得・経営政策への転換に対応している（第 2 章第 1 節）。

3.1 農地貸借の理論　　　85

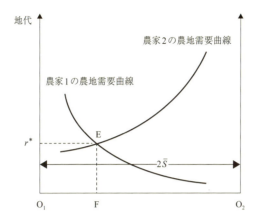

第 3-1 図　農地貸借市場の均衡

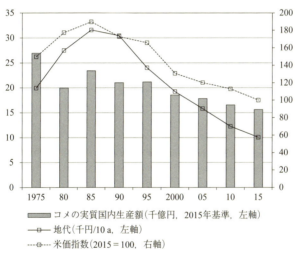

第 3-2 図　地代と米価の連動

資料：「農業物価統計調査」，「農村物価統計調査」，「農業・食料関連産業の経済計算」（農水省）．

できる)。[ケース2]では,個々の農家は農業生産量の合計（$Q = Q_1 + Q_2$）の最大化を目指していたわけではなく,自身の収益が最大となるように経営耕地面積を決めていた。にもかかわらず,[ケース1]と[ケース2]の解は一致する。「見えざる手（invisible hand）」に導かれた生産者が自己の利益を追求すれば,社会全体の厚生（集落のコメ生産量）が最大化される[5]。この点については,第6章の厚生経済学の基本定理の所で詳細を述べる。

政府か市場か

上のモデル分析は,望ましい農地再配分の方法として,2つの機構が利用できることを示唆している。1つは政府（計画）であり,もう1つは市場である。計画が望ましい結果をもたらすためには,政府が個々の農家の生産性を正確に把握しておく必要がある。(3.1)式から明らかなように,政府が a_i の値を知らなければ,農地を適切に再配分することはできない。生産性に関する情報が農家側に偏在していれば,政府はコメ生産量の最大化に失敗する。つまり,計画を成功へ導くためには,情報の非対称性（information asymmetry）の問題を解決しておかなければならない。一方,市場メカニズムを効率よく機能させるためには,取引費用（transaction cost）を削減する必要があるが,この点については後述する。

近年,日本の農水省は,政府の関与と市場の機能を駆使して,農地の効率的な利用を図ろうとしている。具体的には,人・農地プランの法定化と農地バンクの積極的な活用である。農水省の2024年版地域計画策定マニュアルは,以下のように述べている。「今後,高齢化や人口減少の本格化により農業者の減少や耕作放棄地が拡大し,地域の農地が適切に利用されなくなることが懸念されます。農地を利用しやすくするよう,農地の集約化等の取組を加速化することが,喫緊の課題です。課題解決のためには,(1) 人・農地プ

---

5) 「見えざる手」はアダム・スミス（A. Smith）の『諸国民の富』の第4編第2章に出てくる（根岸, 1983）。「あらゆる個人は,必然的に,この社会の年々の生産物をできるだけ多くしようと骨折ることになるのである。いうまでもなく,通例かれは,公共の利益を促進しようと意図してもいないし,自分がそれをどれだけ促進しつつあるのかを知ってもいない。（中略）しかしかれは,この場合でも,その他の多くの場合と同じように,見えない手に導かれ,自分が全然意図してもみなかった目的を促進するようになるのである。」

ランを法定化し，地域での話合いにより目指すべき将来の農地利用の姿を明確化する地域計画を定める。(2) 地域計画の実現のため，地域内外から農地の受け手を幅広く確保し，農地バンクを活用した農地の集約化等をする」。

2012年から始まった人・農地プランでは，農業者の話し合いに基づき，将来の地域農業のあり方や，域内で中心となる農業経営体などを明確化した上で，市町村がそれを公表することになっている。2023年の法定化（農業経営基盤促進法の改正）に伴い，地域計画へと名称が変更され，その下で10年後の農地利用計画の策定が市町村に義務づけられた。

一方，農地バンクとは農地中間管理機構のことで，農地市場の働きを補完する組織として，2014年に都道府県に設立された法人で，1970年の農地法改正時に創設された農地保有合理化法人がその前身である[6]。農地バンクの役割は，農地の売買・貸借を仲介し，担い手の規模拡大や農地の集積を促すことにある。また同時に，法定化された地域計画の下で，所有者不明の農地や遊休農地を借り受け，それを農業の担い手へ集積させる役割が期待されている。2025年度からは原則として，すべての農地の権利設定が農地バンクを経由することとなった。

経済成長に伴って，農業の構造改善が急務となった中国でも，農地の効率的な利用，農地貸借市場の発展は重要な政策課題の1つである[7]。ただし利用権の取引，つまり農地の流動化が正式に認められたのは，1980年代半ば以降のことである。それまで政府が個人間の貸借を禁止していたのは，土地なし層の出現や農村における所得格差の固定化を危惧していたからだと言われている (Liu et al., 1998)。詳細は本章第3節に譲るが，市場に代わり農地再配分の役割を担っていたのは，割替えと呼ばれる中国固有の制度である。これは人民公社の解体後に導入された生産責任制度の下で，農業所得の世帯間格差を是正するために，世帯員あるいは労働者1人当たりの請負農地（集団組織が農民に与えた農地）面積を農家間で均等化するための措置である。

---

[6] 農地保有合理化法人は農地保有合理化促進事業の実施主体である。2009年の農業経営基盤強化促進法の改正で，農地保有合理化法人のほとんどの事業は，農地利用集積円滑化事業に移管された。

[7] 都市・農村間の所得格差を解決する手段として，農業構造を改善し，農業の生産性を向上させる必要性が中国でも高まったのである。

上記モデルの［ケース1］が，この割替えに相当するが[8]，Zhang (2008) によれば，1980年代から90年代にかけて，村全体を巻き込んだ割替えは8年から10年に1回の頻度で行われ，それよりも小規模な割替えが不定期に実施されてきた。後述するように，現在，割替えは貸借市場の発展を妨げるとの理由で禁止されている。その後中国では，2010年代に入り農地の貸借市場が急速に発展し，2017年の貸借率は全国平均で37％に達した。

農地取引に参加する農家の利益

［ケース2］で農家は（地元政府の命令ではなく），自らの意思で農地取引を行っている。したがって，彼らはこの取引によって経済的な利益を得ているはずである。そうでなければ，彼らは農地の市場取引に参加しないはずであるが，それを確認しておこう。

農家1，農家2が農地を貸借する前の収益は，それぞれ次式で与えられる（上付き添え字の b は貸借前を意味する）。

$$R_i^b = pa_i \sqrt{\bar{S}} \quad (i = 1, 2)$$

一方，貸借後の収益は次式で与えられる（上付き添え字の a は貸借後を意味する）。なお，米価（p）は貸借の前後で変化しないものと仮定する。

$$R_1^a = pa_1 \sqrt{S_1} + r(\bar{S} - S_1), \quad R_2^a = pa_2 \sqrt{S_2} - r(S_2 - \bar{S})$$

よって，以下を得る。

$$\Delta R_1 = R_1^a - R_1^b = \left(\sqrt{S_1} - \sqrt{\bar{S}}\right)\left[pa_1 - r\left(\sqrt{S_1} + \sqrt{\bar{S}}\right)\right]$$

ここに（3.3）式を代入し整理すると，次式を得る。

$$\Delta R_1 = \frac{pa_1}{2\sqrt{S_1}}\left(\sqrt{S_1} - \sqrt{\bar{S}}\right)^2 > 0$$

農家2についても同様で，次式を得る。

$$\Delta R_2 = \frac{pa_2}{2\sqrt{S_2}}\left(\sqrt{S_2} - \sqrt{\bar{S}}\right)^2 > 0$$

したがって，貸し手である農家1も，借り手である農家2も，農地取引に参

---

8) 既述の通り，割替えの第一義的な目的は格差是正にあるが，土地・労働比率の均等化は，全体の生産量を最大化させる1階条件でもある。

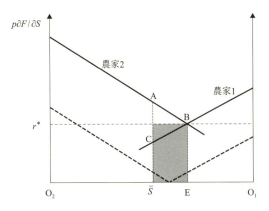

第3-3図　農地取引による余剰の増加

加することで,経済的な利益を得ることができる。つまり,農地の自主的な取引はコメの総生産量（$Q = Q_1 + Q_2$）を最大化すると同時に,取引に参加する貸し手と借り手,双方の収益増加に寄与する。

このことは図を用いても確認できる。第3-3図の実線が農地需要曲線,すなわち農地の限界価値生産力曲線を表している。生産関数を $Q = F(S)$ で表すと,$S = \bar{S}$ のときの農業収益は

$$R_i^b = \int_0^{\bar{S}} p\frac{dF_i}{dS}dS = \left[pF_i(S)\right]_0^{\bar{S}} = pF_i(\bar{S}) \quad (i = 1, 2)$$

で表される（第1-5図を参照）。一方,農地貸借後の農家1,農家2の収益は

$$R_1^a = p\int_{O_1}^{E} \frac{\partial F_1}{\partial S}dS + r^* \times \bar{S}E, \qquad R_2^a = p\int_{O_2}^{E} \frac{\partial F_2}{\partial S}dS - r^* \times \bar{S}E$$

となる（上式のEは第3-3図で農地の配分点を表す）。$r^* \times \bar{S}E$ は第3-3図のシャドー部分の面積で,農家1にとっては地代収入を,農家2にとっては支払地代を意味する。農地の取引により,集落の農業収益は図の三角形ABCの部分だけ増加し,その上半分が農家2に,下半分が農家1にそれぞれ分配されるので,両者の収益は取引後に増加する。つまり,2軒の農家に農地を取引する経済的な誘因が存在する。

農地貸借の取引費用

　農地の取引に何らかのコスト（取引費用）が発生すれば，取引そのものが行われず，貸し手と借り手の双方が経済的な利益を得られない可能性がある。いま，貸し手は農地を貸すことで単位面積当たり T_1 の費用を負担し，借り手は農地を借りることで単位面積当たり T_2 の費用を負担するものと仮定する。農家1，農家2の収益は，以下のように表される。

$$農家1：R_1^T = pa_1\sqrt{S_1} + r(\bar{S} - S_1) - T_1(\bar{S} - S_1)$$

$$農家2：R_2^T = pa_2\sqrt{S_2} - r(S_2 - \bar{S}) - T_2(S_2 - \bar{S})$$

前項と同様に，2軒の農家が，自身の収益が最大となるように経営耕地面積を決めると仮定すれば，$dR_i^T/dS_i = 0$（$i = 1, 2$）から以下を得る。

$$S_1^T = \frac{a_1^2}{4}\left(\frac{p}{r - T_1}\right)^2$$

$$S_2^T = \frac{a_2^2}{4}\left(\frac{p}{r + T_2}\right)^2$$

上の2式から明らかなように，r が一定であれば，貸し手（農家1）に発生する取引費用は，農地需要を増加させ，借り手（農家2）に発生する取引費用は，農地需要を減少させる。その結果，取引費用がかからない場合に比べて，農地の取引量が減少する。

　農地の需給均衡は $S_1^T + S_2^T = 2\bar{S}$ で表されるから，これより均衡地代が計算されるが，この方程式を（3.5）式のように綺麗に解くことはできない。そこで以下では，取引費用が貸借市場に及ぼす影響を数値計算によって確認する。なお農地の取引量だけでなく，地代（r）もモデルの内生変数である。ここでは，$a_1 = 1$，$a_2 = 2$，$p = 10$，$\bar{S} = 3$ とした上で，$T_1 = T_2$ の下で，取引費用単価をゼロから1.4まで増加させ，均衡地代と貸借率を計算した[9]。第3-4図がその結果である。同図に明らかな通り，取引費用単価の上昇により，貸借率（貸借面積を全体の農地面積で除した値）は低下する。取引費用が一定の水準を越えると，農地の取引そのものが成立しない。

9）この数値計算はエクセルのソルバーを用いて行った。

3.1 農地貸借の理論

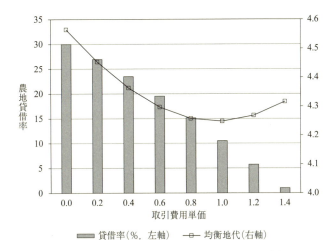

第3-4図　取引費用が農地貸借市場に及ぼす影響(I)

　取引費用はさまざまな局面で発生する。貸借相手を探し出す費用や契約合意のための費用は両者が負担することが多い。契約が交わされた後もコストが発生する。たとえば，契約通りに農地が利用されていることを確認するために，地主は自ら費用を負担して，小作人の行動を監視するかも知れない。契約を終了させる場合にも費用がかかる。たとえば，小作人が自ら費用を負担して農地の改良を行ったにもかかわらず，地主が期間満了前に農地の返還を要求したとしよう（これを有益費問題という）[10]。小作人は投資コストを回収できていないから，地主に対して離作料を要求する。離作料を支払えば，地主の地代収入はその分だけ減少する[11]。他方，借り手側の理由で契約を解除する場合，地主はその借り手に別の借り手の探索を要求するかも知れない。つまり，元の借り手は新たな借り手の探索費用を負担するから，借り手の負担（借り入れ地代）は当初の額よりも多くなる。これら以外にも，さまざまな要因で取引費用が発生し，それが原因で貸借契約が成立しない場合も

---

[10]　土地改良に係る償還金は地主負担が一般的であるが，それが地代に上乗せされると，実質的には借り手負担ということになる。
[11]　離作料が発生するのは，耕作権が保護された状況で，地主側の主導で貸借契約を解約する場合に限られる。

想定される。農地中間管理機構などの公的機関が取引を仲介すれば，取引費用が節減され，貸借市場の発展に繋がるかも知れないが，これは実証研究に委ねられるテーマとなる。

耕作放棄地の発生

耕作放棄地の定義はすでに第2章第6節で与えられている。筆者が知る限り，日本は耕作放棄地面積に関する全国統計を公表している唯一の国であったが，農水省は2020年センサスからこれに関する調査を止めている。

第3-3図に耕作放棄地発生のメカニズムを示した。いま農産物価格の低下や，農業労働力の減少などにより，実線で示された農地需要曲線が，破線で表された状況までシフトしたと仮定しよう。2つの農地需要曲線が交差するところで均衡地代が決まるから，図はゼロ地代の状況を表している。この状態からさらに農地需要曲線が下方にシフトすれば，農地の超過需要がマイナスとなり，耕作放棄地が発生する。またどちらかの農家が農地の利用を停止すれば，耕作放棄地面積はさらに一層拡大する。第3-3図で仮に，農家1が離農した場合，この集落で耕作放棄地問題を解決する方法としては，農家2の農地需要の増加，農業への新規参入，あるいは耕作放棄地の地目変更以外に考えられない[12]。

3.2 マルチ・エージェント・モデル[13]

基本モデル

本節では，マルチ・エージェント・モデル（MAM：Multi-Agent Model）を用いて，農地利用に関する理論の一般化を試みる。MAMは多様なエージェントによる相互作用を特徴とし，農業を対象とした応用研究としては，Berger et al.（2006）やBai et al.（2015）などがある。本節では，農地需要の大き

---

[12] 地目変更には農地法の規制があり，たとえば，集団的な農地の中にある耕作放棄地や基盤整備が計画されている農地の地目変更は原則禁止されている。

[13] 本節の内容はIto（2024）をベースとしている。

さが異なる農家群が、域内で農地を取引するものと想定し、その集積の程度や集計的な農業生産量に及ぼす影響を検討した。第2章第6節の議論を念頭に、分析では賃金（農業労働の機会費用）上昇に伴う離農世帯の増加を仮定したが、こうした世帯が過度に増えると、貸借市場は過剰供給に陥り、ゼロ地代とともに耕作放棄地が発生する。以下の MAM では生産者の多様性のみならず、貸借市場の地域差をも考慮した。

農家 k の農地需要関数を $S_k = S_k(p, r, X_k)$ で表し、$0 \leq k \leq N$ とする。X_k は農家 k の固定資本であり、p と r はそれぞれ農産物価格と地代を表す。農地需要関数の性質から $\partial S_k/\partial p > 0$、$\partial S_k/\partial r < 0$ を仮定する。また一般性を失うことなく $\partial S_k/\partial X_k > 0$ とする。農地改革直後の状況を想定して、すべての農家の所有地面積が $\bar{S}$ で表されるとした。したがって、農家 k の農地に対する超過需要は $ED_k = S_k - \bar{S}$ となる。

議論を単純化するために、農地需要関数を

$$S_k = a(p, X_k) - r = a_k(p) - r \tag{3.6}$$

で表し、$da_k(p)/dp \geq 0$、$a_0(p) < a_2(p) < \cdots < a_N(p)$ とする。さらに、$a_k(p)$ は $[a_0(p), a_N(p)]$ の範囲を一様分布するものと仮定する。均衡地代は $\sum_k ED_k = 0$ を満たす水準に決まるが、取引費用が存在しなければ、$k = N/2$ 以外の農家が、貸し手あるいは借り手として貸借市場に参加する。当面、離農は考慮しないものとし、

$$S_0^* = a_0(p) - r^* \geq 0 \tag{3.7}$$

を仮定する。r^* は均衡地代、S_0^* は農家 $k = 0$ の均衡農地需要を表す。

上の仮定から、

$$a_k(p) = a_0(p) + \frac{a_N(p) - a_0(p)}{N} k$$

となり、さらに k を連続変数とみなすと貸借市場の均衡条件から、均衡地代（r^*）と貸借面積（RA）が次式で与えられる。

$$r^* = \frac{a_0(p) + a_N(p)}{2} - \bar{S} \tag{3.8}$$

$$RA = \frac{[a_N(p) - a_0(p)]N}{8} \tag{3.9}$$

(3.9) 式で，仮定から $da_k(p)/dp>0$ であるから，dRA/dp の符号は理論的には定まらない。

　土地市場の特徴は一物一価が成立しないことである。貸借市場であれば，均衡地代に地域差が現れ1つの値に収斂することがない。言うまでもなくその原因は，土地が地域間を移動しないからである。いま，耕作放棄地の発生を含めた農地利用のパターンが地域間で異なることを考慮して，(3.6) 式を

$$S_k = a(p) + bk - r$$

と改める。b は地域性を表すパラメータである。$\partial S_k/\partial X_k>0$ を反映させるため，$dk/dX_k>0$，$b>0$ とする。つまり農地に対する需要は，b と農家番号 (k) の値が大きな地域の農家ほど大きい。

　貸借市場の均衡条件から，$r^* = a + 0.5bN - \bar{S}$ となり，貸借面積 (RA) は

$$RA = \int_0^{N/2}(\bar{S} - S_k)\,dk = \int_{N/2}^{N}(S_k - \bar{S})\,dk = bN^2/8$$

となる。また (3.7) 式は以下のように書き換えられる。

$$bN - 2\bar{S} \leq 0 \tag{3.7'}$$

さらに，(3.8) 式を (3.7) 式に代入すると，$a_N(p) - a_0(p) \leq 2\bar{S}$ を得るから，これと (3.9) 式から

$$\frac{RA}{N\bar{S}} \leq \frac{1}{4}$$

を得る。$N\bar{S}$ は総農地面積を表すから，上式は離農がなければ，貸借率の最大値が25％となることを意味する。反面から言えば，貸借率を上昇させるためには，一部の農家が離農し，所有する農地を貸借市場に提供した上で，その農地が営農を続ける他の農家によって利用されなければならない。

　取引前後の農業収益が

$$R_k^b = (a+bk)\bar{S} - 0.5\bar{S}^2$$
$$R_k^a = (a+bk)S_k^* - 0.5S_k^{*2} - r^*(S_k^* - \bar{S}) = 0.5S_k^{*2} + r^*\bar{S}$$

で与えられるから，

$$\Delta R_k = R_k^a - R_k^b = 0.5(S_k^* - \bar{S})^2 \geq 0$$

が成立する。つまり，本章第1節で示したように，貸し手，借り手双方ともに，貸借市場への参加により農業収益が増加する。

MAMでも2農家モデルと同様に，取引費用が農地取引に及ぼす影響を検討することができる。貸し手と借り手が負担する取引費用単価（貸借面積当たりの取引費用）をTで表すと，貸し手と借り手の農地需要関数はそれぞれ，$S_k = a + bk - (r - T)$，$S_k = a + bk - (r + T)$ となる。すでに，Skoufias (1995)，Key et al. (2000)，Deininger and Jin (2005) により証明済みだが，取引費用の発生により，$k = N/2$ 番前後の農家（$k_1 \leq k \leq k_2$）が貸借市場に参加しない（参加しないほうが，より多くの利益を得られる）。その結果，農地貸借市場が縮小する。k_1 と k_2 の値は，農地の超過需要がゼロとなる水準に内生的に決まる。この点については，以下でまとめて議論する。

取引費用・離農と貸借市場

世界の耕種農業（crop farming）で最も支配的な経営形態は，家族農場（family farm）であり，前節の2農家モデルでも，本節のMAMでも，耕作者として想定されているのは農家である。

家族農場の経営面での強みは，所得の残余請求権者（residual claimant）である家族構成員が主要な働き手であるため，雇用依存型の大農場とは異なり，モニタリングに要する管理費用を必要としない点にある。こうした長所は，施肥や水やり，害虫駆除といった肥培管理（BC過程）で遺憾なく発揮されるものと思われるが，その一方で，家族農場は経営としての存続が，世帯の継承や相続に大きく依存するという欠点を持っている。日本を含む先進国では，経営主の高齢化や慢性的な後継者不足により，農業の衰退や農村の空洞化が懸念されている（Mishra et al., 2010；Duesberg et al., 2017；Leonard et al., 2017）。また先進国以外でも，非農業部門が牽引する経済成長によって農業労働の機会費用が上昇すれば，とくに若年世帯員の農業離れが進行する（Jansuwan and Zander, 2021）。

本節では，賃金（農業労働の機会費用）の上昇とそれに伴う離農世帯の増加が，農地利用に及ぼす影響をシミュレートした。モデルの仮定から，離農の頻度はパラメータ b の値が小さい地域ほど高い。また，農家番号（k の値）が小さな世帯ほど，農地に対する需要が小さいため，賃金がある程度の水準に達すると，そうした世帯から離農が始まる。具体的には，農家番号が $0 \sim t$

の世帯が離農し，$t\sim x$ の世帯が自身の所有する農地の一部を他者に貸し出し営農を続け，$x\sim N$ の世帯が農地の借り手となり，経営規模を拡大する（後述するように，t の値は農業収益と賃金収入の関係から決まり，x の値は以下の（3.11）式で与えられる）。ただし，賃金が上昇する過程で，一部の農地を貸し出しながら営農を続ける世帯は消滅し，貸借は離農世帯と営農を続ける世帯との間だけで行われる局面が出現する。

貸借市場の均衡条件から，均衡地代と $ED_x = 0$ を満たす世帯番号 x が次式で与えられる。

$$r_R^* = a + 0.5b(N+t) - \frac{N\bar{S}}{N-t} \tag{3.10}$$

$$x = 0.5(N+t) - \frac{t\bar{S}}{b(N-t)} \tag{3.11}$$

これより，地域における貸借面積（RA_R）が

$$RA_R = t\bar{S} + \int_t^x (\bar{S} - S_k)\,dk = \int_x^N (S_k - \bar{S})\,dk = (N-x)\left[0.5b(x-t) + \frac{t\bar{S}}{N-t}\right] \tag{3.12}$$

となる。t は離農世帯数を表すから，（3.10）〜（3.12）式で $t=0$ とすれば，$r_R^* = r^*$，$x = N/2$，$RA_R = RA$ を得る。

賃金が上昇し，離農世帯数がある水準に達すると，地域全体の農地に対する超過需要が非正となり，均衡地代がゼロとなる。（3.10）式から，その水準が

$$t^+ = \frac{-a + \sqrt{a^2 + 2b(a-\bar{S})N + b^2N^2}}{b}$$

で与えられ，ゼロ地代の下における耕作放棄地面積（AF）と貸借面積（$RA_{r=0}$）が

$$AF = N\bar{S} - (N-t)[a + 0.5b(N+t)]$$
$$RA_{r=0} = (N-t)[a - \bar{S} + 0.5b(N+t)]$$

となる。詳細は Ito（2024）を参照して欲しい。

以下で行うシミュレーションでは，$N=200$，$\bar{S}=2$，$a=3$ として，b の値を 0.0005〜0.02 の範囲内で，0.0005 刻みで変化させた。これは国内に 40 の貸借市場（地域）が存在することを意味する。なお，これらの初期値は（3.7′）

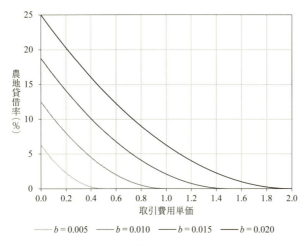

第 3-5 図　取引費用が農地貸借市場に及ぼす影響(Ⅱ)

式を満たしている。繰り返すが，農地需要の大きさは地域によって異なり，b の値が大きいほど，旺盛な需要が存在する。数値計算では，各世帯の労働力の賦存量を 1，賃金 w を 4～9 の水準に設定し，賃金所得≧農業収益（$w \geq R_k^a$）の成立で，その世帯は離農し，農業に復帰することはないものと仮定する。モデルの内生変数は，均衡地代，貸借面積，離農世帯数，$ED_x = 0$ 満たす x，個々の農家の農業収益であり，耕作放棄地面積，全体の農業生産量などが逐次的に決まる。なおシミュレーションでは，農産物価格は変化しないものと仮定した。

取引費用単価（T）と農地貸借率の関係を第 3-5 図に示した。ここでは離農を考慮していない。図にはないが，均衡地代は T とは無関係に決まり[14]，$b = 0.005$，0.010，0.015，0.020 についてそれぞれ，1.5，2.0，2.5，3.0 であった。これも図にはないが，T の上昇に伴い，貸借市場に参加しない農家数が増加し，その結果，貸借率が低下する。b の値が大きい地域ほど，農地が活発に取引されるので，たとえば，$b = 0.020$ の地域（農地需要の農家間格差がもっとも大きな地域）では，$T = 0$ のときの貸借率が 25％ となる。これは離

---

[14] 取引費用単価が貸し手と借り手で同じであると仮定したため，均衡地代が T とは無関係となる。

農が存在しない場合の貸借率の最大値に一致する。$T=1$ で貸借率は 6.3% まで低下し，$T=2$ で取引が停止する。図に示す通り，b の値が小さな地域ほど，少額の取引費用でも貸借市場が閉鎖され取引が停止する[15]。

第3-6図は賃金上昇（時間の経過）に伴う貸借率，耕作放棄地率，均衡地代の変化を表している。上段がシミュレーションの結果，下段が1985〜2015年における日本の実際の値である。事業規模30人以上の月額現金給与額（「毎月勤労統計調査」厚生労働省）を農産物価格指数で除したものを実質賃金とみなすと，この値は1985〜2015年の間，ほぼ直線的に上昇している。したがって，第3-6図の上段と下段の横軸は，ほぼ正確に対応していると考えてよい。賃金の上昇（時間の経過）に伴い，地代はシミュレーションも現実の値も一貫して低下している。貸借率と耕作放棄地率については，シミュレーションの予測値と現実の値が異なるが，トレンドに大きな矛盾は生じていない。要するに，モデルは農地利用に関する実態をほぼ正確に予測していると言ってよい。またシミュレーションの結果を詳細に検討すると，横断面でみた貸借率と耕作放棄地率の間には，負の相関が存在する。これも実際に観察される現象と一致しているが，この点については後述する。

離農に伴う生産構造の変化と貸借前後の生産量

第3-7図は賃金上昇に伴う全国の離農率，営農を続ける農家の平均規模，農地貸借前後の総生産量（40地域の生産量の合計）のシミュレーション結果である。$w=4.0$ で離農する世帯はなく，したがって，農家の平均規模は $\bar{S}(=2.0)$ に等しいが，賃金の上昇に伴い離農する世帯が増加し，そうした世帯から提供される農地の一部が，営農を続ける農家によって利用されるため，農家の平均規模が上昇する。$w=9.0$ で離農率は 73.0%，平均規模は $\bar{S}$ の2.2倍となる。ちなみに1960〜2020年の間，日本の総農家戸数は606万戸から71%減の175万戸となり，平均農場規模は 0.88 ha から 1.57 ha にまで拡大

---

[15] 離農する世帯が存在しないという状況下で，取引費用単価が同じであれば，域内に大きな農地需要が存在する地域（b の値が大きな地域）ほど，農地貸借率と均衡地代が高い。一方，離農世帯が存在する場合，地域の均衡地代と貸借率はマイナスの相関を持つ。詳細は Ito (2024) を参照して欲しい。

3.2 マルチ・エージェント・モデル

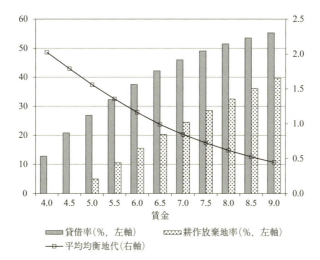

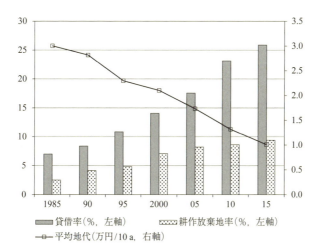

第 3-6 図　賃金上昇に伴う地代，貸借率，耕作放棄地率の変化
(上：シミュレーション，下：日本)

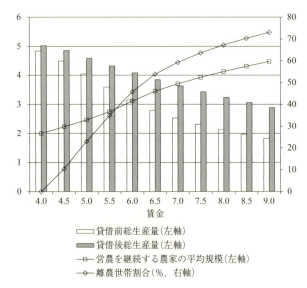

第3-7図　賃金上昇に伴う離農率，農家の平均規模，生産量の変化

注：生産量はシミュレーションの値を1万で除した値を示した。

した。明らかに，シミュレーション結果と現実の間に大きな矛盾は生じていない。

　農地貸借前後の総生産量は，賃金の上昇に伴って減少するが[16]，この原因は言うまでもなく，$w>4.0$で耕作放棄地が発生するからである。本章第1節で述べたように，農業への新規参入や，営農を続ける農家の農地需要が増加しなければ，離農に伴う農業生産の縮小を食い止めることができない。また第3-7図は，貸借前後の総生産量の乖離が，賃金の上昇に伴い拡大することを示している。これは離農世帯が増加することで，生産性の高い農家へより多くの農地が集積するからである。

モデル分析の政策的含意

　前節と本節では，農地貸借市場の正常な働きを阻害する要因として，取引

---

16)　生産量の計算式はIto（2024）を参照。

費用と耕作放棄地の発生に注目し，それを簡単なモデルを使って説明した．取引費用のモデルへの取り込み方は，先行研究の方法を踏襲したが，耕作放棄地の発生については，賃金上昇に伴う離農世帯の増加をその直接的な原因とみなした．

　取引費用と情報の非対称性が存在しない世界では，農地を効率的に再配分する方法として，市場メカニズムと政府の計画を択一的に利用できるが，現実の世界ではこの2つの補完的な役割が期待されている．人・農地プラン（地域計画）と農地中間管理機構のフル活用が実例として挙げられる．この2つの機構を利用して農地を取引すれば，貸し手と借り手の双方が経済的な利益を得られるだけでなく，農業全体の生産性が向上する．中間管理機構が貸借契約を仲介することで，農地の面的利用が可能となり，同時に貸借の取引コストが節減されるのである．シミュレーションの結果が示すように，取引費用が一定の水準を超えて上昇すれば，取引そのものが成立しない．

　市場の正常な働きを阻害するもう1つの要因は，農地に対する需要不足である．本来，貸借市場は地代の調整によって需給均衡を回復するが，一旦，地代が非正となり，その状態から離農が進行すると，追加的な農地需要が生まれない限り，耕作放棄地の発生と農業生産量の減少を止めることができない．このような状況においても，個々の生産者の経営規模は拡大するが（第3-7図），市場メカニズムの不調により，耕作放棄地が発生し，農業全体の生産力が縮小する．

　MAMの結果は，農地の保全と新たな需要の創出が，農地の効率的な利用にとって不可欠であることを示唆している．個々の生産者の規模拡大を市場の働きに委ねる代わりに，政策のプライオリティをこの2つに置くべきだというのが，本分析の結論である．あらゆる農業政策は，貴重な資源である農地の生産力を十分に生かし切ってこそ意義があり，その時はじめて農業に対する保護も正当化される（荏開津, 1987, p. 44）．新規需要の掘り起こし策としては，農家や農業生産法人以外の事業体の農業参入が想定されるが，次節で述べるように，最近日本ではこの方向で大きな制度改正が行われた．農地を保全する施策としては，ヨーロッパを起原とする条件不利地域対策が考えられるが，これについては第8章で議論したい．

3.3 日本と中国の農地制度改革

日本：1970年の農地法改正とその後の農地制度改革

日本の農地制度は，戦後の農地改革とその後に制定された農地法（1952年）によってその礎が築かれた。同法の改正前第1条は「この法律は，農地はその耕作者みずからが所有することを最も適当であると認めて，耕作者の農地の取得を促進し，及びその権利を保護し，並びに土地の農業上の効率的な利用を図るためその利用関係を調整し，もつて耕作者の地位の安定と農業生産力の増進とを図ることを目的とする」と述べている。大地主層の解体は1946年に施行された自作農創設特別措置法と農地調整法改正法に始まるが，こうした制度改正により，家族労働力を中心とする等質的かつ零細な自作農が日本全土に創設された。

ところが1950年代半ばから始まる高度経済成長の過程で，自作農主義は構造的な矛盾に逢着する（島本，2006）。急成長を遂げた非農業部門の労働者と，零細な経営規模のもとで営農を続ける農業者との間の所得格差が拡大したため，これを是正する抜本的な施策が検討されたのである。いわゆる基本法農政の登場であるが，そこでは自立経営農家の育成，農業経営の細分化の防止，協業の助長とならび，農業構造の改善に資する農地に関する権利の設定または移転の円滑化が規定された[17]。その後，政府は個々の生産者の規模拡大を目的として，1970年に農地法を改正した。これは，自作農主義からの離脱と借地主義への転換を意味するが，基本法制定からわずか9年後に，農業政策は大きなターニング・ポイントを迎えたのである。農地保有合理化促進事業が立ち上がり，農地保有合理化法人による農地取引の仲介が始まったのも1970年である。

借地による経営規模を拡大させるための具体的な方策には，賃貸借に関する解約制限の緩和，農地取得上限面積制限（3 ha）の撤廃，下限面積制限の引き上げ，小作地の所有制限の緩和，創設農地の貸付許可，小作料統制の廃

---

[17] 基本法農政のもう1つのキー・ワードである選択的拡大については，第2章第3節を参照して欲しい。

止（標準小作料制度の導入），農業生産法人の要件緩和などが含まれる。1970年の農地法改正以降，農地の貸借を促す制度は，所有者が農地を貸しやすい環境を整える観点にたって改正されてきたと言ってよい（生源寺，2008）。

1975 年に施行された農用地利用増進事業では，農地法の適用除外という形で，合意による解約や 10 年以上の期間が定められた賃貸借の解約については，農業委員会の許可が不要とされた。つまり，契約期間の満了に伴って，貸借関係は自動的に終了することとなった[18]。こうした制度改正の目的は，農地の返還を保証し，所有者の農地貸し出しに対する懸念を払拭することにあった。農用地利用増進事業を法制化した農用地利用増進法（1980 年制定）は，農業者間での利用権設定を促すという意味で，1970 年の農地法改正の延長線上にあると考えてよい。

1993 年には農用地利用増進法の一部が改正され，農業経営基盤強化促進法が制定された。同法は，効率的かつ安定的な農業経営を育成するために，生産者の中から認定農業者を定め，農地集積の方向性を明示している。農地の流動化を推進する受け手側の主体を制度として指定したのは，日本の農業政策としては，初めての試みであった（島本，2006；生源寺，2008）。農地法改正から今日まで，農地の所有権移転と賃借権の設定は，農地法と農業経営基盤強化促進法のいずれかに基づいて行われてきたが，第 3-8 図が示すように，1990 年代以降，後者による利用権設定が権利移動の大半を占めている[19]。また，利用権設定面積が 2000 年代後半から急増しているいるが，これは 2007年から始まった品目横断的経営安定対策が，一定の規模要件を満たす農業経営体を対象としていたからである。

貸し手層の出現を，受け手層の規模拡大に繋げる制度の整備が進む一方で，日本では農地に対する需要不足が徐々に深刻化していった。1975～85 年の間，全国の耕作放棄地面積は 12～13 万 ha で推移していたが，1990 年には 85 年比で 8.2 万 ha 増の 21.7 万 ha と一挙に増加し，さらに 1995 年，2000 年の耕

---

18) 市町村が定める農用地利用増進計画の下で交わされる貸借契約は，農地法の適用除外となり，集団的な取引が可能となった。つまり利用増進事業により，農地の借り手も大きな恩恵を受けることとなった。

19) 髙木（2008）にならい，第 3-8 図では無償の所有権移転や使用貸借，賃借権の移転を除外した。

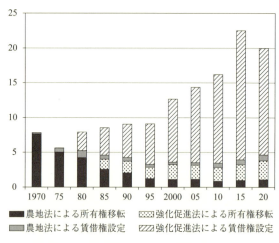

第3-8図　耕作目的の農地の権利移動面積(万ha)

資料:「土地管理情報収集分析調査」,「農地の移動と転用」(農水省).
注:所有権移転については無償を除き,賃借権設定については権利の移転と使用貸借を除いた.

作放棄地面積は,それぞれ24.4万ha,34.3万haに達し,全耕地面積に占める割合は10％に迫っていた(第2-10図)。こうしたなかで,新規需要の主役として注目されたのが,農業生産法人以外の法人(一般法人)である[20]。当初,株式の自由譲渡を許可している株式会社は,その要件を欠くとの理由で,農業生産法人には含まれないこととされた。他方,農業生産法人はその中核が農業者によって組織されているとの理由で,農業経営を許されていたが,その背景には農地法の耕作者主義があったと考えられている(本間,2010)。

　数次にわたる農地法の改正で,農業生産法人の事業・構成要員の要件が緩和され,2000年の農地法改正では,株式譲渡制限に関する定款がある株式会社が,農業生産法人として認められた。さらに,貸借の借り手市場化が進行するなかで,一般法人(当時は特定法人と呼ばれた)に対して,農地の賃

---

20)　農業生産法人とは農地法に規定された生産者に対する呼称で,農地や採草放牧地を利用して農業経営を行うことができる法人のことである。具体的には農事組合法人,合名会社または有限会社を指す。1962年の農地法改正で農業生産法人が制度として発足したが,2015年の農地法改正で農地所有適格法人へと名称変更された。

借権または使用貸借による権利の取得が初めて認められた。ただし，農地の貸借に際し一般法人は，農地所有者が市町村または農地保有合理化法人に移動させた権利を借り入れなければならなかった。つまり，相対での取引は禁止されていた。農地リース方式と呼ばれるこの制度の下で，一般法人が利用できる農地は耕作放棄地に限られており，法人に協定違反があった場合には，賃貸借契約を解除できる仕組みになっていた。これらのことから，当初政府は農家以外の事業体の農業参入に対して，きわめて慎重な態度で望んでいたことが分かる。こうした方式は，農業経営基盤強化促進法の下で特定法人貸付事業と呼ばれ，2009年9月1日時点で，414法人がこの制度の下で農業に参入した。その内訳は株式会社が234，特例有限会社が99，NPOなどが81であった（梶原，2021）。

その後，2009年の農地法改正で，一般法人は市町村や農地保有合理化法人を通すことなく，また区域の制限もなく，農地を借り入れることが可能となった[21]。所有に拘ることなく，農地の効率的な利用を目的とする制度変更であり，農地法制上，画期をなす法改正との評価もある（梶原，2021）。その後，農地中間管理機構の創設や農業生産法人の要件緩和を経て，2016年には国家戦略特区における法人農地取得事業が創設され，試験的ではあるが，農地所有適格法人（旧農業生産法人）以外の法人による農地所有が容認された。

中国：農地制度改革の変遷と3権分離[22]

人民公社の解体（1980年代前半）により，中国の農民は農地の請負経営権と土地利用権を手にしたが，農地を処分する権利（所有権）が集団組織に

---

21) 制定以来，数次の改正を経て現在の農地法第1条は，以下のようになっている。やや長いが引用しておこう。「この法律は，国内の農業生産の基盤である農地が現在及び将来における国民のための限られた資源であり，かつ，地域における貴重な資源であることにかんがみ，耕作者自らによる農地の所有が果たしてきている重要な役割も踏まえつつ，農地を農地以外のものにすることを規制するとともに，農地を効率的に利用する耕作者による地域との調和に配慮した農地についての権利の取得を促進し，及び農地の利用関係を調整し，並びに農地の農業上の利用を確保するための措置を講ずることにより，耕作者の地位の安定と国内の農業生産の増大を図り，もって国民に対する食料の安定供給の確保に資することを目的とする」。

22) 本項の内容は，伊藤他（2014），Li and Ito（2021）をベースとしている。

残ったため，この時代の改革は不完全であったと評価されることが多い（Carter and Yao, 2002；Lohmar, 2006）。「統一経営」の主体である集団組織が農地を所有し，農家は「分散経営」の主体として，集団から経営権を請け負うという体制（「双層経営」）は，現在でも維持されており，中国共産党は農地の私的所有を俎上に載せる気配さえみせていない。請負経営権とは農村に生まれた者，つまり農村戸籍を有するすべての者に与えられた権利であり，土地利用権とは耕作権のことで，通常この権利の移動が貸借を意味する。

　中国の農村で農地の権利関係を複雑にしているのは，集団が主導する割替えの実施である。割替えとは，農業所得の世帯間格差を是正する目的で，世帯員あるいは労働者1人当たりの請負経営面積を農家間で均等化する行政措置である。かつて，都市への出稼ぎなどで利用権を一時的に手放した農民は，集団組織から請負経営権を放棄したとみなされることがあった（Brandt et al., 2004）。これを避けるため，彼らは貸借の契約期間を短くし，取引相手を近親者に限定したため，貸借市場の広がりは限定的であった（寶劔, 2012）。2003年に改正された土地管理法は，請負期間中の割替えを禁じている。にもかかわらず，農村では中央の意向に反し，農地の再配分が実施されてきた。地方官吏が割替えに固執する理由は，農地に関する権限を行使することで，集団への関与を残すためだと言われている。

　市場を通じた農地の取引が活発化するのは，都市への出稼ぎ労働者が急増した1990年代後半以降のことである[23]。土地利用権を手放す農家の増加が，貸借市場の発展をもたらしたのである。ただしこれは農地を動かす条件の1つにすぎない。利用権の一時的な放棄が請負経営権の喪失を意味していれば，つまり割替えに略奪的な要素が含まれると，農民は農地の貸し出しを躊躇する。とくに中国では戸籍管理制度の影響により，多くの出稼ぎ農民が帰村を前提に出身地を離れるから，農地貸付けを促すためには請負経営権と利用権を完全に分離し，前者を強く保護する必要があった[24]。

　実際に，過去20年間における中国の農地制度改革は，このような方向で実施されてきた。具体的には，請負期間の長期化，その間の割替え禁止，請

---

[23]　中国の流動人口（出稼ぎ労働者）は1995年からの5年間でほぼ倍増し，2000年には7千900万人に達した（Liang and Ma, 2004）。

負経営権証書の交付および経営権の相続認可などがその内容である。要するに，農地の貸し手側の権利の強化と労働市場の発展という農地貸借を促す2つの条件が，遅くとも2000年代前半までには整ったのである。さらに2014年には，3権（所有権，請負経営権，土地利用権）の完全分離が制度的に宣言され，貸し手（請負経営権者）が安心して農地を貸し出せる法的な環境が完全に整った。この点に関しては，日本の農地に関する法令が1970年以降，農地を貸しやすい環境を整える方向で改正されてきたことと見事に符合しており，農地所有権者（請負経営権者）の農地貸し付けが，貸借市場が発展する端緒であるという一般的な認識とも矛盾しない。

貸借市場に供給される農地の受け皿となったのは，規模拡大意欲がある家庭農場（比較的大きな規模の家族経営農場）だけではない[25]。2010年代に入ると，龍頭企業（農産物の加工・流通を担う企業）や農民専業合作社といった農家以外の農業事業体が耕作者として農業に参入した。加えて，農民専業合作社や土地株式合作社が貸借を仲介したことで，この頃から中国全土で農地貸借率が飛躍的に上昇した。中国については当面の間，農業者の所有権取得が俎上にのぼることはないとしても，農家以外の農業事業体の萌芽的な発展が全国的にみられる。国務院が2022年に公表した第14次5カ年計画（2021〜2025年）や2023年の1号文件でも，農民専業合作社や龍頭企業による農業参入が強く推奨されている[26]。

---

24) 中国政府は1984年に，集団所有制度と土地利用の分離を宣言し，農家間での自主的な農地貸借を許可したが，それには村民委員会の許可を必要としていた。1986年に制定された土地管理法は農地の効率的な利用を目的とする貸借の促進を，また1988年の憲法改正は自由な農地貸借の合法性をそれぞれ謳っている。

25) 中国の家庭農場とは，家族労働力による大規模農場で，集約的かつ商業的な経営を行い，農業を主な収入源とする農業経営体のことである。土地利用型農業であれば50〜100畝（1畝＝1/15ha）以上の経営耕地面積を有し，農地の借入契約期間が5年以上であることなどを要件とする。こうした農場を含め，中国の農業経営体の存立条件を考察した論文として山田（2017）がある。

26) 2011から17年にかけて，中国全土で龍頭企業や合作社の農地借入面積の割合は，全借入面積の21.8％から32.5％へと上昇した（Li and Ito, 2023）。

3.4 農地貸借市場の実証分析1：日本の都府県の事例[27]

農地利用の実態

日本における農地利用の実態を基本的な統計から把握しておこう。第3-9図は，横軸に農地貸借率を，縦軸に耕作放棄地率を測り，46都府県の値を1995年と2015年についてプロットしたものである。1995年以降2015年までのセンサス年の相関係数を計算すると，それぞれ -0.23, -0.29, -0.43, -0.50, -0.50 であった (Ito et al., 2016a)。相関の程度が徐々に高まっているが，もちろんこれは単なる相関であって，因果関係を示唆するものではない。農地の貸借を進めれば，耕作放棄地の発生を抑えることができ，耕作放棄地の発生をコントロールできなければ，農地貸借も進まないという論理は，相関を生み出している根本原因に関する洞察を欠いている[28]。貸借率と耕作放棄地率の負の相関は，両者に共通して作用する要因の存在を示しているに過ぎない。第3-9図では，多くのプロットが期間中に右上方に移動しているが，これは貸借率と耕作放棄地率の全国平均値が，時間の経過とともに上昇した事実と矛盾しない（第3-6図下）。

第3-1表の上段は日本農業の貸付総面積とその内訳の推移を表している。農地の貸し手は，農家（販売農家と自給的農家）の一部と土地持ち非農家に限定されると考えてよい（土地持ち非農家の定義は第2章第6節をみよ）[29]。2000～2015年の間，貸付総面積に占める土地持ち非農家の割合は，60～65％程度で推移したが，2020年に70％を突破した。ただし，土地持ち非農家の世帯員の中には，法人化した農業組織（たとえば集落営農）にすべての農地を貸し付け，その組織の下で雇用労働者として農業に従事する者も含まれる。

---

27) 本節の内容は，Ito et al. (2016a) をベースとしている。
28) 計量経済学の表現を借りれば，内生変数 (endogenous variable) で内生変数を説明することはできない。
29) 第2-9表に示したように，1975年に27万戸に過ぎなかった土地持ち非農家世帯は，2015年に141万戸に達し，この年初めて販売農家戸数を上回った。農業関係者にとってはきわめて衝撃的な数字であると思われるが，それ以前からの後継者不足を念頭に置けば，十分に予見できた事態でもある。

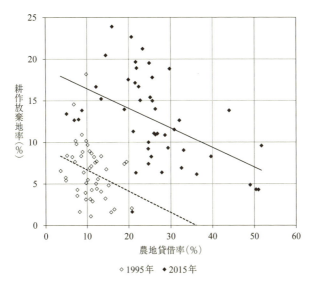

第 3-9 図　貸借率と耕作放棄地率の関係

注:「農林業センサス」を利用して筆者が独自に計算した。

つまり，土地持ち非農家は離農世帯とは必ずしも一致しない。しかし，そうした世帯が農地の供給者として，重要な役割を担っていることは間違いない。

その一方で，2015 年時点で，土地持ち非農家が所有する耕地面積（65 万 9 千 ha）のおよそ 3 割（20 万 5 千 ha）が耕作放棄地となっている。第 3-1 表の下段は耕作放棄地面積とその内訳の推移を示したものである。2015 年に耕作放棄地面積は 42.3 万 ha に達したが[30]，土地持ち非農家が所有する耕作放棄地面積の全体に占める割合は，1985 年の 28.2％から徐々に上昇し，2015 年には 48.5％に達した。離農した世帯の不在地主化もその一因であると考えられるが，いずれにせよ，離農が契機となって，耕作放棄地面積が増加していることも否定しがたい事実である。

---

30) 農水省は耕作放棄地面積に代わり，荒廃農地面積を公表している。2020 年の数字は全国で 28.2 万 ha，再生利用が可能な荒廃農地は 9.0 万 ha としている。

第 3-1 表　日本農業の農地利用と土地持ち非農家

農地貸付

年	合計 (万 ha)①	販売農家 (万 ha)	自給的農家 (万 ha)	土地持ち非農家 (万 ha)②	②/① (%)
2000	62.8	15.7	7.8	39.2	62.5
05	68.6	16.4	11.1	41.1	59.9
10	91.3	19.7	15.5	56.1	61.4
15	98.2	17.6	17.0	63.6	64.8
20	107.4	15.0	16.9	75.5	70.3

耕作放棄地

年	合計 (万 ha)③	販売農家 (万 ha)	自給的農家 (万 ha)	土地持ち非農家 (万 ha)④	④/③ (%)
1985	13.5	7.3	2.3	3.8	28.2
90	21.7	11.3	3.8	6.6	30.5
95	24.4	12.0	4.1	8.3	33.8
2000	34.3	15.4	5.6	13.3	38.7
05	38.6	14.4	7.9	16.2	42.1
10	39.6	12.4	9.0	18.2	45.9
15	42.3	12.7	9.1	20.5	48.5

資料：「農林業センサス」(農水省).
注：農地貸付面積の合計は，販売農家，自給的農家，土地持ち非農家の貸付面積の合計。「センサス」による耕作放棄地面積の調査は 2015 年で終了した。

農地保有合理化法人

　第 3-10 図は，都道府県の農地保有合理化法人密度と農地貸借率の値を 2005 年と 2010 年について計算し，それをプロットしたものである。合理化法人密度とは，市町村レベルの合理化法人数 (×1000) を農家戸数で除した値である。繰り返しになるが，現在の農地中間管理機構は，この農地保有合理化法人の後継組織である。

　合理化法人には，都道府県段階の法人 (各都道府県に 1 つ設置される公社) と市町村段階の法人があり[31]，後者は市町村，市町村が設立した公社，農協などが法人資格を有している。合理化法人に対する財政支援措置が都道府県

---

[31]　都道府県の合理化法人は売買を斡旋することが多い。

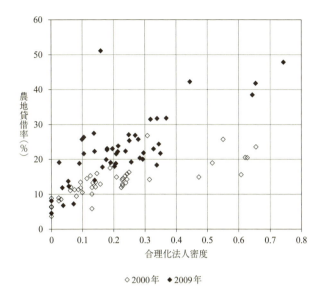

第3-10図 合理化法人密度と農地貸借率(日本)

公社に集中したこともあり，市町村レベルでの設置が本格化したのは，農協がこの事業へ本格的に参入し始めた1980年代後半以降のことである。設置数は1990年の66から2000年には618まで急増したが（全市町村数：3229），2009年には市町村合併の影響などで558にまで減少している（同：1821）。

通常，市町村段階の合理化法人が介在する農地貸借では，農地の出し手が合理化法人に農地を委任した上で，同法人がその農地を受け手に引き渡す。この作業を一定地域の農地を対象に一括して行うことで，個人間の相対取引の際に発生する様々な取引コストを節減できる。また，合理化法人が貸借を仲介することで，地域全体の農地を面的にまとまりのある形で利用することも可能となった。さらに既述の通り，2009年農地法改正まで，同法人は一般法人の農地借入にも深く関与していた。第3-10図からは，法人密度が高い地域ほど，貸借率も高いという関係がみてとれる。

分析の目的と結果

実証研究では，センサスの都府県データを用いて回帰分析を行った。被説

明変数は農地貸借率と耕作放棄地率であるが，2つの回帰式の誤差項が相関する可能性を考慮して，ここでは Zellner 推計（SUR：Seemingly Unrelated Regression method）を用いてパラメータを推定した。分析期間は 1990 ～ 2010 年である。

分析で鍵となるのは合理化法人密度だが，この変数が2つの被説明変数に依存している可能性がある。つまり，逆の因果関係が疑われるため，合理化法人密度の内生性を考慮しなければならない。ここでは農協の出先機関数を農家戸数で除した値（農協出先機関密度）を除外制約（exclusion restriction）を満たす操作変数として用いた。出先機関数に関するデータの出所は「総合農協統計表」（農林水産省経済局農業協同組合課）である。市町村段階の合理化法人が設立された当時（1980 年代後半），その9割以上を農協が占めており，2000 年代に入ってもこの数字は7割を超えていたから，農協出先機関密度と合理化法人密度との間には，強い正の相関が期待される。一方，農協の出先機関は仲介・斡旋組織として，貸借の取引費用を節減することはあっても，農地利用の当事者となることはきわめて稀であるから[32]，操作変数としての要件を満たしていると考えられる。

操作変数法では，第1段階における被説明変数（合理化法人密度）の pre-dicted value を第2段階における回帰式の説明変数に加え，それを最小2乗法（OLS）で推計するというのが一般的な方法である（2段階推計）。しかしここでは，CFA（Control Function Approach）法を用いた。具体的には，第1段階で推定された残差と合理化法人密度を第2段階の説明変数に加え，OLS で推計するのである。残差の係数が有意であれば，外生性に関する帰無仮説が棄却される。CFA 法は通常の2段階推計と同じ推定値を与えるが，従来の Durbin-Wu-Hausman 検定に比べ，外生性に関する検定を簡略化できる。

第 3-2 表に都府県の固定効果を考慮した推計結果を示した。第1段階の推計結果は省略したが，農協出先機関密度の係数はプラスで有意であった。また，Cragg-Donald の Wald テストの結果，操作変数に関する弱相関の問題も

---

32) 1970 年の農地法改正により，農協が農業経営を受託し，その主体となることが許可された。しかし，この事業による権利の設定・移転面積はきわめて少なく，2005 年時点で 23 ha に過ぎない。

3.4 農地貸借市場の実証分析1：日本の都府県の事例

第3-2表 貸借率と耕作放棄地率に関するパネル推計の結果（Zellner 推計）

	(a) 貸借率 係数	SE	(b) 耕作放棄地率 係数	SE
遠隔地農業集落割合	−0.020	0.044	0.076***	0.029
農振農用地集落割合	−0.062***	0.024	−0.053***	0.016
水田率	0.185**	0.075	0.200***	0.050
圃場整備率	0.022	0.040	−0.045*	0.027
実質農産物価格	−0.062**	0.031	−0.056***	0.021
5 ha 以上農家割合（ラグ）	0.005***	0.002	−0.012***	0.001
基幹的農業従事者割合	0.113***	0.038	−0.112***	0.025
後継者がいる農家割合	0.005	0.015	−0.057***	0.010
農家以外の農業事業体比率	0.094***	0.006	−0.038***	0.004
小規模農家割合（ラグ）	0.252***	0.065	0.230***	0.043
土地持ち非農家比率	0.326***	0.066	0.304***	0.044
合理化法人密度	0.093**	0.043	−0.011	0.029
第1段階残差	−0.080*	0.044	−0.010	0.029
時間	−0.004	0.003	0.002	0.021
都府県固定効果	YES		YES	
標本サイズ	230		230	
決定係数	0.980		0.977	
誤差項の相関		−0.326		
Breusch-Pagan test (*p*-value)		0.000		

注：*，**，*** はそれぞれ 10％，5％，1％水準で有意であることを意味する。「5 ha 以上の農家割合」と「小規模農家割合」のラグとは，前センサス年の値を使用したことを意味する。SE は標準誤差を表す。

発生していないことが判明した。2つの推計式の決定係数はきわめて高く（0.980 と 0.977），Breusch-Pegan テストは，誤差項同士が有意でマイナスの相関を持つことを示している。

貸借率を被説明変数とする回帰式 (a) について，「第1段階残差」の係数は 10％水準で有意であった。つまり，OLS 推定値はバイアスを持ち，CFA 法が一致推定量を与える。「合理化法人密度」の係数はプラスで有意であるから，同法人は貸借の仲介組織として農地市場の発展に寄与していると言える。一方，耕作放棄地率を被説明変数とする回帰式 (b) について，「第1段階残差」の係数は有意ではなく，外生性は棄却されない。加えて「合理化法人密度」の係数は有意ではない。市町村段階の合理化法人は貸借の仲介に専念し，耕作放棄地の解消は県公社の事業という棲み分けが行われていれば，

推計結果は首肯し得る。

第3-2表によれば,「5 ha 以上農家割合」,「基幹的農業従事者割合」,「農家以外の農業事業体比率」の係数は, (a) でプラス, (b) ではマイナスで, いずれも1％水準で有意であった。農地貸借率と耕作放棄地率の間の負の相関（第3-9図）は, こうした変数の作用によるものと考えられる。反対に,「農振農用地集落割合」,「水田率」,「実質農産物価格」,「小規模農家割合」,「土地持ち非農家比率」については, (a) と (b) の回帰係数は有意でかつ符号が同じであることから, これらの変数は2つの被説明変数の負の相関には寄与していない。

計算結果は省略するが, 1990～2010年の間の被説明変数の変化に関する要因分解を行った結果, 貸借率の上昇に貢献しているのは, 土地持ち非農家の増加と農家以外の農業事業体の台頭であることが判明した。この間, 農産物の販売を行っている農家以外の農業事業体数は, 7千500から2万まで増加し, 1事業体当たりの経営規模は 20 ha を超えている。一方, 耕作放棄地率が上昇した最大の原因は, 土地持ち非農家の増加であり, その抑制に最も貢献したのは, 農家以外の農業事業体の農地借入であった。要するに, 借り手市場化が進む日本の農地市場で, 農地利用の動態を規定していたのは, 農家ではなく非農家の存在だったのである。

実質農産物価格（指数）は1990年の134から2010年には100にまで低下している。(b) の回帰式では,「実質農産物価格」の係数はマイナスであるから, 農業の交易条件の変化はこの間, 耕作放棄地面積を増加させる方向に作用していた。これは常識的な道理に適っている。一方, (3.9) 式から明らかなように, 農業交易条件の変化が農地貸借に及ぼす影響（dRA/dp）を理論的に定めることはできないが, 第3-2表 (a) の回帰式の係数はマイナスであるから, 交易条件の悪化は, 農地取引を活発化させる方向に作用していたと言える。

農産物の価格政策のあり方を巡っては, 農業保護政策と構造政策の結節点に係わるテーマとして, 日本農業経済学会における1つの争点であったと思われるが（本間, 1994）, 本節の分析は農産物価格の引き下げが, 結果的に構造改善に繋がったことを示唆している。反面から言えば, 農産物価格の政策

的な引き上げは，零細・兼業農家の営農を可能にし，担い手による農地集積を妨げてきたと考えられる。また，継続的な価格支持政策が地代の上昇を招けば，これも担い手の規模拡大を阻害する要因として作用する。ただし既述の通り，価格支持政策の後退が，農地の生産的利用率の低下，耕作放棄地の発生という負の側面を伴っていたことは否定できない。1990～2010年の間，都府県の耕作放棄地率は平均で5.9ポイント上昇したが，本節の分析結果によれば，その内の約3割が交易条件の悪化によるものである。

3.5 農地貸借市場の実証分析2：中国甘粛省の事例[33]

背景説明

　甘粛省の農村は中国で最も開発が遅れている地域であり，2017年の農村世帯1人当たりの可処分所得は全国平均の6割程度に過ぎない。第1次産業就業人口の割合は全国で最も高く，同年における農村人口割合は，チベット自治区，雲南省，貴州省と同様に50％を上回っている。農村に豊富な労働力が滞留していたため，農地の取引は活発化せず，2010年の貸借率は10％以下と国内で最も低い水準にとどまっていた。

　ところが，第3-11図に示すように，2013～2017年の間に貸借率は15％から25％にまで急上昇した。全国平均の動向に遅れながらも，農地貸借市場は着実に発展してきたと言える。またそれと歩調を合わせる形で合作社の発展も著しい。すでに第2章第5節で述べたように，中国では合作社が農家間の農地貸借を仲介することもあれば，合作社自らが垂直統合（vertical integration）を通じて直営農場を開設することもある。甘粛省について言えば，合作社を含む農家以外の農業事業体の農地借入面積が全体の貸借面積に占める割合は，2013～2017年の間に32.7％から42.3％にまで上昇した[34]。

---

[33]　本節の内容は，Li and Ito（2021）をベースとしている。
[34]　甘粛省の農地利用は，穀物栽培のシェアが2000～2018年の間に，76.4％から69.9％まで低下し，換金作物栽培のシェアも12.8％から10.3％へと低下した。反対に，野菜・果実栽培のシェアが10.8％から19.8％へと上昇した。現在，作物別の農地利用割合は全国平均とほぼ一致している。

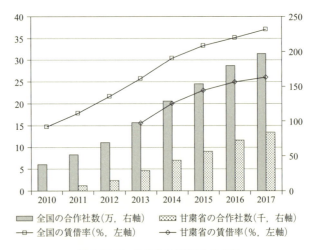

第3-11図　甘粛省の貸借率と合作社

出所：Li and Ito (2021).

分析の目的と結果

　農地取引をテーマとする多くの実証分析は，マイクロ・データを利用して，世帯属性と貸借行動あるいは貸し出し・借り入れ面積の関係を明らかにしている（Kimura et al., 2011；Min et al., 2017；Shi et al., 2018；Tang et al., 2019）。しかしこうした研究で，同一地域（貸借市場）に居住する世帯（員）が標本として抽出されていなければ，貸借人の属性と貸借行動・面積の関係に，経済的な意味を持たせることは困難である。たとえば，ある標本を用いて，農業専従者がいる世帯ほど，借り入れ面積が多いという結果が得られたとしても，それは域内に農地を貸し出す世帯が存在してこそ可能であり，域内のすべての世帯に農業専従者がいるような標本からは，そのような結果は得られなかったはずである。農地貸借で鍵となるのは，取引に参加する者同士のマッチングであるが，それが上記の研究では無視されているのである（Ackerberg and Botticini, 2002）。

　そこで本節では，個々の生産者の貸借行動（面積）ではなく，域内における農地の取引量（貸借率）に注目し，その決定要因を明らかにした。貸借市

3.5 農地貸借市場の実証分析2：中国甘粛省の事例

場の均衡では原則として，域内の貸し出し面積と借り入れ面積が一致しており[35]，それを取引（マッチング）の成果とみなすことには合理性がある。本章第1・第2節のモデルが明らかにしたように，個々の農家が自らの判断に基づいて貸借市場に参加すれば，取引によって彼らの農業収益が増加するだけでなく，効率的な資源配分（地域全体の生産性の向上）が期待できる。

Li and Ito（2021）では，筆者が甘粛省で独自に収集した86県のパネル・データ（2013〜2017年）を利用して，以下の回帰式を推計した。

$$Y_{it} = \alpha_i + \alpha_A A_{it} + \alpha_T T_{it} + X_{it}'\beta + \varepsilon_{it} \tag{3.13}$$

Y_{it} は i 県，t 年における貸借率である。A_{it} は合作社密度で，県内における耕種関連の合作社数を農家数で除した値，T_{it} は貸借の取引費用，X_{it} は control variables である。当地の合作社は農家間の農地貸借を仲介する場合もあれば，垂直統合の主体として直営農場を開設する場合もある。したがって，(3.13)式で $\alpha_A > 0$ が期待される。

一方，本章第1・第2節のモデル分析が示すように，取引費用は貸借市場の発展を阻害するから，$\alpha_T < 0$ が期待される。ここでは，農地取引に関する紛争件数を農家戸数で除した値（紛争頻度）を取引費用の代理変数として用いた。2013〜2017年の間，甘粛省全体で紛争件数は1760から4844に急増した。契約の不完備性（incomplete contract）や契約の不履行が紛争の一般的な原因と考えられるが，農業補助金の地代化（capitalization of agricultural subsidy）が，紛争の原因となっている可能性もある[36]。

パネル・データが利用できるので，(3.13)式の推計では，固定効果（FE：Fixed Effects）モデルあるいは変量効果（RE：Random Effects）モデルを適用できる。FEモデルでは説明変数と誤差項が相関してはならず，REモデルではこの条件に加え，観察不能でユニット間でランダムに変動する時間不変（time-invariant）な個別効果（α_i）が他の説明変数と相関してはならない。REモデルのメリットは2つあり，1つは個別効果以外に時間不変な変数を

---

35) 出作・入作を例外とすれば，この原則が常に成り立つ。
36) 貸借関係にある農地について，生産補助政策（現在の耕地地力維持保護補助金）に係わる補助金の交付先を耕作者とした場合，請負経営権者は地代の引き上げを要求するはずであり，補助金の交付先を請負経営権者とした場合，耕作者は地代の引き下げを要求するはずである。

説明変数として加えることができること。もう1つはFEモデルに比べ，より効率的な推定値（標準誤差が小さな推定値）が得られることである。通常，$α_i$と説明変数が相関しないという条件を満たすことが非常に困難であるため，実証分析ではFEモデルの利用が定着している[37]。しかし，(3.13) 式に各個体の期間平均値（$\bar{X}_i$）を説明変数として追加すれば，REモデルを使用できる。CRE法（Correlate Random Effect model）と呼ばれるこの方法では，X_{it}と$\bar{X}_i$が強く相関するため，$\bar{X}_i$を加えることで$α_i$と他の説明変数との相関が緩和されるのである。

CRE法の採用とは別に，(3.13) 式の推計では合作社密度と取引費用が内生変数である可能性（A_{it}およびT_{it}と誤差項$ε_{it}$の相関）を考慮した。A_{it}の操作変数としては，市レベルの合作社密度を用いた（市は県の上級政府で省内には14の市政府が存在する）。ただしその際，当該県のデータを除いて市レベルの合作社密度を計算した。第2章第5節で述べたように，中国政府は2007年に農民専業合作社法を施行し，合作社の設立を積極的に推進しており，中央からの指示は徐々に下級行政機関へと伝達されている。したがって，市と県の合作社密度は強く相関するものと予想される。さらに，計算過程から明らかなように，市レベルの合作社密度は当該県の貸借率には影響しないから，操作変数として適切であると判断される。

紛争頻度（取引費用の代理変数）の操作変数としては，県レベルでの農地調停委員の数を農家戸数で除した値（調停委員密度）を用いた。2009年，中国政府は農地紛争を解決する目的で，調停委員会がこの問題に積極的に関与する旨の通達を出した。2017年時点で，甘粛省内のすべての県に調停委員会が設置され，1458名の委員が任命されている。調停委員密度が高いほど紛争が抑えられると予想されるが，農地貸借は調停委員会の管轄外であることから，委員密度は取引費用の適切な操作変数であると判断される。

第3-3表が推計結果である。上段が第1段階の推計結果，下段がCFA法とCFA・CRE法を用いた推計結果である。コントロール変数には，「実質農産物価格」，「出稼ぎ労働者率」，「兼業化率」，「家庭農場比率」，「灌漑面積

---

37) Husman検定はREとFEの選択に1つの目安を与えるが，この検定を使用するためには，FEの識別条件（説明変数と誤差項の無相関）を満たしている必要がある（森田，2014）。

3.5 農地貸借市場の実証分析2:中国甘粛省の事例　119

第3-3表　推計結果

	第1段階			
	(a)合作社密度		(b)紛争頻度	
	係数	SE	係数	SE
市レベルの合作社密度	0.837***	0.082	0.037***	0.012
調停委員密度	0.029	0.030	−0.049***	0.010
コントロール変数	YES		YES	
標本サイズ	416		416	
決定係数	0.893		0.784	

	第2段階(貸借率回帰)			
	CFA		CFA・CRE	
	係数	SE	係数	SE
県レベルの合作社密度	1.808***	0.313	1.807***	0.318
県レベルの紛争頻度	−1.897***	0.774	−1.907**	0.788
第1段階残差1	−1.041***	0.422	−1.040**	0.428
第1段階残差2	1.944**	0.850	1.954**	0.862
実質農産物価格	0.146***	0.041	0.146***	0.042
その他のコントロール変数	YES		YES	
標本サイズ	416		416	
決定係数	0.313		0.454	

出所:Li and Ito (2021) を元に筆者が再推計した。
注:**, *** はそれぞれ5%,1%水準で有意であることを意味する。CRE法でcontrol variableの期間平均値の推定値は,経済的な意味を持っていないので省略した。SEは標準誤差を表す。

率」,「請負経営権証書保有率」,「農業機械・農地面積比率」,「肥料・農地面積比率」,「農業生産・農地比率」が含まれる[38]。第1段階の(a)の結果から,「市レベルの合作社密度」が操作変数として有効であることは明らかであろう。同様に(b)の結果からも,「市レベルの合作社密度」と「調停委員密度」は,「県レベルの紛争頻度」の適正な操作変数であると言える。ワルド(Wald)検定の結果,操作変数に関する弱相関仮説も統計的に棄却された。操作変数の係数符号も理論の予測と一致している。

　第3-3表下段の「第1段階残差1」とは,第1段階の合作社密度の回帰式

---

[38] 本分析では「実質農産物価格」の影響を把握するため,年次固定効果を説明変数から除外した。

から計算された残差のことであり,「第1段階残差2」とは,第1段階の紛争頻度の回帰式から計算された残差のことである。CFAとCFA・CREについて,推定された残差の係数はいずれも有意であることから,「県レベルの合作社密度」と「県レベルの紛争頻度」の外生性に関する帰無仮説は棄却される。したがって,OLS推定値はバイアスを持つ。なお,CFAとCFA・CREの推計結果はほとんど同じであることから,操作変数法による結果はきわめて頑健であると判断される。表にはないが,貸借率をOLSで推計すると,県レベルの合作社密度の係数は,プラスで1%水準で有意であったが,紛争頻度の係数はゼロと有意差を持っていない。

推計結果は当初の仮説を概ね肯定するものであった。実態から言えば,合作社は2つの経路で農地貸借市場の発展に寄与している。1つは貸借の仲介であり,もう1つは垂直統合による農業への直接的な参入である。また,取引費用の代理変数である農地取引を巡る紛争は,貸借市場の発展を阻害するが,中央政府の指示によって設立された農地調停委員会が,紛争の発生を効果的に押さえ込み,取引費用の節減に寄与している。

甘粛省を調査したMa et al. (2015) によれば,1998年以降,割替えを経験した農家世帯は全体の6%にとどまっており,省内における農地再配分の大部分を貸借市場が担っている[39]。本章第1節で述べたように,割替えを実施するためには,それを主導する行政が農業者の生産性を正確に把握しておく必要がある。2017年時点で,甘粛省の借入農地の概ね半分は,すでに農家以外の事業体(農民専業合作社と龍頭企業)によって使用されている。地元政府がこうした農家以外の農業事業体を含め,生産者の技術情報(本章第1節のモデルにおけるa_i)に精通していなければ,割替えを適正に実施することができない。このようなことから,中央政府による割替え禁止と農地調停委員会の設置は,農地貸借市場の発展を促す上で,きわめて賢明かつ合理的な判断であったと考えられる。

第3-3表の下段に示すように,(3.13)式のコントロール変数の1つである「実質農産物価格」の係数はプラスで,1%水準で有意である。甘粛省で

---

[39] 甘粛省ではすでに80%の農家が請負経営権証書の交付を受けている。

は 2013〜2017 年の期間中，農業の交易条件は県平均で年率 2.1%の上昇を示している。したがって推計結果は，実質農産物価格の上昇が貸借市場の発展に寄与したことを示唆している。日本のケースとは反対であるが，(3.9) 式に即して考えると，甘粛省では $[a_N(p)-a_0(p)]/dp$ の値がプラス，日本ではマイナスであることが，その原因であり，理論と実証結果との間に深刻な齟齬は生じていない。

3.6　農地貸借市場の実証分析 3：中国江蘇省の事例[40]

背景説明

　近年，中国の大都市近郊や沿岸部の農村および一部の穀倉地帯では，農地の流動化が加速度的に進行している。その推進力となっているのは，農地制度改革と農業労働力の農外への流出である。繰り返しになるが，前者については請負経営権の強化・安定化が，後者については農地の出し手層の出現が，農地を動かす重要なファクターとなっている。本節ではこうした主張を強く支持しながらも，第 3 の要因として土地株式合作制度の役割に注目した。

　土地株式合作制度とは，農地転用の正式なルートを迂回する手段として 1990 年代初頭に広東省で考案され，その後，各地に普及した制度である（ただし，前節で分析の対象となった甘粛省では，2020 年時点で試験的な導入にとどまっている）。中国では農村の集団組織が所有する農地を転用するためには，例外的な場合を除き，それをいったん国有地とする手続き（国家徴用）が必要となる。これが農地転用の正式なルートである。

　国家徴用により請負経営権を失った農民に対しては，転用以前の 3 年間における平均農業生産額の 3〜6 年分に相当する額が補償金として支給される。農地転用によって生じた利益はいったん地方政府の歳入となり，それを原資に補償金が支払われる。地域によって違いはあるが，補償額は土地価額の 3〜5%に過ぎないから，地方政府には莫大な開発利益が転がり込む。これが

---

[40]　本節の内容は，伊藤他 (2014)，Ito et al. (2016b) をベースとしている。

近年，農地の転用期待が大きい地域で頻発している紛争の原因となっている。

　土地株式合作制度はこのような問題を解決し，転用によって発生した利益を，農村内で公平に分配するために考え出された制度である。農民は農地に対する権利を株式に転換し，開発プロジェクトの恩恵を配当という形で享受する。株式化されるのは請負経営権であるから，集団的土地所有という社会主義の根幹は維持される。土地株式合作制度が国家徴用のバイパスと呼ばれる所以である[41]。

　土地株式合作制度は2000年代に入り，地方政府がその合法性を追認する形で普及していった。現在，同制度は農地の転用のみならず，その農業的利用にも効力を発揮している。改正土地管理法（1999年）が，造成面積を上回る農地のかい廃を禁じているため（占補平衡政策），農業分野では，土地株式合作制度を利用した農地の集積が進んでいるのである。土地株式合作社が直営農場を開設する場合もあれば，土地利用権を大規模農家や企業，農民専業合作社にまとめて貸与する場合もある。組織が農地取引を仲介することで，圃場の分散化が抑止され，農地の面的な利用が可能となった。土地株式合作社が仲介する農地（利用権）の再配置は，同社に白紙委任されるから，当事者は契約の交渉に直接携わることなく取引に参加できる。また株式の取得により請負経営権と土地利用権が完全に分離されるので，農民は躊躇なく利用権の譲渡に同意できる（Zhang et al., 2004）。

調査結果の概要

　筆者は2013年に，江蘇省社会科学院農村発展研究所の協力を得て，同研究所の定点観測地点である300の村（蘇北，蘇中，蘇南地域からそれぞれ100村）を対象に，農地貸借に関する聞き取り調査を行った。最大の焦点は土地株式合作社の農地利用に及ぼす影響である。2009年に制定された江蘇省農民専業合作社条例は，土地株式合作社に法的な根拠を与えると同時に，請負経営権の出資方法，余剰金の分配方法などについて独自の規定を設けている。

---

[41] Po（2011）によれば，土地株式合作社は株主によって自主的に管理・運営されており，そこへの参加（株式の取得）は農民の自由意思に任されている。

3.6 農地貸借市場の実証分析 3：中国江蘇省の事例

第 3-4 表　江蘇省の農地貸借

	総数・平均	土地株式合作社 あり	土地株式合作社 なし
村の標本数	294	114	180
農地貸借率(%)	28.5	45.0	18.0
生産基地が村内にある村の数	135	79	56
農地集積率	18.9	31.4	11.1
農業に参入した農業事業体数	1.21	1.87	0.79

　第 3-4 表に江蘇省における農地貸借の概要をまとめた。土地株式合作社が存在する村は、標本となった 294 村の内 114、存在しない村は 180 であり（6 村が標本から脱落）、貸借率は前者で 45.0％、後者で 18.0％ であった。中国では、農家以外の農業事業体が農業に参入する際、生産基地と呼ばれる農場を開設することが多い。生産基地がある村の数は 135 に達するが、土地株式合作社が存在する村で 79、存在しない村で 56 であった（生産基地を造成する際、これに参加しない農家に対して、25 の村が代替地を用意している）。以下では、生産基地面積を村全体の農地面積で除した値を農地集積率と呼ぶ。集積率の標本平均は 18.9％ であったが、土地株式合作社が存在する村では 31.4％、存在しない村では 11.1％ であった。また、1 つの村で農業に耕作者として参入している農業事業体（農民専業合作社と龍頭企業）数の平均値は、土地株式合作社が存在する村で 1.87 社、存在しない村で 0.79 社、全体の平均値で 1.21 社であった。

　第 3-5 表は江蘇省経済の概要を地区別に整理したものである。江蘇省（省都：南京市）は人口稠密で、地勢は平坦で水利にも恵まれ、「魚米之郷」（水郷で米どころ）と呼ばれるほどの農水産業の適地であるが、同時に中国屈指の商工業地帯でもある。同省で農地貸借市場が急速に発展した原因は、非農業部門の発展とそれに伴う農外就業機会の増加にあるが、経済発展が遅れている北部では、土地株式合作社の設置割合や貸借率が省の中・南部に比べて低い。土地株式合作社の元来の目的は、転用された農地の地代調整や集団資産の適正管理にあるから、農地転用の可能性が高い蘇南で設立割合が高く、蘇北で低いのは首肯し得る。

第 3-5 表　地区別にみた江蘇省経済の概要(2013 年)

	蘇北	蘇中	蘇南
年末人口(100 万人)	29.89	16.40	33.11
都市化率(%)	56.1	59.7	73.7
第 1 次産業就業人口割合(%)	33.4	22.6	7.3
都市 1 人当たり純収入(千元)	22.93	29.71	39.22
農民 1 人当たり純収入(千元)	11.77	14.38	19.11
土地株式合作社の設置割合(%)	12	39	66
農地貸借率(%)	14.6	19.8	46.5

資料:「江蘇統計年鑑」.
注:土地株式合作社の設置割合とは,標本である 100 村の中に存在する合作社の数である。各地区に含まれる市は以下の通り。蘇北:徐州,連雲港,淮安,塩城,宿迁。蘇中:南通,揚州,泰州。蘇南:南京,無錫,常州,蘇州,鎮江。

処理効果の推定結果

　分析では,土地株式合作社の存在が,農地の貸借率や集積率に及ぼす影響を傾向スコア・マッチング法により推定した。最初に,村内に土地株式合作社がある場合を 1,そうでない場合をゼロとするダミー変数を被説明変数とするプロビット・モデルを推計し,傾向スコアを計算した。モデルの説明変数として用いたのは,「蘇北ダミー」,「村党支部書記の属性(年齢,教育歴や在籍年数)」,「村の属性(世帯数,平均所得,地理的条件,農地の肥沃度,水田率,灌漑率,高齢者人口割合,出稼ぎ労働者率,中学校の有無)」,「請負経営権に対する保証の有無」,「農地貸借や穀物栽培に対する行政規制の有無」,「農地集積に対する財政的補助」などである。モデルの推定結果は Ito et al. (2016b) を参照して欲しい。

　第 3-6 表に成果変数の単純差(土地株式合作社が存在する村と存在しない村の変数の平均値の差)と平均処理効果の推定結果を示した。「農地貸借率 1」とは全標本から計算される貸借率,「農地貸借率 2」は土地株式合作社が直営する農場が存在する村を除外して計算された貸借率である。したがって,後者は農家間における農地の権利移動に基づく貸借だけを捉えている。「農地貸借率」と「農地集積率」の相違はすでに述べた通りである。同表の下段は,蘇北を標本から除外したときの推定値である。これは,観察不能な変数

第3-6表　土地株式合作社の平均処理効果

	成果変数	単純差	処理効果	AI robust SE
全標本	農地貸借率1 (%)	27.0***	13.1***	2.72
	農地貸借率2 (%)	23.1***	13.2**	5.87
	農地集積率 (%)	20.3***	21.4***	4.72
	農業に参入した農業事業体数	1.08***	0.97***	0.21
蘇北除外	農地貸借率1 (%)	25.6***	17.8***	4.47
	農地貸借率2 (%)	25.3***	25.1**	10.40
	農地集積率 (%)	15.5***	12.0**	5.82
	農業に参入した農業事業体数	0.88**	0.68**	0.27

注：**，*** はそれぞれ5%，1%水準で有意であることを意味する。AI：Abadie and Imbens.

によるバイアスを出来るだけ除去するための措置である。処理効果分析でとくに重要となるのが対照群の選抜であり，Heckman et al. (1998)，Smith and Todd (2005) によれば，処理効果分析では，できるだけ近接する地域から処理群と対照群を選び出すことが望ましい。

「農地貸借率1，2」および「農地集積率」の平均処理効果は，全標本，蘇北を除外した標本ともに，プラスでゼロと有意差を持っている。つまり，土地株式合作社は農地の集積ならびに農地の権利移動に多大な貢献をなしている。また「農業に参入した農業事業体数」に関する計算結果は，土地株式合作社が龍頭企業や農民専業合作社の農業参入に寄与していることを強く示唆している。こうした分析結果は，農地貸借を仲介する組織の存在により取引費用が節減され，貸借市場が発展したという本章第5節の日本や第6節の甘粛省の事例とも矛盾しない。

加えて，請負経営権の株式化によりその権利が保証されたことで，耕作権と請負経営権が分離され，農民が利用権を躊躇なく手放すことができたことも，利用権設定を促す要因として作用していたと考えられる。中国における貸借市場の発展は，農業労働力の農外への流出によって，その端緒が開かれ，農地制度改革，とりわけ請負経営権の強化がそれを後押ししてきたが，土地株式合作社の農地取引への関与は，本章第4節で述べた「3権分離」の先駆的な事例とみなすことができる。

【演習】

3-1
　派生需要の経済学的な意味を述べなさい。

3-2
　(3.5) 式を (3.2) 式に代入すると，農家1，農家2の農地需要が (3.1) 式と一致することを確認しなさい。

3-3
　第3-2表で，5 ha以上の農家割合（各県で経営耕地面積が5 ha以上の農家の割合）と小規模農家割合の変数についてはラグをとっているが，その理由を考察しなさい。

第4章　世界の穀物市場と食料安全保障

　農産物は国内のみならず国際的に取引される財である。ただし，食料の生産は，歴史的に自国民の需要を満たすことを第一義的な目的としてきたから，国内生産に対する貿易量の割合が相対的に低い。反対に，原油やレアメタルといった地下資源，自動車や家電といった工業製品が，各国間で活発に取引されていることは，容易に想像できるであろう。このことから，農産物の国際市場は「薄い市場（thin market）」と呼ばれている。市場が薄くなるもう1つの原因は，自国の農業を保護するために，多くの国が農産物の輸入を制限してきたからである。

　本章の第1節では，国際連合食糧農業機関（FAO：Food and Agriculture Organization of the United Nations）の統計（FAOSTAT）を用いて，穀物生産と貿易の動向を品目別・地域別に把握し，次いで農産物の価格形成に関する簡単なモデルを示した。農産物に限らず，一物一価は市場経済における大原則の1つであり，価格は貿易当事国の需給が一致するように調整される。しかし実際には，輸出国と輸入国の間に大きな価格差が存在している。

　第2節で述べるように，その主な原因は多くの輸入国で採用されている農業保護政策にあり，それに対して，GATT（関税及び貿易に関する一般協定：General Agreement on Tariffs and Trade）やWTO（世界貿易機関：World Trade Organization）の協議では，市場アクセス機会の改善や国内支持・輸出補助政策の削減などが合意されている。「薄い市場」の特性は徐々に薄れつつあるが，こうした情勢を念頭に置きながら，第3・4節では途上国の食料安全保障を論じた。

　アフリカを含む低所得国の食料安全保障を確かなものとするためには，食料不足問題の根絶が最優先課題であることは明らかであろう。世界の飢餓人口が7億を超えるという事実に鑑みれば，この問題の解決なくして貧困問題

の決着もあり得ない。1つの解決方法は，世界食料サミットなどの場で度々指摘されてきた，自由で公正な国際貿易システムの活用であるが（第2章第3節），穀物価格の高止まり傾向が続くなかで，果たして市場メカニズムは，栄養不足人口の問題を解決する有効な手段として機能するのであろうか。また，国連などの国際機関や農業に国際競争力を有する先進国は，この問題に対してどのような取り組みを行ってきたのであろうか。

本章第1節では，摂取カロリー源としての重要性を考慮して，シリアルと大豆を総称して穀物と呼び，その生産と貿易に注目した[1]。野菜・果実，畜産物・酪農品，非食料農産物などの動向については，FAOSTATを使って，読者自らが事実を確認して欲しい。

4.1 穀物生産と貿易の動向

穀物の生産と輸出

穀物の品目別生産額と輸出額の推移を，それぞれ第4-1図と第4-2図に示した。2022年における世界の穀物総生産額は1.20兆ドル（世界のGDPの1.2％）に達し，この31年間で4.1倍となった。重量ベースでは1.7倍だから，過半は価格の上昇によるものである。品目別でみると，コメがこの期間，全体の3〜4割を占めている。1990年代半ばまでコメに次ぐのは小麦であったが，それ以降トウモロコシの生産額が小麦を上回る状態が続いている。現在，小麦の用途の65％は食用だが，トウモロコシの用途の6割は飼料用である。世界の穀物生産額に占める大豆のシェアは，2022年時点で14.7％に過ぎないが[2]，過去30年間で生産額は8.4倍の伸びを示しており，そのほとんどが食用以外の用途で消費されている。

2022年における穀物の輸出額は2.70千億ドルとなり，この30年間で7.1倍となった。その結果，「薄い市場」と呼ばれた穀物貿易の特徴が，徐々にではあるが薄れつつある。2000年代後半に輸出額が急増している主な原因は，

---

[1] 平均的にわれわれは，カロリー摂取の60％以上を直接，間接的に穀物に依存している。
[2] 1996年から3年間，大豆の生産が急増し，小麦の生産額を上回った。

4.1 穀物生産と貿易の動向

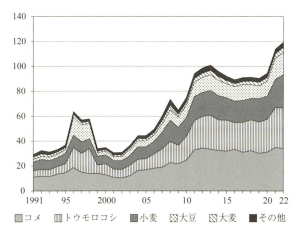

第 4-1 図　シリアルと大豆の名目生産額(100 億ドル)

資料：FAOSTAT.

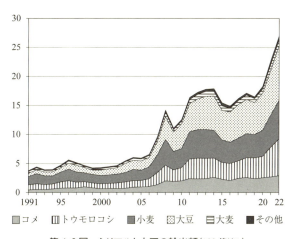

第 4-2 図　シリアルと大豆の輸出額(100 億ドル)

資料：FAOSTAT.

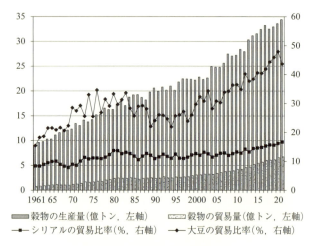

第 4-3 図　穀物の生産と国際取引

資料：FAOSTAT.

価格の高騰であるが，後にみるように，1990 年代後半以降，重量ベースでも着実に増加している。品目別の輸出額シェアをみると，2000 年代まで，小麦が最も高かったが，現在は大豆にその地位を譲っている。トウモロコシとコメのシェアは，この間それぞれ，20%台，10%台で安定している。言うまでもなく，コメは主にアジアで生産されている作物であり，その多くが国内で消費されている。

　第 4-3 図は穀物の生産量と貿易量（輸出と輸入の平均値）の推移を示したものである。生産量に対する貿易量の比率は，2021 年時点で 19.6% であり，1961 年から 11.0 ポイント上昇した[3]。ただし図に示すように，シリアルと大豆では，貿易比率に大きな差がある。シリアルの比率はこの間，8.3% から 16.7% まで上昇したのに対し，大豆のそれは 15.4% から 3 倍以上増加し，現在は 50% に迫る勢いである。図にはないが，2021 年における世界の貿易額（輸出額と輸入額の平均値）の GDP 比率は 28.4% であるから，少なくとも大豆については，「薄い市場」とはほど遠い状況にあると言える。後に示

---

[3]　重量ベースと金額ベースの貿易比率に大きな差は存在しない。

すように，この背景には，輸出国としてのブラジルと輸入国としての中国の台頭がある。また，1995年以降今日まで，世界では400を超える自由貿易協定（FTA：Free Trade Agreement）や関税同盟が締結されており（経産省，2020），その結果，農産物を含む財の国際取引が年々活発化している。

主要輸出国・輸入国の動向

　第4-4図は穀物の純輸出量の推移を地域別に示したものである[4]。アフリカ，アジアは一貫して穀物の純輸入地域であり，反対にアメリカ大陸，オセアニアは純輸出地域である。言うまでもなく，アジアはコメの純輸出地域だが，コメは生産量に対する貿易量が少ない上に，同地域ではトウモロコシ，小麦，大豆の純輸入額がコメの純輸出額を圧倒しているため，穀物全体としての収支はマイナスである。ヨーロッパは2000年代半ばまで純輸入地域であったが，それ以降，純輸出地域に転じている。フランスはヨーロッパの農業大国だが，この直後に述べるように，この地域で穀物が輸出超過に転じたのは，ロシアとウクライナの輸出量が2000年代に入り，急増したからである（FAO統計でロシアはヨーロッパに分類される）。地域区分を細分化すれば，第4-4図とは異なる姿が見えてくるかも知れないが，大雑把に言えば，穀物の主な輸出国は欧米や中南米諸国であり，輸入国はアジアやアフリカの国々である。

　第4-5図は穀物の主要輸出国を地域別にグルーピングし，その輸出シェアを示したものである。輸出総量は1980年代〜90年代後半にかけて2億トン台で停滞していたが，その後，取引量が急増し，2021年には6.7億トンに達した。図に示す通り，1970年代半ばから80年代前半にかけて，米国のシェアは50％を超えていたが，2021年には23.5％にまで低下した。カナダ，フランス，豪州は，FAOが貿易統計を公表し始めた1961年から今日まで主要な輸出国であり，そのシェアは2000年代前半まで常時20％台を維持していた。しかし，それ以降は低下の一途を辿っている。反対に，1990年代後半から，ブラジル，アルゼンチンがそのシェアを伸ばしており，2010年にカナダ，

---

[4]　FAOSTATは，域内貿易を除いた純輸出量のデータを公表しているが，各地域における純輸出量のプラス・マイナスは第4-4図とさほど変わらない。

第4章 世界の穀物市場と食料安全保障

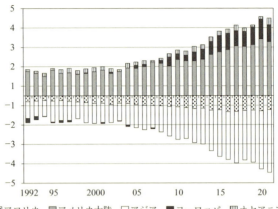

第4-4図　世界の地域別穀物純輸出量(億トン)

資料：FAOSTAT．

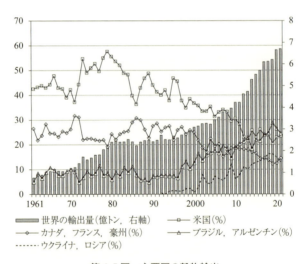

第4-5図　主要国の穀物輸出

資料：FAOSTAT．

4.1 穀物生産と貿易の動向   133

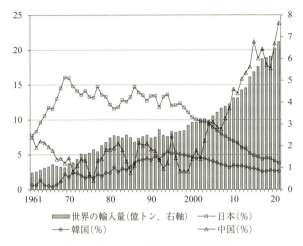

第 4-6 図　日本，韓国，中国の穀物輸入

資料：FAOSTAT.

フランス，豪州のシェアを上回った。とくにブラジルの台頭が著しく，同国は 2017 年にアメリカを抜いて世界最大の大豆輸出国となった[5]。ロシア，ウクライナも 2000 年代以降，急速にシェアを伸ばした新興国だが[6]，2022 年以降については，ロシアによるウクライナ侵攻の影響が甚大であると推察される[7]。

第 4-6 図は日本，韓国，中国の穀物輸入の動向を表している。日本は 1993～2014 年の期間と 2016 年に世界最大のシリアル輸入国であったが，1990 年代後半以降，輸入量を減少させている。1961 年から今日まで，日本では穀物輸入に占めるトウモロコシの割合が徐々に上昇しており，2021 年時点で 49.3％に達している（金額ベース）。もちろん，その用途は飼料用で，

---

5) ブラジルの台頭は 2000 年代に入ってからで，2010 年代以降，アルゼンチンのシェアを上回っている。

6) 旧ソ連のシェアは 1961, 62 年の 2 年間は 9％台であったが，70 年代以降は 5％を上回ることはほとんどなく，80 年代は 1％にも満たない。

7) 言うまでもなく，ロシアによるウクライナ侵攻は，穀物だけでなく原油・天然ガスなどの国際貿易にも深刻な影響を及ぼしており，それは価格上昇や品不足といった形で，中東やアフリカ諸国の貧困層の生活を直撃している。このことについては，井堂（2023）の議論が参考になる。

主な輸入相手国は米国である。韓国の穀物輸入量は依然として増加しているが，世界に占める割合は1990年代半ばをピークに低下している。同図で際立っているのは中国の台頭であり，2020年には世界の穀物輸入量の23.9%を中国（中国大陸）一国が占めている。主要品目は大豆で，2000年に1千万トンだった輸入量は，2020年には1億トンを突破した。またトウモロコシの輸入量は2021年に2835万トンに達し，日本やメキシコを抑え世界最大の輸入国となった。同年における最大の輸入相手国は，それまでのウクライナから米国に取って代わったが，これはトランプ政権下で合意したPhase One Trade Dealとアフリカ豚熱の影響が大きいと考えられる。また2010年代以降，中国はコメの輸入を増やしており，2021年の輸入量は490万トンに達した。2013年以降，2019年を除き，中国は世界最大のコメ輸入国である（中国はコメの輸出も多く，2021年の輸出量は240万トンに達する）[8]。

農産物の国際取引については，量のみならずその内容にも目を向ける必要がある。穀物に関するものではないが，サブサハラ・アフリカ地域では，近年，それまでの伝統的換金作物（砂糖，コーヒー，ココア，茶，コットンなど）に代わり，野菜・果実の輸出が急増している[9]。これは主にヨーロッパの食品メーカーが，サブサハラ・アフリカ地域の農業部門を直接投資により統合し，同地域を農産物の供給基地としていることの結果である。野菜・果実に限らず，農産物の規格統一や品質の向上を目的として，近代的なサプライ・チェーンが，海外の生産部門を自社の傘下に収めようとする動きが活発化している（Swinnen, 2007）。

一物一価と内外価格差

農産物の価格形成を簡単なモデルを使って説明しておこう。第4-7図の左側は穀物輸出国（A国）の国内需給を表している。本章の冒頭で述べたように，A国は自国民の需要を満たした後の余剰分を輸出に回すから，穀物価格

---

8) 輸入相手国はインド，ベトナム，パキスタンといったアジア諸国であるのに対し，輸出相手国はアフリカ諸国が多い。中国は2020年以降，小麦の輸入量を急速に増やしており，2022年にはインドネシアを抜いて世界最大の輸入国となった。
9) 単品でみると，食品輸出額に占めるココア豆のシェアが依然として最も高いが，野菜・果物の割合が2000年代以降，急速に上昇している。

4.1 穀物生産と貿易の動向　　135

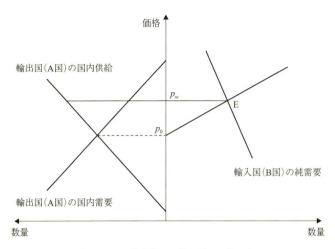

第4-7図　農産物の国際需給と一物一価

が p_0 以上の場合に限り輸出余力を持つ。右側の図の右上がりの直線はA国の輸出曲線（国際市場における供給曲線），右下がりの直線は輸入国（B国）の純需要曲線を表す。純需要とはB国における国内需要から国内供給を引いたものである。穀物の国際需給はE点で均衡し，価格は p_w に決まり，A国内における穀物価格も p_w となる。ただし，輸入価格には輸送による運賃や保険料がかかるから，B国内の価格はその分だけ割高となる。

第4-7図を用いたモデルは，財の自由な取引により，原理的には一物一価が成立することを示唆しているが，実際の穀物価格はそこから大きく乖離している。第4-8図と第4-9図はそれぞれ，日本とノルウェーの農産物価格を米国のそれと比較したものである。ノルウェーはWTO加盟国ではあるが，欧州連合（EU：European Union）の構成国ではない。同国の穀物自給率は，ヨーロッパやEUの平均よりも低く（2020年で54％）[10]，国内農業を政策的に強く保護してきた代表的な国の1つである（Anderson et al., 2013）。

言うまでもなく，内外価格差は為替レートの影響を受ける。現状から日本の円やノルウェーのクローネの価値がドルに対して下落すれば（円安，クロ

---

10)　2020年における穀物自給率は，ヨーロッパの平均で116.8％，EUの平均で96.6％であった。

第4章 世界の穀物市場と食料安全保障

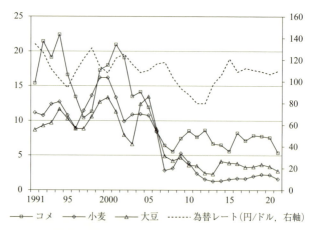

第4-8図　農産物の内外価格差（日本の価格/米国の価格）

資料：FAOSTAT.

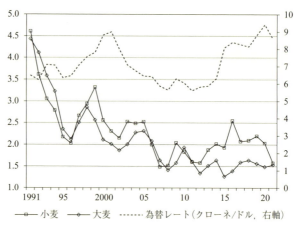

第4-9図　農産物の内外価格差（ノルウェーの価格/米国の価格）

資料：FAOSTAT.

ーネ安)，農産物の内外格差は縮小し，為替レートが円高，クローネ高に振れると，その反対に格差は拡大する。図に明らかなとおり，為替レートの影響を除外しても，日本では 2000 年代半ばから，ノルウェーでは 1990 年代から，格差は急速に縮小している。これは WTO 加盟国である日本やノルウェーの政府が，国際規律（WTO 農業合意）に沿う形で，農産物の国内価格（生産者価格）を引き下げたからである。直近のノルウェーの対米価格比は，小麦，大麦ともに 1.5 程度まで低下した。

1990 年代から 2000 年代半ばにかけて，日本の農産物（コメ，小麦，大豆）価格は対米比で 10 倍を超えていたが，最近ではコメが 5 倍程度，小麦，大豆が 2～3 倍程度にまで低下した。ただし，コメと小麦に関しては依然として，品質格差では説明できない内外価格差が存在している。その原因は日本政府が国内の農家を保護するために，国境措置（輸入制限）を講じているからである。コメについては WTO 農業合意後も高率関税によって商業ベースの輸入が制限されている[11]。小麦については，政府が一元的に輸入を行うと同時に，枠外（国家貿易とカレント・アクセス以外）については，高い 2 次税率を設定し輸入を制限している。大豆は現在，無税で輸入されており，国内生産量 24 万トンに対し，輸入量は 350 万トンに達する。

4.2　食料自給率と農業保護

主要国の穀物自給率

第 4-10 図に各国の穀物自給率の推移を示した[12]。ロシアやウクライナといった主要生産国の自給率については，第 5 章第 5 節で詳しく論じられる。

---

[11]　1993 年に合意した WTO 農業合意の下で，日本は毎年約 77 万トンのミニマム・アクセス米（MA 米）を主に米国とタイから輸入している（当初は米国からの輸入が多かったが，最近ではタイからの輸入が増加している）。MA 米の輸入には一般輸入と売買同時契約（SBS：Simultaneous Buy and Sell）輸入の 2 つの方式があり，後者は主に主食用で，前者は加工・飼料用などの非主食用で，これが MA 米輸入のほとんどを占めている。

[12]　自給率は FAOSTAT の Food Balances を利用して，生産量（production）/消費量（domestic supply quantity）として計算した。生産量/(生産量＋輸入量－輸出量)とすると，たとえば豪州では，自給率の変動が大きくなり，年度によってはマイナスとなってしまう。

第4章 世界の穀物市場と食料安全保障

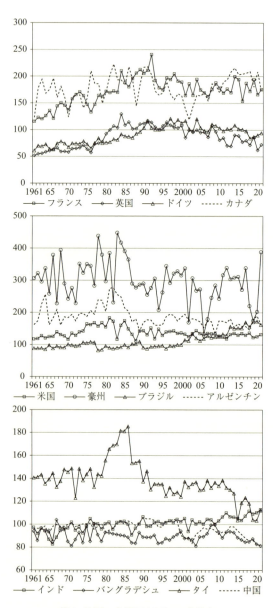

第4-10図　主要国のシリアル自給率

資料：FAOSTAT.

ヨーロッパ3国（フランス，英国，ドイツ）の自給率は1960～80年代に上昇したが，その後は緩やかに低下している。カナダについては年々の変動が大きいが，期間平均値はほぼ一定である。米国，豪州，アルゼンチンの自給率を期間の前半（1961～1990年）と後半（～2021年）で比べると，明らかに低下している。本章第1節で示したように，米国や豪州，フランスは近年，穀物の輸出シェアを低下させているが，自給率にも似たような傾向がみられる。それとは反対に，ブラジルの自給率は上昇傾向にあり，2001年以降，100％を下回ったことがない。

アジアに目を転じると，タイの自給率が際だって高く，1986年には185％に達したが，それ以降は低下傾向にある。それとは対照的に，インドの自給率が上昇しており，タイとの関係が2019年に逆転した。現在，インドはタイに代わり世界最大のコメの輸出国である。近年，経済成長が著しいバングラデシュの自給率は，1961年以降，100％を上回ったことはほとんどないが，安定的に80％以上の水準を維持している。中国の穀物自給率は2000年代に入り100％を下回った。第2章第3節で述べたように，中国政府は2000年代前半に，生産補助政策と買付制度を導入した。こうした政策が奏功し，穀物自給率は一旦は回復したが，2010年代半ば以降，再び低下傾向を示しており，2021年には82％にまで低下した。

自給率は国際競争力の1つの指標とみなせるが，これについては第5章の後半で実証分析の結果を示した。ここに示した国・地域以外についても興味ある事実を発見できると思うが，それは読者の自習に委ねたい。

第4-11図は日本の食料自給率の推移であり，穀物自給率に加え，供給熱量総合（カロリー・ベース）自給率や生産額ベースの総合食料自給率も併せて示した。3つの自給率の相違については，農水省の解説を参照して欲しい。ここで注意したいのは，自給率が低下した原因である。農水省の「食料需給表」によれば，日本人の1人当たりのカロリー，タンパク質，油脂類の摂取量は，1990年代から2000年代初頭にかけて最高水準に達したが，その後は人口の減少もあり，トータルの摂取量は減り続けている。一方，第4-11図に示すように，農業の実質生産額は1986年の13.9兆円をピークに減少し始め，2020年には25％減の10.3兆円となった。このことから，1980年代半ば

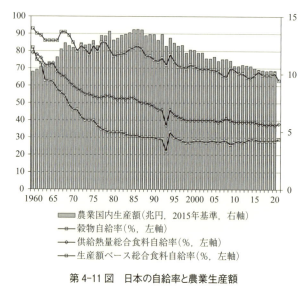

第4-11図　日本の自給率と農業生産額

資料:「食料需給表」,「農業・食料関連産業の経済計算」(農水省).

まで，自給率が低下した主な原因は，カロリー摂取量や食料消費額の増加であったのに対し，平成時代以降に食料自給率が低下した原因は，国内農業生産の縮小によるものであることが理解される（生源寺，2010）。過去30年の自給率の変化を品目別にみると，大幅に上昇したのは鯨肉だけで，ほぼすべての農産物で数字は低下している。

国内農業の保護

経済協力開発機構（OECD：Organization for Economic Cooperation and Development）は18の加盟国・地域，11の非加盟国についてPSE（Producer Support Estimate）を計算し，その値を毎年公表している（OECD加盟国は現在38か国）。PSEとは農場出荷段階で計測される消費者および納税者から生産者への金銭的移転の総額であり，

$$PSE = 内外価格差 \times 国内生産量 + 農業関連財政支出$$

で与えられる[13]。右辺第1項はMPS（Market Price Support）と呼ばれ，第2項の財政支出には農家への直接支払い（補助金）も含まれる。関税などによ

4.2 食料自給率と農業保護

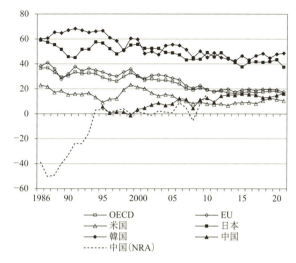

第 4-12 図　%PSE の推移

資料：OECD-FAO Agricultural Outlook. Anderson and Nelgen (2013).

り内外価格差が発生すれば，それは MPS としてカウントされる。この PSE を農場粗収益（GFR：Gross Farm Receipts）で除したものが %PSE であり，農業保護率の国際比較をする上で，最もポピュラーな指標となっている（ただし，OECD 加盟国の中にも PSE の数値を公表していない国がある）。

第 4-12 図は %PSE を OECD，EU，米国，日本，韓国，中国について示したものである。中国については，欠損値を名目助成率（NRA）で補った。同国の農業政策は 1990 年代半ばに搾取から保護へと転じたため，NRA の値がマイナスからプラスへと変化している。%PSE は 2000 年代以降，上昇傾向をみせており，2021 年の値は OECD および EU の水準にまで到達した。図にはないが，OECD 非加盟国であるアルゼンチン，インド，ベトナムでは，現在でも %PSE はマイナスで，農業抑圧的な政策が継続的に実施されている。

---

13) 農業保護の指標としては，この他に，Anderson and Nelgen (2013) や IFPRI (2020) が計算した名目助成率（NRA：Nominal Rate of Assistance），名目保護率（NRP：Nominal Rate of Protection）などがある。後述する助成合計量（AMS）は国内支持のうち，WTO が定めた保護削減政策だけを計上するが，PSE は保護のすべてを含む。

第4-12図の2地域（OECDとEU）と3か国（米国，日本，韓国）の％PSEは長期的に低下傾向にあり，図にはないが，豪州，ノルウェー，カナダも同様である。つまり，先進国は農業保護の程度を徐々に引き下げている。保護のレベルでみると，日本，韓国の水準は突出して高いが，ノルウェーも日韓とほぼ同じレベルにある。第4-12図の国・地域について2021年のMPS/PSEを計算すると，日本，韓国，中国がそれぞれ，76.2％，86.1％，73.2％と高く，EU平均で13.0％，米国で4.2％となっている。中国以外の国・地域ではこの比率は年々低下しており，価格支持政策が徐々に撤廃されてきたことをうかがわせる。第2章第1節で述べたように，少なくともWTO加盟国では，価格政策から所得・経営政策への転換が進んでいるのである。

すでに多くの先行研究が指摘するように，少なくとも日本に関して言えば，農業保護の根拠となるのは，食料の安定供給と農業の多面的機能の維持である。ただし，これを是認したとしても，保護のレベルがユニークに決まることはなく，望ましい保護のレベルについて合意が得られる保証はない。食料自給率についても，適切な水準を一意的に定めることは困難であり，高ければ高いほど望ましいというわけでもない。さらに，たとえ政策的に保護の程度を高め，自給率の向上を図ったとしても，その通りの結果が得られる保証はまったくない。その理由は第5章後半の議論に譲るが，いずれにせよ，自国農業を政策的に保護すべきか否か，どの程度の保護を許容すべきかは，国際規律の枠内で，国民の合意に基づいて決定すべき問題となる。この点については第6章で再度触れる[14]。

ウルグアイ・ラウンド農業合意

GATTによる貿易に関する多角的交渉は，1947年のジュネーブから始まり，ウルグアイで第8回目のラウンドを迎えた。ウルグアイ・ラウンド（UR）の交渉期間は1986～94年と長期に及んだが，通商交渉の目的は国際取引の障壁をなくし，多角的な貿易の自由化を促進することにあった[15]。これに加えて，特許権，商標権，著作権といった知的所有権の取り扱い，農産物の

---

[14] 農業保護をめぐる見解の相違については，荏開津・生源寺（1995）や本間（2014）が参考になる。

例外なき関税化などについても交渉が行われた。またこの協議により，1995年にGATTの後継機関としてWTOが発足した。GATTにおける規律強化の観点から，UR農業合意では，各国が市場アクセス，国内助成，輸出競争の3分野について，具体的かつ拘束力のある約束を作成し，期限を定めてこれを実施することとされた（経産省，2011）。

市場アクセスは，国境措置，ミニマム・アクセス，カレント・アクセスから成り[16]，非関税国境措置の関税化と，最小限の輸入機会の提供を義務づけている。国内助成とは，生産刺激的な制度や貿易を歪める政策（価格支持や補助金政策）のことで，国内支持の総額である助成合計量（AMS：Aggregate Measurement of Support）については，基準期間（1986～88年）の水準から1995～2000年の6年間で20%の削減が義務づけられた[17]。輸出補助金については，米国がとくにヨーロッパに対して，その削減を強く要求していたもので，UR交渉の成否はこの案件に係わっていたと言われていた。日本についてはコメの関税化を巡り，当時国内でも大激論が交わされた。日本の農業関係者はそれまで「コメは一粒たりとも輸入しない」という主張を展開し，政府もそれを堅持する態度を示していたが，皮肉なことにUR合意が妥結した1993年に，コメの大凶作により大量のコメを輸入せざるを得なかった。

UR農業合意により，日本は1995年からミニマム・アクセス米の輸入を開始した。コメの輸入量は1995年で基準期間（1986～88年）における国内消費量の4%（玄米換算で43万トン）から，2000年で8%（同82.5万トン）まで拡大することとされた。これは関税化を猶予するための代償措置として，関税化した場合のミニマム・アクセスより多い輸入義務が課せられた結果である。ところが，輸入禁止的な関税率（関税相当量）を設定することが可能であることが判明したため，日本政府は1999年にコメの関税化に踏み切っ

---

15) GATTが定めた最低限の規定として，最恵国待遇と内国民待遇があり，これが多角的自由貿易のバックボーンとなっている。
16) ミニマム・アクセスとは，国内消費量の3～5%を最低限の輸入機会として提供することを，カレント・アクセスとは，国内消費量に対して5%以上の輸入量がある場合には，その水準を維持することを意味する。
17) AMSとは市場価格支持相当額と黄（amber box）の政策に相当する直接支払い額の合計額を指す。緑の政策（生産・貿易に影響しない措置）と青の政策（生産制限を伴う直接支払いで一定の条件を満たす措置）はAMSに含まれない。

た。現在，高率の2次関税を払って輸入されるコメはほとんどない。詳細は本間（2010）を参照して欲しい。

ドーハ開発アジェンダ

2001年11月，カタールの首都ドーハで開催されたWTO閣僚会議は，URに次ぐ新たなラウンドの立ち上げを採択した。ドーハ・ラウンドのスタートであるが，多くの開発途上国が交渉に参加し，そうした国の開発上のニーズを考慮する必要性が高まったことから，ドーハ開発アジェンダ（DDA：Doha Development Agenda）が正式名称として採用された（現在のWTO加盟国は164か国で，その内概ね3/4を途上国が占めている）。農業分野に限定すれば，交渉内容はURと同様に，市場アクセス，国内支持，輸出規律の3分野とされた。

DDAは発足当初，交渉期間として2002年1月1日から2005年1月1日までの3年間が予定されていた。樋口（2006）によれば，交渉期限が短く区切られた理由は，多くの加盟国がFTA（Free Trade Agreement）やEPA（Economic Partnership Agreement）へ傾斜することで，GATT/WTO体制が形骸化し，国際貿易の中・長期的な停滞が懸念されたからである。しかし，こうした憂慮は現実のものとなり，現在に至るもDDA交渉は終結せず，WTO組織そのものが様々な課題に直面し，機能不全に陥っているとの意見さえある（植田，2021）。第10回WTO閣僚会議（2015年）では，DDAの今後の扱いについて，新たなアプローチが必要であるとの考えと，交渉を継続すべきとの考えの両論が併記された（経産省，2023）。さらに，閣僚宣言が採択されないままの閣僚会議の閉会や，WTOの紛争処理の機能不全といった事態さえも生じている（池上，2020）。

すでに多くの論者によって指摘されている通り，交渉が難航している最大の理由は，加盟国の利害が絡み合っているからであり，とくにDDAでは開発途上国の発言力，影響力が強まったため，対立構造はUR当時に比べて，はるかに複雑なものとなっている（荏開津，2008）[18]。また池上（2020）は，DDAの頓挫はWTO流の自由貿易が幻想に過ぎなかったからであり，米国の保護主義的な傾向や英国のEU脱退も一国主義への回帰であると述べている。

WTO 協定には GATT の時代から，途上国に対する「特別かつ異なる待遇（S&D：Special and Differential Treatment）」が用意されているが，その運用を巡っても意見集約がなされていない。S&D とは，途上国に対する特恵的な市場アクセスの供与や，WTO ルールに基づく義務の減免などを具体的な内容とするが，明らかにこれらは GATT 以来の原則である相互主義に反している。こうした矛盾を抱えながらも，DDA の妥結に向けて粘り強い交渉が続けられている。

4.3　世界の食料安全保障

　FAO の最新の定義によれば，食料安全保障（food security）とは，「全ての人が，いかなる時にも，活動的で健康的な生活に必要な食生活上のニーズと嗜好を満たすために，十分で安全かつ栄養ある食料を，物理的，社会的及び経済的にも入手可能であるときに達成される状況」を指す[19]。これは 2009 年に開催された世界食料安全保障サミットで合意されたものだが，半世紀を越える世界的な議論の中で，その基本的な概念は食料の供給側から需要側へと重点を移してきた。

　小泉（2024）が指摘するように，セン（A. Sen）が唱えた交換権原（exchange entitlement）という考え方が，この変化に強い影響を及ぼしている。交換権原とは，所有物と交換することで入手可能な財の組み合わせからなる集合のことである。食料の供給量が一定であっても，その人の出自や経済的なポジション，外的環境の変化により交換権原が不利化すると，食料へのアクセスが制限される[20]。本節ではとくに，交換権原の変化と途上国における栄養不

---

18)　植田（2021）によれば，途上国は先進国に対して，農業補助金の削減を求め，先進国は途上国に対して，工業製品の関税削減やサービス貿易の自由化を要求している。ラウンド停滞の別の原因として，一括受諾方式（すべての交渉分野について一括して合意する方式）が指摘されているが，2011 年にこの方式は放棄され，分野ごとに合意を積み上げる方式へと移行した。
19)　翻訳は外務省の文書（日本と世界の食料安全保障）による。なお，生源寺（2013）が指摘するように，少なくとも日本の食料安全保障は不測の事態への備えであり，世界的な意味での food security とは一線を画する。
20)　センは市場メカニズムによる食料価格の決定が，飢餓の一因であるとも述べている（Sen, 1981）。

足人口の関係を，データを交えて議論するが，問題としたいのは外的環境の内容である。

必需品の不足

　第 4-13 図は第 4-7 図の右側に対応するもので，右下がりの直線は，B1 国と B2 国の穀物に対する純需要曲線を表している。通常，需要曲線はある価格に対応する需要量という読み方をするが，逆方向に読むこともできる。たとえば B1 国で，市場に提供される最初の穀物 1 単位に対して，同国の消費者が示す最も高い支払い価格を OD とみなすのである。これを経済学では留保価格（reservation price）と呼び，この価格を提示した消費者だけが，この最初の 1 単位を購入することができる（詳細は第 6 章第 2 節を参照）。市場に提供される次の穀物 1 単位を購入できるのは，留保価格が OD マイナス Δ（Δ はプラスの小さな値）の消費者である。したがって，需要曲線はある量の財が与えられたとき，消費者がその財の追加 1 単位に対してつける限界評価（marginal evaluation）であると解釈できる（今井他，1982, p. 105）。

　以上のことから，高い留保価格を提示できる消費者が増えなければ，第 4-13 図で原点における（純）需要曲線の高さは変化しない。人口の増加により変化するのは，需要曲線の右裾の長さだけである。B1 国を先進国の食料輸入国，B2 国を途上国の食料輸入国と仮定して，両国の純需要曲線が第 4-13 図に描かれている。穀物に対する 2 国の純需要曲線は，2 つの純需要曲線を水平方向に合計したものである[21]。図に明らかな通り，仮に B1 国が国際市場に参入していなければ，B2 国は A 国から価格 p_1 で，数量 q_1 の穀物を輸入することができる（したがって，穀物の国際価格も p_1 となる）。

　しかし，B1 国の純需要が図のように B2 国の純需要を圧倒していれば，市場は E 点で均衡し，B2 国の純需要は国際価格の決定にまったく影響しない。そればかりか，A 国から輸出される穀物はすべて B1 国が購入するため，B2 国は国際市場で穀物を調達することができない。つまり，必需品である穀物の国際的な配分を市場に委ねると，購買力を持たない途上国で食料が不

---

21) 公共財であれば，集計的な需要曲線は縦和となるが，この点については，ミクロ経済学のテキストを参照して欲しい。

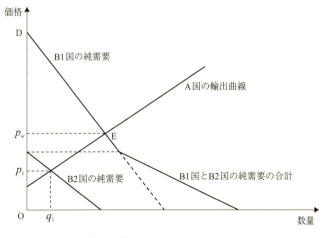

第 4-13 図　B2 国のフード・アクセス

足し，栄養不足が深刻化する[22]。B1 国の輸入穀物に対する需要がこの状態から増加すれば，B2 国の穀物へのアクセスは，さらにいっそう遠のくことになる。

　一方，何らかの理由で，A 国の輸出曲線が左方にシフトすれば，国際価格が高騰するので，先進国（B1 国）の食料安全保障も脅かされる。しかし，そうした国が国境措置によって国内農業を保護していれば，関税率やマークアップ率を引き下げることで，価格高騰が国内市場へ及ぼす影響を緩和あるいは除去することができる。つまり B1 国と B2 国では，食料安全保障に関する深刻度がまったく異なっているのである。

---

[22]　もちろん，途上国の困難は食料の不足にとどまらず，たとえば，保健・衛生，教育問題などにも及ぶ。途上国が抱える様々な経済問題を根本から考え直し，詳細な実証分析に基づき，その解決方法を提言した研究として，Banerjee and Duflo (2011) がある。同書によれば，貧乏な人々は，食べ物と競合する圧力や欲望が多すぎるために，収入が増えても食事の量や質を改善しない。また，食料援助における最大のポイントは，適切な栄養素の補給であり，これは将来大きな所得の向上をもたらすと考えられている（翻訳本 p. 64）。FAOSTAT と Creditor Reporting System (OECD) の統計を比較すれば，1995〜2021 年の間，食料・栄養支援に占める栄養支援の割合が徐々に上昇していることが分かる。

国際価格の高騰と食料安全保障[23]

　FAO は 1990 年 1 月から，農産物の国際価格指数の月次データを公表している。第 4-14 図にその一部と，World Development Indicators から計算された消費者物価指数（CPI）の推移を示した。統計によると，食料およびシリアルの価格指数はそれぞれ，2022 年 3 月と 7 月に最高値を記録した。FAO 統計の分類でいうと，食料と穀物以外に oils と meat もこの時期，最高値を更新した。ロシアによるウクライナ侵攻や新型コロナウイルス感染症などが，この原因であることは言うまでもない。また同図の CPI と比較すれば，農産物価格の変動幅がいかに大きいかがよく分かるが，この理由については，第 6 章第 3 節の「豊作貧乏」を参照して欲しい。

　価格高騰期に警戒すべきは輸出国の輸出規制であり，その本質は自国民の食料を確保するための防衛行動である（生源寺，2013）。しかし，そうした行為は国際価格の上昇に拍車をかけるため，WTO 閣僚会議は 2022 年に以下の宣言を採択した（樋口，2022）。① 食料輸出の禁止や制限は WTO ルールに則って行うこと。② 食料輸出の制限は一時的で，対象を限定しながら透明性を確保すること。③ 人道的な見地から，食料が行き届くよう加盟国が協力すること。宣言の根拠となっているのは，WTO 農業協定第 12 条だが，ウルグアイ・ラウンド交渉の当事者であった山下一仁氏によれば，この条項は日本の提案で加えられたものだという（山下，2022）。ただし同氏も認めるように，宣言は法的な拘束力を持っていない。

　輸出規制に対する制限は，輸入国としては当然の要求だと思われるが，ここでは農産物価格指数の長期的な動向に注目したい。第 4-14 図を一瞥すれば明らかなように，2007〜08 年に農産物価格は高騰したが，その後，価格指数はそれ以前の水準に戻ることなく，2022 年の状況を迎えた。食料危機と呼ばれた 2007〜08 年から 10 余年間，長期のトレンドとして高止まりの傾向を示し後，再び農産物価格は高騰したのである。これをもって生源寺（2013）は「世界の食料市場の潮目が変わった」と述べている。

---

[23]　本項の内容は伊藤（2023）に多くを依拠している。

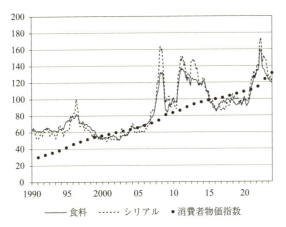

第 4-14 図　食料とシリアルの国際価格の推移

資料：FAO Food Situation, World Development Indicators.
注：2014-2016 = 100.

　穀物価格を押し上げる構造的な要因としては，輸出国の輸出規制の他に，気候変動・異常気象，世界人口の増加，バイオ燃料向け需要の急増などが指摘されている。これらが交換権原を不利化する外的環境の変化に他ならないが，中国を含む中進国の食料需要の増加がもたらす影響も無視できない。第4-6 図に示すように，中国の穀物（シリアル・大豆）輸入量が世界全体に占める割合は，2000 年代前半から急上昇した。第 2 章第 3 節で述べたように，中国政府は食糧（穀物）自給率の目標値として長年，95％を政策目標として掲げてきたが，2014 年の 1 号文件で，農産物の輸入を自国の食料安全保障に位置づけた。中国政府が政策転換に踏み切った主な理由は，食生活の洋風化・高度化に伴う飼料用穀物需要の増加にあり，大豆やトウモロコシの輸入が急増している[24]。Zhang and Cheng（2017）は政策転換を促した別の要因として，食糧生産のコスト高や農業の環境負荷を挙げているが，いずれにせよ，輸入増加の経済的な要因は 2000 年代半ばには大方出揃っていたのである。
　第 4-15 図は，食料消費に関連する中国と食料純輸入途上国（NFIDCs：Net

---

[24] 中国の 1 人当たりのカロリー，タンパク質，油脂類の摂取量は，現在でも増加し続けている（FAOSTAT, Food Balances）。

150　第4章　世界の穀物市場と食料安全保障

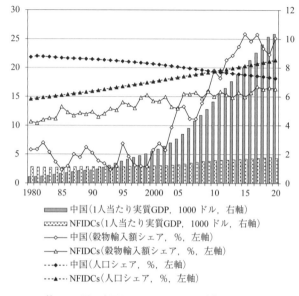

第 4-15 図　中国とNFIDCs における諸指標の推移

資料：FAOSTAT, World Development Indicators.

Food Importing Developing Countries) の諸指標を 1980～2020 年について示したものである。FAO が定めた NFIDCs は 78 か国から成り，世界人口に占める割合は，過去 40 年間で 14.6％から 21.3％へと上昇した（中国は同期間で 21.9％から 18.2％へと低下）。中国と NFIDCs の 1 人当たり GDP は 1993 年に逆転し，それ以降格差は拡大する一方である[25]。その結果，NFIDCs の穀物輸入額のシェアは，過去 40 年間で 5.7 ポイントの上昇にとどまったのに対し，中国のシェアは 19.3 ポイント上昇した[26]。また，栄養不足人口の割合は 2001～2020 年の間に，中国では 10.0％から 2.5％へと激減したが，NFIDCs では 24.9％から 18.1％と微減にとどまった。

---

25)　1 人当たり GDP は NFIDCs の総 GDP と総人口から推定したが，GDP データが欠落している国を計算から除外した。

26)　第 4-6 図と第 4-15 図では，それぞれ重量ベースと金額ベースを用いて，中国の穀物輸入のシェアを計算した。

中国を含む人口・経済大国の農産物輸入の急増が，食料危機以降に顕在化した価格高止まりの原因であれば，そうした国における農業生産力の維持・向上は，NFIDCs のフード・セキュリティ（貧困層のフード・アクセス）を強く保証するはずである。また同時にそれが不測の事態への備えになることも，2022 年の穀物価格高騰に対する教訓として銘記されてもよいであろう。現在，農産物の国際取引に関して最も主流的な考え方は，自給政策は市場歪曲的かつ非効率であり，国際的な適地適作を阻害することで，農産物の価格上昇を招くというものである。中国の食糧（穀物）政策に関する方針転換は，これに沿ったものと考えられるが，一方で第 4-15 図に示した事実は，中国が自国の食料安全保障と途上国のフード・セキュリティの折り合いをどうつけるか，という問題の発生を示唆しているように思える[27]。

第 2 章第 3 節でも触れたが，1996 年の世界食料サミットで採択されたローマ宣言は，「農産物貿易の公正かつ市場指向的なシステムを通じた食料安全保障の促進」を公約として掲げる一方で，食料安全保障に対する責任は一義的には各国政府にあるとしている。また小泉（2024）によれば，世界のフード・セキュリティの確保は，食料政策に関する各国の自主性を前提としており，FAO はそれを尊重する立場にあるという。しかし，自国民のフード・アクセスが，大国の穀物輸入に翻弄されるような国では，単独でこの問題の解決にあたることは困難であろう。

言うまでもなく，飢餓問題を解決する有効な装置として，「自由で公正な国際貿易システム」が機能するためには，途上国における購買力の向上と同時に，大多数の国・地域が参加する国際規律の下で，食料が広域的に取引される必要がある。しかし，既述の通り DDA の交渉は長く頓挫したままで，進展の気配すらみせていない。池上（2020）が指摘するように，WTO に代わり，経済のブロック化を助長するような貿易協定が主流となれば，国際的に孤立する国が現れ，そうした国では貿易の利益はおろか，輸入食料へのアク

---

[27] Huang et al.（2017）は，中国の食料輸入の増加分は，主要輸出国の輸出によってカバーされ，また中国がアフリカや途上国の農業投資を支援することで，世界のフード・セキュリティが確保されると述べているが，こうした指摘の妥当性は，実証分析によって検証されなければならない。

セスも制限される。

　フード・アクセスが，すべての人間に与えられた根源的な権利であるにもかかわらず[28]，市場メカニズムによる国際的な需給調整が不調に終われば，何らかの方法で，購買力を持たない途上国の食料安全保障システムを補完しなければならない。1933年の国際小麦協定（IWA：International Wheat Agreement）の締結やFAO，世界食糧計画（WFP：World Food Programme）の設立を皮切りに，農産物価格の安定化や途上国に対する食糧援助を目的とした国際的なスキームがすでに立ち上がっている[29]。また2009年にFAOが主催した世界食料安全保障サミットでは，途上国の飢餓と貧困を根絶するための農業開発や，そうした地域に対する国際的支援の必要性が強調されている。アフリカに関しては，域内における食料の安定供給を確保するために，アフリカ連合（African Union）の強化やEUを模した共通農業政策の導入などが提案されている（Blizkovsky et al., 2018）。

4.4　アフリカのフード・アクセス

アフリカの食料消費とカロリー摂取

　世界とアフリカの食料輸入額の内訳を第4-1表に示した。世界平均と比べると，アフリカでは油脂類，肉類とその調整品，野菜・果実の割合が低く，シリアルとその調整品の割合が高い。つまり，カロリーを直接的に摂取する品目の輸入が多く，嗜好品の輸入が少ない。表にはないが，現在，アフリカではシリアルとその調整品の輸入額の約6割を小麦とトウモロコシが占めている。コメを加えると，この数字は8割にまで達する[30]。また，世界では

---

[28]　食料への権利は1948年の世界人権宣言において正式に認められ，1966年には社会権規約（ICESCR：International Covenant on Economic, Social and Cultural Rights）の第11条で法的根拠が与えられた。2020年に公表されたFAOレポートは，食料安全保障の構成要素として，エージェンシーを追加したが（第2章第3節），これは食料への権利の実現に向けた取り組みの一環である（小泉，2024）。

[29]　農業開発や農村の貧困緩和を目的とした国際連合の機構としては，この他に国際農業開発基金（IFAD：International Fund for Agricultural Development）や国連開発計画（UNDP：United Nations Development Programme）などがある。

4.4 アフリカのフード・アクセス

第 4-1 表　食料輸入額の内訳(2020 年)

(%)

	世界平均	アフリカ
シリアルとその調理品	16.8	39.3
油脂類	7.5	14.2
肉類とその調理品	11.8	6.0
砂糖類	3.6	8.1
野菜・果実	22.0	8.7
乳製品・卵	6.7	6.7
飲料	8.3	3.1
その他食料	23.3	14.0

資料：FAOSTAT.
注：食料に魚は含まれない。

トウモロコシの飼料としての消費割合が高いが (58.8%)、アフリカでは食用としての割合が過半 (52.2%) を占めている (いずれも 2020 年の値)。

第 4-16 図は 2020 年の 1 人 1 日当たりのカロリー摂取量を、アフリカの地域別にみたものである。ソルガムやミレットといった雑穀に代わり、近年、栄養価の高いシリアルの消費がアフリカ全土で増加している。そこでここでは、小麦、トウモロコシ、コメとアフリカの伝統的な主食であるキャッサバを取り上げた。アフリカ平均でみれば、この 4 品目のカロリー摂取量は、220〜370 kcal の範囲に収まっているが、地域間には大きな格差が存在する。北部では小麦への依存度が突出して高く、東部と南部ではトウモロコシからの摂取量が最も多い。中部ではキャッサバが依然として重要なカロリー源となっており、西部ではコメの摂取カロリーが最も多い。図にはないが、総カロリー摂取量 (grand total) で言うと、北部が最も高く、東部と中部がアフリカの平均 (2580 kcal) を下回っている。

これも図にはないが、品目別のカロリー摂取源の地域的な特徴は、過去数十年の間、ほとんど変わっていない。また、総摂取量の推移を地域別にみると、東部では統計が存在する 1961 年から今日まで、中部では 1970 年代半ばから今日まで、アフリカの平均を一貫して下回っている (この間の改善幅は、

---

30)　アフリカではキャッサバの消費 (重量) がトウモロコシや小麦を上回っており、次節で述べるように、イモ類の自給率は 1961 年以降、ほぼ 100% を維持している。

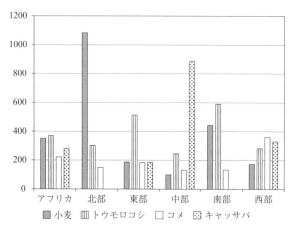

第 4-16 図　アフリカの地域別1人1日当たりのカロリー摂取量(kcal/capita/day)
　　　　資料：FAOSTAT.

東部で 304 kcal，中部で 244 kcal であった)。総摂取量の改善幅が最も大きかったのは北部であり，1961 年の 1920 kcal から 2021 年には 3155 kcal まで増加した。これには小麦の生産と輸入の増加が大きく貢献している。西部でもこの間，717 kcal の増加を記録した（2021 年の値は 2626 kcal）。南部は 1961 年当時の摂取量が 5 地域の中で最も高く，2603 kcal であったが，過去 60 年間の改善幅は 130 kcal にとどまっている。

アフリカの穀物輸入

　FAOSTAT の detailed trade matrix は，農産物貿易に関する 2 国間の取引量・額を品目別に公表している。膨大な情報量であるが，本項ではこれを利用して，アフリカにおける穀物輸入量の相手国別統計を地域ごとに整理した。アフリカは大豆の輸入量が少ないので，ここでは小麦，トウモロコシ，コメの取引に注目し，それらの集計結果を第 4-2 表に示した。主な取引相手国は小麦・トウモロコシとコメで異なる。アフリカ全体の小麦，トウモロコシ，コメの輸入量は，2020 年でそれぞれ，47.8 百万トン，21.2 百万トン，16.3 百万トンで，世界全体の輸入量に占める割合はそれぞれ，25.2％，11.4％，34.3％であった。決して低い数字ではないが，小麦とトウモロコシについて

4.4 アフリカのフード・アクセス

第4-2表 アフリカ各地域の主な輸入相手国 (2020年, %)

作物		輸入量(百万トン)	アルゼンチン	豪州	ブラジル	カナダ	フランス	ロシア	ウクライナ	米国
小麦	アフリカ	47.8	3.3	0.5	0.0	8.6	18.3	24.4	11.3	4.2
	北部アフリカ	27.3	0.1	0.7	0.0	7.0	23.5	22.6	17.6	0.7
	東部アフリカ	6.1	21.7	0.8	0.0	6.7	0.9	29.5	7.6	5.9
	中部アフリカ	1.9	0.0	0.0	0.0	9.3	35.4	45.2	0.0	0.9
	南部アフリカ	2.6	0.0	0.0	0.0	4.4	0.0	25.8	2.4	3.4
	西部アフリカ	9.8	2.3	0.0	0.0	15.2	16.0	22.0	0.7	13.9
トウモロコシ	アフリカ	21.2	42.6	0.0	18.2	0.0	0.1	0.5	19.3	1.9
	北部アフリカ	17.5	46.3	0.0	22.0	0.0	0.0	0.6	23.3	1.9
	東部アフリカ	2.1	6.4	0.0	0.0	0.0	0.0	0.0	0.6	0.2
	中部アフリカ	0.2	78.9	0.0	0.8	0.0	9.6	3.4	0.1	0.0
	南部アフリカ	0.8	10.4	0.0	0.0	0.0	0.0	0.0	0.0	0.2
	西部アフリカ	0.7	82.6	0.0	0.1	0.0	1.2	0.0	0.0	8.8

作物		輸入量(百万トン)	ブラジル	中国	インド	ミャンマー	パキスタン	タイ	米国	ベトナム
コメ	アフリカ	16.3	2.6	7.4	32.5	2.5	10.3	16.7	0.6	7.6
	北部アフリカ	0.7	0.4	10.4	25.2	0.2	2.1	9.6	0.3	0.1
	東部アフリカ	5.2	0.0	3.6	38.3	3.4	21.6	7.5	0.1	2.6
	中部アフリカ	1.6	1.3	16.3	13.0	2.4	2.3	50.9	1.6	2.0
	南部アフリカ	1.1	4.6	0.2	24.8	0.2	1.6	59.7	0.0	0.5
	西部アフリカ	7.6	4.6	8.9	34.4	2.5	6.3	10.3	0.8	14.0

資料：FAOSTAT.

注：北部：アルジェリア、エジプト、リビア、モロッコ、スーダン、チュニジア、西サハラ。東部：ブルンジ、コモロ、ジブチ、エリトリア、エチオピア、ケニア、マダガスカル、マラウイ、モーリシャス、マヨット、モザンビーク、レユニオン、ルワンダ、セーシェル、ソマリア、南スーダン、ウガンダ、タンザニア、連合共和国、ザンビア、ジンバブエ。中部：アンゴラ、カメルーン、中央アフリカ共和国、チャド、コンゴ、コンゴ民主共和国、赤道ギニア、ガボン、サントメ・プリンシペ。南部：ボツワナ、エスワティニ、レソト、ナミビア、南アフリカ。西部：ベナン、ブルキナファソ、カーボベルデ、コートジボワール、ガンビア、ガーナ、ギニア、ギニアビサウ、リベリア、マリ、モーリタニア、ニジェール、ナイジェリア、セントヘレナ・アセンションおよびトリスタンダクーニャ、セネガル、シエラレオネ、トーゴ。

は，北部の輸入が大半を占めている。

　アフリカ全体の小麦の主な輸入相手国は，ロシア，フランス，ウクライナで，その割合はそれぞれ，24.4％，18.1％，11.3％であった。地域別に小麦の輸入元をみると，ロシアのシェアがどの地域も万遍なく高いのに対し，フランスのシェアは中部と北部で比較的高い。かつてのフランス領が集中している西部でとくに高いというわけではない。トウモロコシの輸入相手国としては，アルゼンチンが他を圧倒しており，ウクライナ，ブラジルがこれに続く。中部と西部アフリカでは，アルゼンチンへの輸入依存度がとくに高いが，食料の安定供給という観点から言えば，輸入元を特定国に集中させることは安全保障上，好ましいことではなく，アフリカのように輸入依存度が高い地域では，とくにそうである。

　コメの輸入相手国をアフリカ全体でみると，インドのシェアが最も高く，タイ，パキスタン，ベトナムと続く。2020年におけるコメの主要輸出国はこれとほぼ同じあるが，中部と南部でタイのシェアが50％を超えている。過去半世紀の間に，アフリカ全体でコメの国内消費が拡大し，その増加率は小麦やトウモロコシ，キャッサバのそれを上回っている。第4-2表から明らかなように，コメの輸入は西部アフリカで多い。

食料支援

　第4-17図の棒グラフは世界の食料支援総額（2021年固定価格）の推移を表している[31]。実質支援額は，この四半世紀の間に15億ドルから99億ドルまで増加した。食料支援は平常年支援と緊急支援から成る。緊急支援は自然災害や凶作，戦争や内乱などに起因する食料の欠乏に対する無償支援である。図に示す通り，2003年以降，緊急支援額が平常年支援額を上回っており，直近の3年間では緊急支援額が全体の8割を超えている。難民や強制移住民などの国際紛争の犠牲者が増えており，これが緊急支援を恒常化させている原因だと考えられている（荏開津，1994，pp. 158-159）。

　2国間支援とWFPを通じた支援の区別は判然としないが，拠出国として

31）2000年代後半以降，WFPは食料援助（food aid）の代わりに食料支援（food assistance）という用語を使い始めた。その理由についてはWFPのホームページを参照して欲しい。

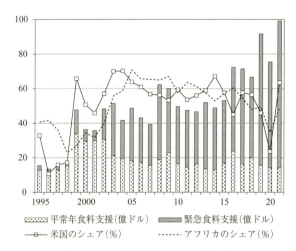

第4-17図　食料支援(2021年固定価格)

資料：FAOSTAT, Creditor Reporting System(OECD).
注：平常年食料支援と緊急食料支援はそれぞれ，上記OECD資料の development food assistance, total (code: 520) と emergency food assistance (code: 72040) の commitments をとった。

の米国のシェアは，2000年以降，例外的な年を除き過半を維持しており，この領域における同国の役割は依然として他を圧倒している。一方，被支援地域としてのアフリカのシェアは，2000年代半ばからの10余年間は50％を超えていたが，最近では40％を下回る年もある[32]。

図にはないが，FAO統計を用いて，1973～2021年におけるアフリカへの食料支援額（正確には食料・栄養支援）と食料輸入額を比較すると，期間平均で支援は輸入の5％程度に過ぎない。これは，食料支援が通常の商業貿易に置き換わることなく，また被支援国の農業開発や農産物価格に悪影響を及ぼしてはならないというFAOの余剰処理原則（1954年）に則ったものである。ただし同原則には法的拘束力がない。1967年に食料援助規約が締結され，その後改訂されたが，現行規約はDDAの終結をまって改訂されることにな

---

[32] アフリカのシェアは，FAOSTATの食料・栄養支援（food and nutrition assistance）から計算した。OECDのCreditor Reporting SystemとFAO統計の間で支援額に若干の乖離があるが，この原因は後者に栄養支援（school feeding と basic nutrition）が含まれていることによる。

っている（井上，2007）。こうした原則は，食料支援を隠れ蓑とする農産物の輸出補助を防ぐ観点から，WTO農業合意（農業に関する協定）の第10条にも明記されている。

地域別の基本統計

　FAOSTATのSDG Indicatorsには，食料の安全保障に関係する複数の指標が，国ごとに公表されている。たとえば，「栄養不足人口の割合」，「健康的な食事ができない人の割合」，「深刻な食料不安を抱えている人の割合」などである。第4-3表の上段（第1〜3行）に，2020年におけるこれら3つの数字を示した。世界の平均と比較して，アフリカのフード・セキュリティに問題があることは一目瞭然である。栄養不足人口の割合は世界平均で8.5％，アフリカ平均で18.8％，健康的な食事が出来ない人の割合はそれぞれ，43.3％と77.9％，深刻な食料不安を抱えている人の割合はそれぞれ，10.6％と20.7％であった。アフリカ域内の地域間格差も大きく，これら3つの割合の値は，北部アフリカで世界平均に近いか，あるいはそれ以下であるが，東部，中部では2〜3倍に達している[33]。この2地域で，アフリカ全体に占める人口の割合は，それぞれ33.0％と13.6％であった。

　第4-3表の第4行目から下に，食料安全保障に直接，間接的に影響すると思われる要因の統計を示した。世界平均と比較すれば，アフリカの経済的地位の低さ，農業・農村経済の比重の高さは明白である。「1人当たり実質GDP」は世界平均の1/5程度で，地域別にみると，東部と中部の値がアフリカ平均を大きく下回っている。この2地域は，総カロリー摂取量でもアフリカの平均を下回っている。「農村人口割合」はアフリカ平均が56.2％であるのに対し，東部が72.5％と突出して高い。「シリアルの輸入依存度」とはシリアルの輸入量を消費量で除した値であり，北部で59.7％，それ以外の地域で20〜40％程度である。

　「農業就業人口割合」のアフリカ平均は48.8％であるのに対し，東部と中部の値はそれぞれ，61.3％と54.8％と際だって高い。農業生産の技術的指標

---

[33] 北部アフリカの6か国の内，スーダンだけがサブサハラ・アフリカに属する。

4.4 アフリカのフード・アクセス

第4-3表 アフリカの地域別諸指標(2020年)

地域の括弧内はアフリカ域内の人口割合(%)	世界	アフリカ (100.0)	北部 (18.5)	東部 (33.0)	中部 (13.6)	南部 (5.0)	西部 (30.0)
栄養不足人口割合(%)	8.5	18.8	6.2	28.5	27.8	8.1	13.7
健康的な食事ができない人の割合(%)	43.3	77.9	54.0	84.7	82.2	67.4	85.1
深刻な食料不安を抱えている人の割合(%)	10.6	20.7	9.5	26.3	35.6	11.0	16.4
1人当たり実質GDP(ドル, 2015年価格)	10455	1940	3465	916	1296	5491	1831
農村人口割合(%)	43.6	56.2	46.6	72.5	47.9	35.5	51.6
シリアルの輸入依存度(%)	22.0	37.2	59.7	23.3	32.0	38.1	27.7
農業就業人口割合(%)	27.0	48.8	23.4	61.3	54.8	21.6	45.0
シリアルの単収(トン/ha)	4.10	1.71	1.75	2.09	1.04	4.51	1.39
土地・労働比率(ha/人)	1.59	1.14	2.96	0.62	0.98	3.15	1.61
シリアルの自給率(%)	―	68.6	40.0	84.4	72.1	98.0	76.3
イモ類の自給率(%)	―	100.8	103.5	100.0	104.2	97.6	99.6
1人当たり実質食料・栄養支援額(ドル/人)	1.19	2.38	0.50	3.61	3.18	0.43	1.46
1人当たり支援額の分母：農村人口	2.74	4.24	1.07	4.99	6.64	1.20	2.82

資料：FAOSTAT, World Development Indicators.

として，ここでは「シリアルの単収」と「土地・労働比率」の値を示した。アフリカの単収は南部を例外として，世界平均の半分以下である[34]。土地・労働比率も世界平均（1.59 ha/人）よりも低いが，ここでも東部と中部の値がアフリカ平均（1.14 ha/人）を下回っている。

シリアルとイモ類の自給率および栄養不足人口割合の推移を第4-18図に示した。3指標はいずれもアフリカの平均値である。アフリカではイモ類（過半がキャッサバ）の総消費量（重量）がシリアルとほぼ同水準であり，その自給率はデータが得られる1961年以降，今日までほぼ100％を維持している。ただし，1人1日当たりのカロリー摂取量をアフリカ平均でみると，イモ類（415 kcal）はシリアル（1185 kcal）の40％に満たない（数字は2020年）。これは，イモ類とシリアルとで，単位重量当たりの栄養価が異なっているからである。シリアルの自給率は1960年代の100％台から，1980〜90年代にかけて，70〜80％程度まで低下し，2010年代以降は，70％を下回ることが多くなった[35]。シリアルの自給率は1961〜2021年の間，アフリカの

---

34) 南部で単収が高いのは，この地域における南アフリカ共和国の生産量が多く，かつトウモロコシの単収が高いからである。

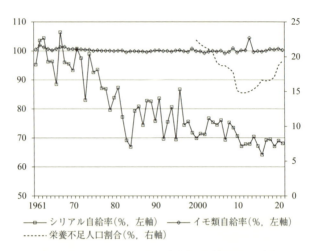

第 4-18 図　シリアルとイモ類の自給率と栄養不足人口割合

資料：FAOSTAT．

各地域で低下傾向にある。栄養不足人口割合は，2000〜2010 年代前半までは一貫して低下し，2011 年と 12 年に 15％を割り込んだが，その後上昇に転じ，再び 20％に迫る勢いである[36]。

第 4-3 表に戻ると，2020 年の「シリアルの自給率」はアフリカ平均で 68.6％，北部の値が 40.0％と極端に低い。その裏返しとして，同地域では「シリアルの輸入依存度」が高い。つまり北部はシリアルを国際市場で調達できる購買力を持っている。南部の自給率が高いのは，南アフリカ共和国のトウモロコシの自給率が 100％を大きく上回っているからである。「イモ類の自給率」はいずれの地域も 100％前後を維持している。「1 人当たり実質食料・栄養支援額」は，すべてのドナーからの寄付額を地域ごとの総人口で除した値である。本来であれば，総人口ではなく，支援の対象となった人口で除すべきである。そこで第 4-3 表には，農村人口を分母として計算された支援額も

---

[35]　シリアルの内訳では，小麦，トウモロコシ，コメの自給率は 1990 年代から低下しているが，これは生産量以上に消費量が増加したからである。一方，イモ類と同様，ソルガムやミレットの自給率はこの間，ほぼ 100％を維持している。

[36]　世界の栄養不足人口割合も 2000 年以降，下がり続けていたが，2017 年を底に上昇傾向にある。

併せて示した。アフリカの平均値は，総人口で除した場合と農村人口で除した場合で，それぞれ2.38ドルと4.24ドルで，どちらの指標を用いても，東部と中部の1人当たり支援額がアフリカの平均を上回っている。

栄養不足人口問題の解決策

以下では，栄養不足人口割合を食料安全保障の代表的な指標とみなし，その決定要因を回帰分析により明らかにする[37]。FAOによれば，栄養不足とは，十分な食料，すなわち健康的で活動的な生活を送るために十分な食物エネルギーを継続的に入手することができない状態を指す。栄養不足に直接影響するルートとして，ここでは農村人口割合，輸入依存度，自給力，1人当たり食料・栄養実質支援額（分母は農村人口）を仮定した。作業仮説は，国際市場での食料調達が容易で，自給力があり，食料・栄養支援額が多いほど，人々のフード・アクセスは改善するが，貧困は都市よりも農村で蔓延していると考えられるから，農村人口割合が高い国ほど，栄養不足が深刻化しているというものである。自給力はシリアルの自給率で代表されると仮定した。また1人当たり実質食料・栄養支援額は，1人当たり実質GDPが高い国で少なく，農村人口割合と輸入依存度が高い国で高いと考えられる。さらに，シリアルの自給率は農業就業人口割合，シリアルの単収，土地・労働比率の増加関数であるが，食料需要が所得と人口とともに増加するから，自給率は実質GDPの減少関数であると予測した。

計量分析はアフリカ50か国余のパネル・データ（1991〜2020年）を利用した。被説明変数と説明変数の関係は線型を仮定し，パラメータの推定は，個体固定効果と年次固定効果を考慮した2次元固定効果モデルを用いた。推計の前に，すべての変数（被説明変数と説明変数）について定常性テストを行った。Unbalancedパネル・データに適用可能なフィッシャー（Fisher）タイプの単位根検定は，すべてのパネル・データが単位根を含んでいるという帰無仮説を棄却した。

第4-4表が回帰式の推計結果である。「1人当たり実質食料・栄養支援額」，

---

[37]「健康的な食事ができない人の割合」，「深刻な食料不安を抱えている人の割合」に関する統計は，データの利用期間が限られているため，回帰式の推計を断念した。

第4-4表 アフリカの食料安全保障に関する回帰分析の推計結果

被説明変数	1人当たり実質食料・栄養支援額		シリアルの自給率		栄養不足人口割合	
	推定値	SE	推定値	SE	推定値	SE

個別推計（2次元固定効果モデル）

説明変数	推定値	SE	推定値	SE	推定値	SE
シリアルの輸入依存度	0.012	0.018	—	—	0.038***	0.013
農村人口割合	0.161	0.122	—	—	0.315***	0.084
1人当たり実質GDP	−0.188**	0.075	—	—	—	—
農業就業人口割合	—	—	0.402***	0.103	—	—
シリアルの単収	—	—	9.359***	0.808	—	—
土地・労働比率	—	—	3.195**	1.457	—	—
実質GDP	—	—	−0.026	0.017	—	—
1人当たり実質食料・栄養支援額	—	—	—	—	0.006	0.023
シリアルの自給率	—	—	—	—	−0.050***	0.018
標本サイズ	971		992		945	
修正済み決定係数	0.598		0.901		0.795	

3段階最小2乗法（2次元固定効果モデル）

説明変数	推定値	SE	推定値	SE	推定値	SE
シリアルの輸入依存度	0.006	0.047	—	—	0.032	0.031
農村人口割合	0.136	0.099	—	—	0.277***	0.092
1人当たり実質GDP	−0.209***	0.066	—	—	—	—
農業就業人口割合	—	—	0.460***	0.094	—	—
シリアルの単収	—	—	10.435***	1.989	—	—
土地・労働比率	—	—	4.301***	1.350	—	—
実質GDP	—	—	−0.027**	0.011	—	—
1人当たり実質食料・栄養支援額	—	—	—	—	0.354	0.216
シリアルの自給率	—	—	—	—	−0.172***	0.037
標本サイズ			945			
修正済み決定係数	0.625		0.910		0.750	

注：**，***はそれぞれ5％，1％水準で有意であることを意味する。輸出の存在により，「シリアルの輸入依存度」と「シリアルの自給率」は完全には相関しない。
SEは標準誤差を表す。

「シリアルの自給率」、「栄養不足人口割合」がモデルの内生変数であり、上の説明から明らかなように、3本の方程式は逐次体系であるから、それらを別々に推計しても構わない。しかし、方程式の誤差項が相関すれば、OLS推定値はバイアスを持つ。第4-4表の下段に、3段階最小2乗法（3SLS）による推定結果を示した[38]。

「1人当たり実質食料・栄養支援額」を被説明変数とする回帰式では、「1人当たり実質GDP」の係数がマイナス、「農村人口割合」と「シリアルの輸入依存度」の係数がプラスであり、作業仮説を肯定している。ただし、後者2つの係数は有意ではない。「シリアルの自給率」を被説明変数とする回帰式では、「農業就業人口割合」、「シリアルの単収」、「土地・労働比率」の係数すべてがプラスかつ有意であった。反対に、「実質GDP」の係数はマイナスで、3SLSでは有意であった。これも仮説の妥当性をサポートしている。

「栄養不足人口割合」を説明する回帰式では、「シリアルの自給率」の係数がマイナスで、1％水準でゼロと有意差がある。つまり、自国農業を振興し自給率を高めれば、フード・アクセスが改善し、栄養不足の程度が軽減される。「農村人口割合」の係数がプラスというのも期待通りである。つまり、栄養不足は農村人口割合が高い国で深刻である。一方、「1人当たり実質食料・栄養支援額」の係数は個別推計、3SLSともにプラスであるが、いずれも有意ではない。「シリアルの輸入依存度」の係数はプラスで、個別推計ではゼロと有意差を持っている。要するに、食料・栄養支援やシリアルの輸入は栄養不足人口割合の低下に寄与していない[39]。この原因としては、1人当たりの支援額が少ないこと、および農村住民に比べて購買力を持つ都市住民が、輸入農産物の多くを消費していることなどが考えられる。

本節の分析結果は、国際貿易システムが、アフリカの栄養不足問題を解決

---

38) 同時方程式モデルの推計は欠落変数がないことを前提としている。Angrist and Pischke（2009, p. 115）で指摘されているように、最近では同時方程式の推計に代わり、操作変数法によるバイアスの軽減に実証研究の関心が集まっている。「栄養不足人口割合」を被説明変数とする回帰式に欠落変数がなければ、操作変数法の優位性が高まる。「栄養不足人口割合」に関する回帰式を操作変数法を用いて推計すると、「シリアルの自給率」の係数がマイナス（−0.183）で有意、「農村人口割合」の係数がプラス（0.271）で有意（ともに1％水準）であり、それ以外の係数は有意ではなかった。3SLSによる推定値との間に大きな差異は存在しない。

する装置としては機能せず，同地域での食料安全保障が，穀物自給率の向上に強く依存することを示唆している。途上国のフード・アクセスを論じたMary（2019）も，同地域における栄養不足問題は，農産物の自由な取引によって改善することはなく，むしろ悪化するとした上で，たとえWTOルールに抵触するとしても，食料を輸入している途上国は，自国農業を振興し，食料自給力の向上を目指すべきだと主張する。

　Mary（2019）の言う「ルールに抵触」とは，WTO農業合意で輸出国と輸入国に課せられた義務の不均衡や，途上国の生産拡大政策と貿易政策との不整合といった問題を指す。しかし，WTOルールは，途上国における農業・農村開発を促進する政府の支援措置（投資）や農業者に対する生産補助金の支払いを，国内助成の削減に関する約束の対象から除外している（農業に関する協定　第6条）。もちろん，生産力の増強に係わる公共財の供給は「緑の政策」として，すべてのWTO加盟国に認められているが，第6条の第2項では，「開発途上国の開発に係わる施策」として特別に言及されており，AMSの算定にも含まれないことが明記されている。

　国際貿易に関する規律や世界食料安全保障サミットの公約は，途上国政府が行う公共投資や農業者に対する所得補償を強く推奨しており，2001年に立ち上がった包括的アフリカ農業開発プログラム（CAADP：Comprehensive Africa Agricultural Development Program）は，こうした事業の代表的な例である[40]。農業発展を通してアフリカにおける飢餓と貧困の撲滅を目的としたこのプログラムでは，国家予算の10％を農業関連投資に充て，年率6％で農業の生産性を向上させるとしている。アフリカの6か国を対象として，シミュレーション分析を行ったDiallo and Wouterse（2023）は，CAADPの下で実施される国家農業投資計画（NAIPs：National Agricultural Investment Plans）に

---

39)　食料支援は，根本的にはヒューマニズムに基づくものであるが，それが被支援国における紛争の原因となっているとの指摘もある。Koppenberg et al.（2023）は計量手法を改善しない限り，このことに関する結論は留保されるべきだと述べている。また後述するように，食料の自由貿易が途上国の食料安全保障に資するか否かについても，見解は分かれている。

40)　CAADPはアフリカ開発のための新パートナーシップ（NEPAD：New Partnership for Africa's Development）の下で進められたプロジェクトで，農業発展の手段として，土地管理，水利・インフラの整備，研究と技術移転などを掲げている（Blizkovsky et al., 2018）。

より，対象国では農産物輸入への依存度が低下し，都市・農村間の所得格差が縮小するだけでなく，いくつかのSDGs目標が達成されるとしている。

ただし，de Janvry and Sadoulet (2020) によれば，2014年時点でCAADPの目標に到達したサブサハラ・アフリカ (SSA) の国は，43か国中2か国に過ぎず，SSA以外の地域と比べた穀物の単収格差は，この数十年間でむしろ拡大している。アフリカの農業発展や貧困対策，栄養不足人口問題の解決に向けては，アジアで起きた「緑の革命」から得られる教訓も多いと思われるが，このテーマについては，すでに多くの研究蓄積がある。アフリカの全体像を理解する上では，Otsuka and Muraoka (2017)，Arouna et al. (2021)，Silva et al. (2023) などの議論が参考になる。

【演習】

4-1
本章の第1節で「穀物は先進国から途上国へ輸出されている」と述べたが，日本や韓国が例外である理由を考察しなさい。

4-2
第4-7図から，輸出国 (A国) でバイオ燃料としての穀物需要が増加した場合の国際市場に及ぼす影響を予測しなさい。これ以外の比較静学を想定し，その影響を考察しなさい。

4-3
第4.2節の議論で，ヨーロッパが輸出補助金を使って農産物を輸出していた理由を考察しなさい。

第5章　経済成長と農業

　国民経済に占める農業シェアの縮小は，ペティ＝クラーク法則（Petty-Clark's law）として人口に膾炙した経験則であり，経済成長を遂げた国で普遍的に観察される現象だが，この過程で農業，とくに土地利用型農業について，国際競争力を喪失する国と，それを維持できる国といった分岐が生じる。前者は日本や韓国，中国などが代表例であり，後者にはアメリカ，カナダ，アルゼンチン，フランス，オーストラリアなどが含まれる。この2つのグループが形成される経済的な理由は一体どこにあるのだろうか。

　本章の第1節では，時系列（time-series）と横断面（cross-section）データを用いて，ペティ＝クラーク法則の妥当性を確認する。第2節では，日本と中国のマクロ・データを用いて，この法則とはある意味，反対の因果関係について簡単な分析を行う。具体的には，農業労働力の農外への流出が1人当たりGDPに及ぼす影響の解明である。また第2節では，労働力の再配分に関する基本的なモデルと，その発展型としてのハリス＝トダロ（Harris-Todaro）モデルを紹介する。第3・4節では，比較優位の原理を解説した後，経済成長に伴って，アジアの耕種農業が比較劣位化するメカニズムを説明し，続く第5節では，穀物貿易の構造的な変化に関する実証分析の結果を示す。

　理論的に言えば，ペティ＝クラーク法則と農業の国際競争力の獲得・喪失は，まったく別の問題である。しかし残念ながら，国民経済に占める第1次産業の比重の低下を，農業の比較劣位化と直接的に結び付ける論調に出くわすことが少なくない。そこで本章では，リカード（D. Ricardo）のモデルに基づいて，国際貿易の基礎理論をやや丁寧に説明した。

　農産物の国際貿易を巡っては，主に先進国の国境措置や国内支持政策が俎上に載り，その削減がGATTやWTOの場で議論されてきた。しかし，自由かつ公正であるべき国際貿易の市場を歪めているのは，そうした国の農業政

策だけではない。輸出国の政府が何らかの方策を講じて自国農業を支援すれば，過度の農産物が国際市場に放出され，本来の姿とは異なった取引の結果がもたらされる。最終節では，この仮説を検証するために，先ず Balassa (1965) が考案した顕示比較優位指数を計算し，次いで，この指数を被説明変数とする回帰式を推計した。分析の結果は，国際競争力を持つ国の輸出促進的な政策が，顕示比較優位指数を有意に高めていることを示唆している。

5.1　ペティ=クラークの法則

　第 5-1 図は，日本の 1 人当たり名目 GDP，農林水産業の GDP および就業人口の割合，農村人口割合の推移を 1960～2021 年について示したものである。1990 年代初頭以降に観察される日本経済の停滞は，「失われた 30 年」と形容されるほどであるが，1955～73 年までは未曾有の高度経済成長を記録した。農林水産業の GDP 割合は 1970～2021 年の間に，5.1％から 0.95％へと低下し，就業人口割合もその間，17.4％から 3.2％へと変化した。農村人口割合とは，総人口に占める農村居住者の割合のことで，世界銀行の推定値は 2021 年時点で 8.1％だが，国勢調査（総務省）が公表している非人口集中地区（non densely inhabited districts）のデータを用いると，その値は現在でも 30％を超えている。

　第 5-2 図は同じ指標を中国について示したものである。1978 年に鄧小平が唱えた改革開放政策以降，中国経済は目覚ましい速度で成長を遂げたが，その過程で日本と同様に，国民経済に占める農業・農村のシェアは著しく低下した。とくに 2000～2021 年の間，農業就業人口は 3.56 億人から 1.71 億人とへ半減し，就業人口割合も 50.0％から 24.4％にまで急落した（『中国統計年鑑』）。農村人口割合は 2011 年に初めて 50％を下回り，2021 年の値は 37.5％である。ここに示すまでもなく，似たような現象を，経済成長を経験した多くの国で観察できるはずである。

　第 5-3 図は横軸の対数目盛りに 2019 年の国民 1 人当たり名目 GDP を，縦軸に同年の農林水産業の GDP 割合と就業人口割合を測り，世界各国（およそ 200 か国）のデータをプロットしたものである。第 5-1 図，第 5-2 図の時

5.1 ペティ＝クラークの法則

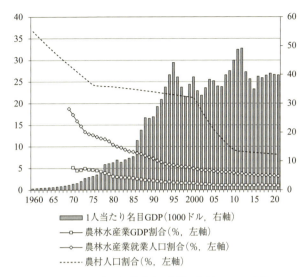

第5-1図　日本の経済成長と農業・農村シェアの変化

資料：World Development Indicators.

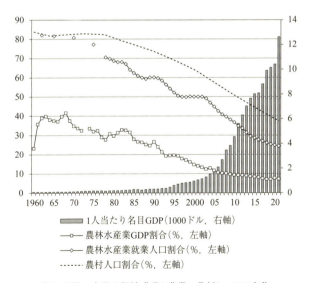

第5-2図　中国の経済成長と農業・農村シェアの変化

資料：World Development Indicators.

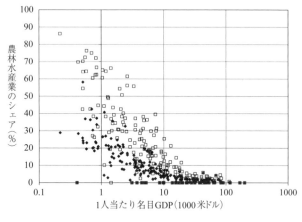

第 5-3 図　農林水産業のシェアと 1 人当たり GDP（2019 年）

資料：World Development Indicators.

系列データから，経済成長（国民 1 人当たり GDP の増加）に伴う農林水産業のシェアの低下を日中両国について確認したが，第 5-3 図の横断面データからも，同様の関係がみてとれる。つまり 1 人当たり GDP が高い国ほど，農林水産業の国民経済に占める比重は低い。

　ペティ＝クラーク法則とは別に，少なくとも日本と中国については，期間内で「農林水産業の就業人口割合＞農林水産業の GDP 割合」が常に成り立っており，横断面のデータについても，ほとんどの国でこの関係が成立している。数式で表すと，$L_A/L > Y_A/Y$ であり（Y は GDP，L は就業人口，添え字の A は農林水産業を表す），書き換えると，$Y_A/L_A < Y/L$ を得る。したがって，国民経済を農業（農林水産業）部門と非農業部門（添え字は N）に分けると，上の関係式から次式を得る。

$$\frac{Y_A}{L_A} < \frac{Y}{L} < \frac{Y_N}{L_N} \tag{5.1}$$

つまり，付加価値ベースで測った労働生産性は，農業部門のほうが非農業部門のよりも低い。この意味については，次節の過剰就業論の中で考察する。

5.1 ペティ＝クラークの法則

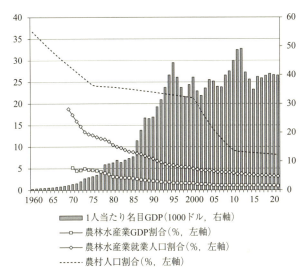

第5-1図　日本の経済成長と農業・農村シェアの変化

資料：World Development Indicators.

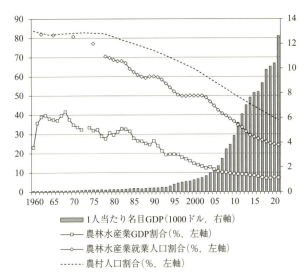

第5-2図　中国の経済成長と農業・農村シェアの変化

資料：World Development Indicators.

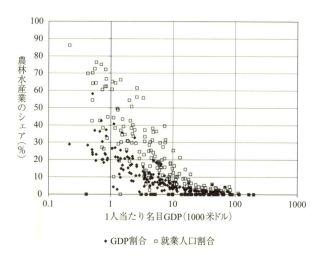

第 5-3 図　農林水産業のシェアと 1 人当たり GDP（2019 年）

資料：World Development Indicators.

系列データから，経済成長（国民 1 人当たり GDP の増加）に伴う農林水産業のシェアの低下を日中両国について確認したが，第 5-3 図の横断面データからも，同様の関係がみてとれる。つまり 1 人当たり GDP が高い国ほど，農林水産業の国民経済に占める比重は低い。

　ペティ＝クラーク法則とは別に，少なくとも日本と中国については，期間内で「農林水産業の就業人口割合＞農林水産業の GDP 割合」が常に成り立っており，横断面のデータについても，ほとんどの国でこの関係が成立している。数式で表すと，$L_A/L > Y_A/Y$ であり（Y は GDP，L は就業人口，添え字の A は農林水産業を表す），書き換えると，$Y_A/L_A < Y/L$ を得る。したがって，国民経済を農業（農林水産業）部門と非農業部門（添え字は N）に分けると，上の関係式から次式を得る。

$$\frac{Y_A}{L_A} < \frac{Y}{L} < \frac{Y_N}{L_N} \tag{5.1}$$

つまり，付加価値ベースで測った労働生産性は，農業部門のほうが非農業部門のよりも低い。この意味については，次節の過剰就業論の中で考察する。

5.2 労働力の移動と国民経済

労働生産性の成長要因

　大川 (1974) のモデルを用いて，労働力の産業間移動が国民経済に及ぼす影響を検討してみよう。1国の経済が第1次〜第3次産業から構成されているとして，実質 GDP を次式で表す。

$$Q = Q_1 + Q_2 + Q_3$$

産業別就業人口についても同様で，$L = L_1 + L_2 + L_3$ とする。付加価値ベースで測ったこの国の労働生産性は $q = Q/L$ であるから，その成長率が次式で与えられる。$\dot{x}/x$ は x の成長率を意味する。

$$\frac{\dot{q}}{q} = \frac{\dot{Q}}{Q} - \frac{\dot{L}}{L} \tag{5.2}$$

さらに，$X_i = Q_i/Q$, $V_i = L_i/L$ $(i = 1, 2, 3)$ とすれば，(5.2) 式は以下のように書き換えられる。

$$\frac{\dot{q}}{q} = \left[\sum_{k=1}^{3} X_k \frac{\dot{q}_k}{q_k} \right] + \left[\sum_{k=1}^{3} (X_k - V_k) \frac{\dot{L}_k}{L_k} \right] \tag{5.3}$$

　(5.3) 式は，1国の労働生産性の成長率が2つの要素に分解できることを示している。1つは産業別の労働生産性 ($q_k = Q_k/L_k$ $(k = 1, 2, 3)$) の成長率の加重和であり，もう1つは産業間の労働力移動である。後者については，$X_1 < V_1$（農林水産業の GDP 割合＜農林水産業の就業人口割合）の下で，第1次産業の労働力が減少すれば，$(X_1 - V_1)(\dot{L}_1/L_1) > 0$ となるから，農業部門から非農業部門への労働力の移動は，1人当たり GDP の成長に寄与する。

　第 5-4 図と第 5-5 図は，(5.3) 式に基づいてそれぞれ，日本と中国の労働生産性の成長率とその要因分解の結果を示したものである。計測期間は日本が 1957〜97 年，中国が 1980〜2018 年で，図の値は3か年の移動平均をとってある。

　日本の労働生産性成長率の最盛期は 1960 年代後半で，70 年以降3回の失速を経験している。それは2回のオイル・ショックとバブル崩壊によるものである。全体の労働生産性はこの間，年率 4.3％で成長し，その内訳は，(5.3)

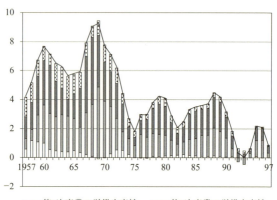

第 5-4 図　日本の労働生産性成長率と要因分解

資料:「国民経済計算報告　長期遡及主要系列」(内閣府経済社会総合研究所).

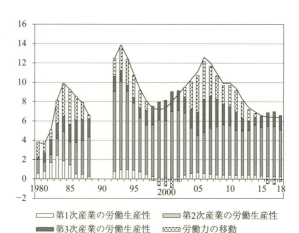

第 5-5 図　中国の労働生産性成長率と要因分解

資料:「中国統計年鑑」.
注:1989〜91 年は雇用統計の不連続により,計算を断念した。

式右辺第1項と第2項でそれぞれ，3.6％と0.7％であった．また，第1次～第3次産業の労働生産性はそれぞれ，年率3.3％，4.9％，3.0％で成長した[1]．農林水産業の労働生産性は第3次産業よりも速やかに成長したが，$X_1 = Q_1/Q$ の値が小さいため，$\dot{q}/q$ に対する貢献は決して大きくない．しかし，全期間で $X_1 - V_1 < 0$，$\dot{L}_1/L_1 < 0$ であったことから，第1次産業から他産業への労働力移動は，経済全体の労働生産性の成長に寄与しており，それは1980年代まで続いた．経済の成熟化に伴い，労働力の産業間移動が停止し，労働人口の成長がストップすると，(5.3) 式右辺第2項の値はゼロに近づく．

中国の労働生産性は期間中，年率8.1％で成長した．まさに驚異的な成長と言ってよい．第1次産業は年率5.0％で成長し，これは第2次産業の成長率（7.9％）に及ばないまでも，第3次産業の成長率（5.2％）に匹敵する．ただし日本と同様に，第1産業のGDPシェア（X_1）がこの間，低下したため，$X_1(\dot{q}_1/q_1)$ の $\dot{q}/q$ に対する貢献は年々縮小している．言うまでもなく，$\dot{q}/q$ に最も貢献したのは $X_2(\dot{q}_2/q_2)$ であり，その値は期間平均で4.8％であった．21世紀における「世界の工場」が，中国の経済成長を牽引したのである．(5.3) 式の右辺第1項の期間平均は6.6％，第2項のそれは1.5％であった．

計画経済体制を敷く国では，産業間・地域間の労働力（人口）移動を制限することが多いが，中国も例外ではない．1958年に制定された戸籍管理制度は長年，労働市場を分断し，農村から都市への人口移動を制限してきた．都市住民の経済的な利益を擁護しながら，計画を円滑に遂行するための措置であるが，それは同時に社会階層を固定化し，教育，就業，医療，住宅などの面で，農民工（都市で働く出稼ぎ労働者）に対する差別の温床となってきた．

2010年代半ば以降，中国の流動人口は減少傾向にあるが，現在でもおよそ2.5億人の農民工が，中国の経済成長を下支えしている[2]．ただし，第5-5図から明らかなように，2015年以降，中国の経済成長は，各セクターにおける労働生産性の成長にのみ依存しており，労働力移動の貢献は皆無に近い．労働生産性の成長が減速している原因の1つがここにあると考えられる

---

1) 労働生産性の対数値を時間変数に回帰させて成長率を計算した．第1章の注3を参照せよ．
2) 中国の流動人口とは，半年以上，登録された戸籍とは異なる場所に居住している人口を指す．

第 5-1 表　世界の地域別にみた農業の GDP 割合(X_1)と農業の就業人口割合(V_1)（%）

	世界		南アジア		中東北アフリカ		サブサハラ・アフリカ	
	X_1	V_1	X_1	V_1	X_1	V_1	X_1	V_1
1991	4.6	43.4	27.7	61.7	—	31.8	20.5	63.4
2000	3.4	39.7	22.4	58.3	11.8	28.7	15.5	61.9
2010	3.9	32.7	17.5	50.2	9.6	22.7	15.8	57.0
2020	4.4	26.9	18.0	42.9	10.2	19.0	18.3	52.0
L_1 の地域割合(%)	100.0		31.4		2.5		25.6	
$\dot{L}_1/L_1$(%)	−0.48		0.38		0.36		1.90	

	南米カリブ		東アジア太平洋		北米		欧州中央アジア	
	X_1	V_1	X_1	V_1	X_1	V_1	X_1	V_1
1991	7.8	22.5	5.2	53.5	—	2.8	4.2	15.9
2000	4.9	19.6	4.4	45.4	1.2	2.3	2.4	14.7
2010	4.7	16.1	5.5	34.4	1.1	1.7	2.1	10.0
2020	6.5	15.0	5.9	24.3	1.0	1.7	2.1	7.9
L_1 の地域割合(%)	4.9		31.7		0.3		3.7	
$\dot{L}_1/L_1$(%)	0.15		−1.92		−1.18		−2.24	

資料：World Development Indicators.

が，今後，中国が持続的な経済成長を遂げるためには，都市セクターの雇用吸収力が鍵となる。これに関連して，中国が「中所得国の罠」に陥るか否かは興味深いテーマであるが，ここではこれ以上立ち入らない。

　第 5-1 表は世界の地域別にみた農業の GDP 割合（X_1）と農業の就業人口割合（V_1）の推移を表している。表の下段には，2021 年における各地域の農業就業人口の世界全体に占める割合（%）と 1991〜2021 年の間の農業就業人口の年変化率（$\dot{L}_1/L_1$）を示した。東アジア・太平洋地域における農業の就業人口割合（V_1）は，この間 53.5%から 24.3%へと大きく低下している。中国の影響が大きいと思われるが，反対に，サブサハラ・アフリカ地域の V_1 は 63.4%から 11.4%ポイントの低下にとどまっている。南アジアでも農業就業人口割合は，現在でも 40%を超えている。

　すべての地域で「農林水産業の就業人口割合＞農林水産業の GDP 割合」が成立しているから，農業部門から非農業部門への労働力の移動は，1 人当たり GDP の成長に寄与する。とくに V_1 の値が大きい途上国では，産業間の労働力移動を梃子に，経済が成長する余地が多く残されていると言える。た

だし，農業就業人口（L_1）が 1991～2021 年の間に減少したのは，東アジア・太平洋を除くと，北米と欧州・中央アジアに限られる。この 2 地域の農業就業人口の世界に占める割合はそれぞれ，0.3％と 3.7％に過ぎない。

労働力のマクロ的最適配分

前項の分析モデルは，農業の就業人口割合がその GDP 割合よりも高い状態で，農業就業人口が減少すれば，その限りにおいて，その国の 1 人当たり実質 GDP が増加することを示している。では，GDP を最大化する状態とは如何なるものなのであろうか。以下では，国内の産業が農業部門（A）と非農業部門（N）から成り，労働力が唯一の生産要素であり，総就業人口は一定であると仮定する。

農業部門と非農業部門の生産関数をそれぞれ，$Q_A = f_A(L_A)$，$Q_N = f_N(L_N)$ で表すと，名目 GDP（Y）の最大化問題は，以下のように定式化される。

$$\max_{L_A, L_N} \quad Y = p_A f_A(L_A) + p_N f_N(L_N)$$
$$\text{s.t.} \quad L_A + L_N = \bar{L}$$

p_A, p_N はそれぞれ農業と非農業部門の生産物価格を表す。最大化問題の 1 階条件は次式で表される。

$$p_A \frac{df_A}{dL_A} = p_N \frac{df_N}{dL_N} \tag{5.4}$$

ここで，農業と非農業部門の生産関数を以下のように定める[3]。

$$Q_i = a_i \sqrt{L_i} \quad (i = A, N) \tag{5.5}$$

a_i（$i = A, N$）はプラスの定数である。(5.4) 式と (5.5) 式から以下を得る。

$$L_i^* = \frac{a_i^2 p_i^2 \bar{L}}{a_A^2 p_A^2 + a_N^2 p_N^2} \quad (i = A, N)$$

労働力の均衡解は価格（p_A, p_N）に関してゼロ次同次なので，$p = p_A/p_N$ として以下を得る。

$$L_A^* = \frac{a_A^2 p^2 \bar{L}}{a_A^2 p^2 + a_N^2}, \quad L_N^* = \frac{a_N^2 \bar{L}}{a_A^2 p^2 + a_N^2}$$

---

[3] 生産関数をこのように特定化することで，個々の産業で利潤最大化の 2 階条件が満たされることを確認して欲しい。

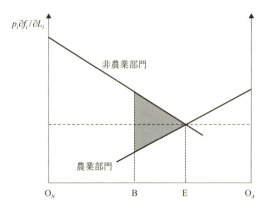

第 5-6 図　農業部門の過剰就業

これより，$dL_A^*/dp>0$，$dL_N^*/dp<0$ を得る。つまり，非農業部門に対する農業部門の相対的な生産物価格が上昇すれば，農業部門に投入される労働力が増加し，非農業部門に投入される労働力が減少する。これは道理に適っているものと思われる。

また，$dL_i^*/da_i>0$ $(i=A, N)$ であるが，$dL_i^*/da_j<0$ $(i \neq j)$ であるから，就業人口の総数が一定の下で，仮に農業部門の生産性 (a_A) が上昇しても，非農業部門の生産性 (a_N) がそれ以上に上昇すれば，労働力は農業から非農業部門へと移動する。つまり，a_A が上昇しても農業就業人口が増加するとは限らない。

第 5-6 図は 2 部門の労働の限界価値生産力曲線 $p\partial f_i/\partial L_i$ $(i=A, N)$ を描いたもので，横軸の $O_N O_A$ の長さが $\bar{L}$ に相当する[4]。(5.4) 式から，農業部門と非農業部門にそれぞれ，$O_A E$，$O_N E$ の労働力が投入されると，名目 GDP が最大化されるが，たとえば，図の B 点で $\bar{L}$ が 2 部門に配分されると，図のシャドーの面積だけ GDP が減少する（これは第 3-3 図と基本的に同じである）。こうした社会的余剰の損失を経済学では死荷重（deadweight loss）と呼ぶが，その原因は過剰な労働力が農業部門に滞留していることにある。過剰就業問題に関連して，ルイスの転換点（Lewisian turning point）は日本農業

---

4) (5.5) 式の生産関数を仮定すれば，労働の限界価値生産力曲線は直線とはならないが，これは以下の議論に影響しない。

経済学における争点の1つであったし,途上国についてはcontemporaryなテーマであるが,これについては新谷(2005),原(2005)を参照して欲しい[5]。

農業の過剰就業は(5.1)式の状況とも関係している。(5.1)式を書き換えると,

$$\frac{p_A Q_A}{L_A} < \frac{p_N Q_N}{L_N} \qquad (5.1')$$

となる。既述の通り,日本と中国の時系列データおよび世界各国の横断面データは,労働の平均価値生産力が農業部門よりも非農業部門のほうが高いことを示している。ただし,(5.1')式から即座に,農業部門の過剰就業を断言できない。生産の労働力弾力性を $d\ln f/d\ln L = \alpha$ で表すと,$p(df/dL) = \alpha p(Q/L)$ であるから,(5.1')式が成立していながら,$\alpha_A > \alpha_N$ であれば,2部門の $p(df/dL)$ が一致する可能性は残される。繰り返すが,過剰就業が発生しているか否かは,(5.1)式ではなく,(5.4)式に基づいて判断され,$p_A(df_A/dL_A) < p_N(df_N/dL_N)$ であれば,農業部門に過剰な労働力が滞留していると判断される。

ハリス＝トダロ・モデルと中国の労働市場

農業部門に対する非農業部門の相対生産性が向上し,それが1国の経済成長を牽引すれば,上のモデルで示したように,農業部門の労働需要が減少し,非農業部門の労働需要が増加する。労働力が産業間を移動するメカニズムは,これで尽きているようにも思えるが,Harris and Todaro (1970)は,労働市場に関するデルの発展型を示した。彼ら(HT)は,ケニア政府が首都ナイロビで雇用機会を政策的に創り出したところ,却って都市の失業率が上昇したという現象に注目し,それを合理的に解釈する道筋を示したのである。

労働力の総供給量を $\bar{L}$,農村と都市の労働需要をそれぞれ,L_A,L_N で表し,失業はすべて都市で発生するものと仮定する[6]。都市での労働供給は $\bar{L} - L_A$

---

[5] 経済発展に伴って,非農業部門が農業部門の労働力を吸収していく過程で,労働の限界価値生産力が2部門で一致する局面が現れる。これが転換点である。
[6] 農村の主な就業機会が農業で,農業が家族経営で営まれていれば農村で失業は顕在化しない。これを偽装失業(disguised unemployment)と呼ぶ。

に等しいので，$\bar{L}-L_A-L_N$ が都市での失業者数となる。なお，以下では都市と農村で生産される財の価格差を考慮しない。都市の実質賃金（w）は下方硬直的で，$\bar{w}$ 以下にはならず，かつ $\bar{w} > df_A/L_A = f_A'$ であると仮定する（$Q_A = f_A(L_A)$ が農村の生産関数）。また，農村の実質賃金は農業部門における労働の限界生産力と等しいと仮定する。都市の労働市場では次式が成り立つ。

$$df_N/dL_N = f_N'(L_N) = \bar{w}$$

さらに，

$$f_A'(L_A) < \bar{w}\frac{L_N}{\bar{L}-L_A}$$

である限り，農村から都市への労働移動が続く。$L_N/(\bar{L}-L_A)$ の分母は都市での労働供給，分子は都市での労働需要であるから，上式右辺の $\bar{w}L_N/(\bar{L}-L_A)$ は都市での期待賃金となる。結局，HT モデルの均衡は次式で表され，この状態で労働移動が停止する。

$$f_A'(L_A) = \bar{w}\frac{L_N}{\bar{L}-L_A} \tag{5.6}$$

(5.6) 式の全微分から

$$\frac{dL_A}{dL_N} = \frac{\bar{w}}{f_A''(\bar{L}-L_A) - f_A'} < 0$$

を得るが，$dL_A/dL_N < -1$ であれば，政策的に都市の労働需要（L_N）を1単位増やすと，農村の労働需要（L_A）が1単位以上減少する。その結果，都市で新たに造り出された雇用量よりも多くの農村労働力が都市へ流入するため，都市での失業が悪化するのである。HT モデルでは (5.6) 式が成立しているから，労働の限界生産力は2部門間で均等化しない。これは都市賃金の下方硬直性を仮定したからであるが，それにより労働市場に経済的なロス，すなわち死荷重が発生する。HT モデルのさらなる含意と部門間の賃金格差に関する議論については，Basu (1997) や福井他 (2023) を参照して欲しい。

Ito (2008) は HT モデルを中国の労働市場に適用し，戸籍制度の撤廃が国民経済に及ぼす影響を検討した。戸籍制度の下では，$\bar{w} > f_A'(L_A)$ が成り立つから，その撤廃により，都市・農村間の賃金格差は縮小するが，労働者の能力に起因する格差は残る。分析では，モデルを現実に近づけるため，都市の

雇用機会はフォーマルとインフォーマルの2部門，農村の雇用機会は農業と農村工業（郷鎮企業）の2部門から成ると仮定した。さらにモデルでは産業間に加え，地域間の労働移動をも考慮した。HTが仮定したように，都市フォーマル・セクターの賃金が下方に硬直的であれば，戸籍制度の撤廃により都市の失業率が上昇する。また，都市のインフォーマル・セクターが農村労働力の受け皿となるため[7]，都市の2部門間で所得格差が拡大する。都市への労働力を供給するのは，もっぱら農村の工業セクターであることから，戸籍制度の撤廃で農業生産は維持されるが，農村工業（郷鎮企業）が衰退することも判明した。

シミュレーションの結果は，都市セクターによる農民工の受け入れが，格差是正の十分条件ではないことを示唆している。労働市場を分断してきた戸籍制度が社会階層を固定化し，そのことにより，農村の人的資本が不足したのであれば，これを改善し，農村出身者の労働者としての能力を向上させる政策的な取り組みが是非とも必要となる。中国における都市・農村間の所得格差については，本章の補論1を参照して欲しい。

5.3 比較優位の原理

国際経済学の第一人者であるクルーグマンは，その著書 *Pop Internationalism* (Krugman, 1996，翻訳本，p. 106) の中で，「悪い考え方が良い考え方を駆逐する悪循環が起こっている。貿易に関する議論では，この過程はほぼ行き着くところまで行き着いている」と述べている。国際貿易のパターンは産業の相対生産性の2国間格差によって説明され，財の取引は貿易当事国双方の経済厚生を改善する。これは国際経済学のもっとも基本的な考え方である「比較優位の原理」から導かれる重要な定理であり，否定しがたい真理である。にもかかわらず，それを無視した大衆的（ポップ）な議論が横行している，というのがクルーグマンの主張である。わが国における国際経済学の権威のひとり小宮（1999, p. 253）も「経済学者がまともな経済学を教えること

---

[7] 労働者の能力を理由として，農村労働者は都市のフォーマル・セクターには就業できないと仮定した。

に失敗したことで，多くの国民が見当違いの妄説を信奉している」と述べている。

2 国間の生産性格差

日米間における貿易パターンの決定を簡単なモデルを用いて説明しよう。日本と米国の労働人口（L）はそれぞれ100人で，これが唯一の生産要素であると仮定する。つまり，以下の議論では，資本や土地といった生産要素を無視する[8]。また，2国にはコメ（第1財）と自動車（第2財）を生産する2つの産業だけが存在する。第5-2表は2国2産業の労働生産性を表している。表に示す通り，どちらの産業についても労働生産性は日本よりも米国のほうが高い。つまり，米国に絶対優位（absolute advantage）があり，日本は絶対劣位の状態にある。

変数の上付き添え字の J が日本，U が米国を表すとすると，第5-2表の数値例は以下のようにまとめられる。

$$Q_1^J = 0.2 L_1^J, \quad Q_2^J = 0.5 L_2^J, \quad L_1^J + L_2^J = 100$$
$$Q_1^U = L_1^U, \quad Q_2^U = L_2^U, \quad L_1^U + L_2^U = 100$$

これらの式から L_1，L_2 を消去すると，

$$5Q_1^J + 2Q_2^J = 100$$
$$Q_1^U + Q_2^U = 100$$

を得るが，これは第1章第5節に登場した変換曲線である。第5-7図に日米両国の変換曲線（実線の直線）を示した。コメを横軸，自動車を縦軸として，この直線と，横軸，縦軸で囲まれた領域が生産可能性集合である。生産関数の型が異なるため，変換曲線は第1-11図では曲線，第5-7図では直線となる。

---

[8] 実態に即して言えば，わが国の穀物生産が先進国に対して競争力を喪失している最大の原因は，土地・労働比率が極端に小さいからである。したがって，モデルを現実に近づけるためには，生産要素としての農地（土地）を考慮する必要がある。しかし，農地を含む他の生産要素を無視しても，国際貿易の根本原理を理解することはできる。

5.3 比較優位の原理

第 5-2 表　日本と米国の労働生産性

国＼財	コメ	自動車
日本	0.2 トン/人	0.5 台/人
米国	1 トン/人	1 台/人

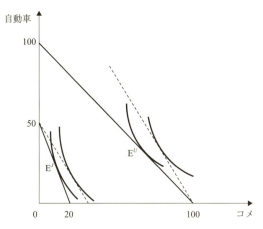

第 5-7 図　封鎖経済と開放経済における均衡

封鎖経済における生産と消費の決定

　日米間に貿易が存在しない封鎖経済（自給自足）の世界では，自国で生産した以上に消費できない。したがって，日米両国の消費は自国の変換曲線上で行われる。両国の労働人口が 100 人ということは，国内に 100 人の消費者がいることを意味する。国際貿易論では，社会的無差別曲線によって需要条件を表すことが一般的である（伊藤・大山，1985）。そこで，第 5-7 図に日米両国の社会的無差別曲線（原点に向かって凸で変換曲線と接している曲線）を描いた。日米の均衡はそれぞれ，E^J 点と E^U 点で表され，そこで生産と消費が行われ，消費者の効用が最大化される。

貿易自由化後における生産と消費の決定

　貿易が自由化されると，日米両国の生産と消費はどのように変化するのだ

ろうか。考え方の筋道は以下のようなものである。先ず，両国はコメと自動車の価格を所与として，自国の国内総生産額（GDP）が最大となるようにQ_1とQ_2を決める。次いで，これにより国民所得が定まるから，これを所与として，日米の消費者は社会的効用が最大となるように財の需要を決める（以下，第1財，第2財に対する国内需要をそれぞれ$D_1^k, D_2^k, (k=J, U)$で表す）。後述するように，比較優位の原理による貿易パターンの決定は，為替レートとは無関係なので，以下ではこれを無視し，第1財，第2財の価格をp_1, p_2とする。自由貿易を想定するので一物一価が成立し，日米の生産者，消費者は同じ価格に直面する。為替レートは本節の後半のモデルで導入される。

日本のGDP（Y^J）最大化問題はその定義式を

$$Q_2^J = \frac{Y^J}{p_2} - \frac{p_1}{p_2} Q_1^J \tag{5.7}$$

と書き換えることで解くことができる。価格が所与あれば，(5.7) 式は切片Y^J/p_2，勾配$-p_1/p_2$の等GDP直線群である（同様の概念が第1章に登場した）。仮に$p_1/p_2<2.5$であれば，日本のGDPは$Q_1^J=0, Q_2^J=50$で最大化される。つまり，均衡は端点解（corner solution）となる。米国についても同様で，仮に$1<p_1/p_2$であれば，GDPは$Q_1^U=100, Q_2^U=0$で最大化され，これも端点解である。上記の相対価格の下で，日本は自動車の生産に完全特化し，米国はコメの生産に完全特化する。

第5-3表は，相対価格p_1/p_2と日米両国の生産選択の関係をまとめたものである。$p_1/p_2<1$であれば，両国で第1財（コメ）がまったく生産されない。したがって，この状況は長続きせず，いずれ自動車に対するコメの相対価格が日米両国の市場で上昇する。いわゆるワルラス的調整過程である[9]。反対に，$p_1/p_2>2.5$であれば，両国で第2財（自動車）がまったく生産されないので，上の場合と同じ理由により，いずれコメに対する自動車の相対価格が日米両国の市場で上昇する。結局，

---

9) 超過供給であれば価格が低下し，超過需要であれば価格が上昇し，いずれ需給均衡が達成される。

5.3 比較優位の原理

第 5-3 表 相対価格と2国の生産

相対価格	$p_1/p_2<1$	$1<p_1/p_2<2.5$	$p_1/p_2>2.5$
日本	第2財のみ生産	第2財のみ生産	第1財のみ生産
米国	第2財のみ生産	第1財のみ生産	第1財のみ生産

$$1<\frac{p_1}{p_2}<2.5 \tag{5.8}$$

が成立する。自動車に対するコメの相対価格が1と2.5の間に落ち着けば，日本は自動車50台だけを生産し，米国はコメ100トンだけを生産する。その結果，両国の市場に日本産のコメは存在せず，米国製の自動車も存在しない。

完全特化の下で，日本の総生産額（GDP）は $50p_2$，米国の総生産額は $100p_1$ となるが，前者が日本人の，後者がアメリカ人の総所得であることは言うまでもない[10]。したがって，自由貿易の下で消費者の予算制約が，それぞれ次式で与えられる[11]。

$$50p_2 = p_1 D_1^J + p_2 D_2^J$$
$$100p_1 = p_1 D_1^U + p_2 D_2^U$$

第5-7図の破線が日米両国の予算制約を表す。ここに社会的無差別曲線を重ね合わせると，効用を最大化する2財の組み合わせが決定するが，封鎖経済の場合に比べて，均衡に対応する社会的無差別曲線が北東方向に位置するから，両国の効用が増加するのは明白である。これを貿易の利益と呼ぶ（貿易の利益は第6章第3節にも登場する）。

自由貿易の下で，財の相対価格は $1<p_1/p_2<2.5$ の範囲に収まるが，具体的にどこに決まるかは，財の需給に依存する。いま完全特化の状態で，第1財（米国産コメ）が100トン，第2財（日本製自動車）が50台生産されているから，財の需給均衡は

---

10) 国民経済における3面等価の原則から，総生産額（総付加価値額），総所得，総支出額は一致する。
11) 厳密に言うと，この予算制約式には為替レートが入ってくるが，以下の議論には影響しないのでこれを無視した。

$$D_1^J(p_1, p_2) + D_1^U(p_1, p_2) = 100 \quad (5.9)$$

$$D_2^J(p_1, p_2) + D_2^U(p_1, p_2) = 50 \quad (5.10)$$

で表される。この連立 2 元方程式の解は p_1 と p_2 であるが，需要関数は価格と所得に関してゼロ次同次であるから，相対価格 (p_1/p_2) が 2 式の解となる。2 本の方程式に対して，解が 1 つだから，(5.9) 式と (5.10) 式の連立方程式は過剰決定となるが，ワルラス法則 (Walras' law) から 2 つの式の内 1 つが独立となり，方程式と解の数は一致する。結局，p_1/p_2 がユニークに決まり，2 財に対する各国の需要量も一意的に定まる。ワルラス法則については本章の補論 2 を参照して欲しい。

比較優位原理の要約

　以上の議論から明らかなように，日本はコメと自動車の両産業において絶対劣位の状態にありながら，自動車の生産に特化し，それを輸出することができる。つまり，貿易パターンの決定は絶対優位・劣位とは無関係であり，それは両国の比較優位に依存する。加えて貿易により，両国で消費者の効用が増加する。比較優位は 2 国間の生産性の比率（相対生産性）によって測られ，

$$\frac{\text{日本の自動車の生産性}}{\text{米国の自動車の生産性}} > \frac{\text{日本のコメの生産性}}{\text{米国のコメの生産性}} \quad (5.11)$$

であれば，日本は自動車に比較優位（米国はコメに比較優位）を持つ。比較優位の「比較」とは貿易当事国間で特定の産業（たとえば自動車産業）の生産性を比較することではなく，両国の相対生産性（生産性の比率）を産業間で比べることを意味する。(5.11) 式は

$$\frac{\text{日本の自動車の生産性}}{\text{日本のコメの生産性}} > \frac{\text{米国の自動車の生産性}}{\text{米国のコメの生産性}}$$

と書き換えられるから，相対生産性を 2 部門の労働生産性比率で測ることもできる。

　国際貿易に関する基本的な知識の欠如を指摘される実務家の抗弁は，大抵「現実は理論とは異なる」というものである。しかし多くの実証研究は，国際貿易の現実が理論によってうまく説明されることを証明している[12]。こ

の点については，本章後半の議論を参照して欲しい。

生産性の変化

日本でコメと自動車産業の生産性が上昇した場合，貿易パターンはどのように変化するのだろうか。たとえば，日本のコメ，自動車の労働生産性が2倍となり，第5-2表が第5-4表のようになった場合はどうであろうか。第5-2表では，米国が絶対優位の状態にあり，日本は両産業で絶対劣位の状態にあった。にもかかわらず，日本は米国に自動車を輸出することができた。日本の経済成長（第5-2表から第5-4表への変化）によって，日米間の生産性格差が縮小しても，比較優位の構造（相対生産性の日米の比率）が同じであれば，貿易パターンは変化しない。仮に日本の両部門の生産性が米国のそれを上回り，絶対優位の状態になったとしても，相対生産性の日米の比率に変化がなければ，貿易パターンは変化しない。

比較優位に基づく貿易パターンの決定から，以下のような含意が導き出される。日米両国間におけるコメの労働生産性格差は，土地・労働比率（平均農場規模）に規定され，これが格差を説明する唯一の要素であるといっても過言ではない（後述）[13]。したがって，日本の農場規模が米国のそれに匹敵する水準に達しない限り，コメの生産性格差は縮小しない。一方，土地への依存度が小さく，技術格差も小さい自動車産業では，第5-4表に示すように，生産性は日米両国でほぼ同じと考えて間違いない（第1章第1節）。したがって，日米の貿易パターンが，少なくとも非農業サイドの要因によって変化することは，短期的には考えにくい。もちろん，日本の自動車産業の生産性が第5-4表の状態から大幅に低下し，たとえば，0.4台/人を下回れば，（理論的には）貿易パターンが一変し，日本がコメの輸出国となり，米国が自動

---

[12] 比較優位原則が貿易パターンの決定をうまく説明できるためには，労働力が2国間を移動しないという条件が必要である。第5-2表のもとで，日本の労働者がすべて米国に移住し，どちらかの産業に従事すれば，コメと自動車の生産量を国際分業（完全特化）の場合よりも増加させることができる。つまり，国境の存在により，労働力が2国間を自由に移動できないことが比較優位原則の大前提である。

[13] 土地依存度の小さい農産物については，日本が国際競争力をもつ可能性がある。なお，日本のコメはタイのコメに対しても競争力を失っているが，この原因は農場規模の相違ではなく賃金格差である（後述）。

第 5-4 表　日本の労働生産性の上昇

国＼財	コメ	自動車
日本	0.4 トン/人	1 台/人
米国	1 トン/人	1 台/人

車の輸出国となる。しかし，このような事態も考えにくい。

日本のコメが国際競争力を喪失しており，その状態は当分の間（すべての稲作農家の経営規模がたとえ 2 倍になったとしても），変化しないというモデルの予測は，わが国の農業関係者，国内農業擁護論者にとっては，不愉快な話かもしれない。しかし，これは動かしがたい事実であり，農産物貿易をめぐる議論は，この認識を出発点としなければならない[14]。

以下の議論は比較優位の原理に適っている。

① 日本の稲作（農業）が比較劣位化した最大の原因は，過去半世紀の間に日本の製造業の生産性が飛躍的に上昇したからである。言うまでもなく，製造業の発展により日本はアジアで初めての先進国となった。
② 米国の相対生産性（コメと自動車の生産性の比率）が一定であれば，日本のコメの国際競争力を向上させるためには，稲作の生産性を国内の自動車産業よりも速い速度で上昇させなくてはならない。つまり，日本の稲作農家は米国のコメ産業のみならず，国内の自動車産業とも競争している。
③ 日本の製造業の生産性が大幅に低下すれば，日本農業が国際競争力を持つ。ただしそのとき，日本の国民総生産は減少し，先進国の地位を失う（残念ながら，その兆候が至るところでみられる）。
④ 自由貿易体制の下では，国内に必ず比較優位産業と比較劣位産業が存在する。すべての産業を輸出産業とすることはできない。したがって，「日本の農業は成長産業であるから，頑張れば輸出産業となり得る」という議論は，理論無視の誹りを免れない。

---

[14] 日本のコメが外国に輸出されるとすれば，それは製品差別化の結果であり，そうであれば，いずれ海外でも似たような品質（食味）のコメが栽培されることになる。

⑤ 日本の貿易相手国（たとえば途上国）の賃金が安いから，日本の製造業は途上国との国際競争に負けるといった議論は明らかに間違っている（すべての産業で途上国の賃金は日本の賃金よりも低い）。

この点については，以下の議論が参考になる。

生産費と貿易パターン[15]

為替レートをモデルに取り込み，貿易パターンの決定を2財の生産費の観点から考察してみよう。日米両国の賃金をそれぞれ，w^J（円/人），w^U（ドル/人）で表す。2国のコメと自動車の労働生産性は第5-2表で表されると仮定する。日本の稲作には，L_1^J人の労働力が投入されるので，その総費用は$w^J L_1^J$となる。コメを1単位生産するのに要する費用（平均費用：average cost）は$w^J L_1^J / Q_1^J$であり，第5-2表から平均費用は$5w^J$となる。自動車についても同様の計算をすると，日本製自動車の平均費用は$2w^J$となる。ここで為替レートとして，1ドル＝ε円とし，日米2部門の平均費用を円表示すれば，第5-5表が得られる。

長期の競争市場では，価格＝平均費用（超過利潤＝ゼロ）が成立するので[16]，封鎖経済の下では，第5-5表の平均費用が2財の国内価格となる。ここで，

$$p_1^J > p_1^U \quad \text{and} \quad p_2^J < p_2^U \tag{5.12}$$

であれば，コメの価格は米国のほうが安く，自動車の価格は日本のほうが安いので，貿易を自由化すれば，コメが米国から日本へ輸出され，自動車が日本から米国へ輸出される。(5.12)式を書き換えると，以下を得る。

$$2 < \frac{ew^U}{w^J} < 5 \tag{5.13}$$

(5.13)式が成立せず，たとえば$ew^U/w^J = 1$であれば，コメも自動車も米国のほうが安いので，日本は2つの産業で国際競争力を失い，貿易収支は輸

---

15) 本項は伊藤・大山（1985）を参考にした。
16) 利潤最大化の1階条件は価格＝限界費用だが，長期均衡では，価格＝限界費用＝平均費用が成立する。長期の均衡では企業の参入・退出を考慮するので，超過利潤がゼロとなるのである。

第5-5表　円表示の平均費用

国＼財	コメ	自動車
日本	$5w^J$ 円/トン	$2w^J$ 円/台
米国	ew^U 円/トン	ew^U 円/台

入超過となる。日本の産業が競争力を失う原因は日本の賃金が高いか，為替レートが円高であるか（eの値が小さい），あるいはその両方である。反対に，たとえば $ew^U/w^J=6$ であれば，米国が2つの産業で国際競争力を失い，輸入超過となる。(5.13)式を満たすように為替レートが調整されると，このような事態は回避される[17]。

日本が自動車に，米国がコメに完全特化すれば，財の価格は2国間で一致し，つまり一物一価が成立し，コメ価格は $p_1^U=ew^U$，自動車価格は $p_2^J=2w^J$（ともに円建て）となる。したがって，2財の相対価格は，

$$\frac{p_1^U}{p_2^J}=\frac{ew^U}{2w^J} \tag{5.14}$$

となるが，これに(5.13)式を代入すれば，

$$1<\frac{p_1^U}{p_1^J}<2.5 \tag{5.15}$$

を得る。(5.15)式は(5.8)式と一致する。既述の通り，市場メカニズムが正常に機能すれば，2財の価格（国際価格）は(5.8)式を満たす水準に決まる（すでにみたように，需給均衡から p_1/p_2 がユニークに決まる）。一方，貿易当事国の一方が国際貿易で，2つの産業の競争力を喪失しないように為替レートが調整されると，(5.13)式が成立し，それを財（コメと自動車）の相対価格で評価すれば(5.15)式となる（ワルラス的調整過程が働けば，相対価格は必ず(5.13)式と(5.15)式を満たす水準に落ち着く）。

国際貿易論では，2国の相対賃金を要素交易条件（factorial terms of trade），財の相対価格を交易条件（terms of trade）と呼ぶ。(5.14)式に明らかなとおり，この2つの間には密接な関係が存在する。財の需給均衡から交易条件が

---

17) ただし実際の為替レートは，一方の国が輸入超過（他方の国が輸出超過）となる事態を回避するように調整されているわけではない。

ユニークに決まれば，要素交易条件もユニークに決まる。

5.4 経済成長と農業の競争力

第5-6表は，1人当たり実質GDP（2021年）とその成長率および人口割合を世界の地域別に示したものである。同表からは以下の事実が確認できる。

① 東アジア・太平洋の1人当たりGDPは，現在世界の平均とほぼ同水準だが，過去半世紀の間の成長率は世界の中で最も高く，それを牽引したのは中国や韓国であり，日本の貢献度はきわめて小さい。
② 東アジア・太平洋と並んで，南アジアの経済成長には目覚ましいものがある。ただし，2021年における同地域の1人当たりGDPは，サブサハラ・アフリカの水準を若干上回っている程度である。
③ 地域間における1人当たりGDPの格差は依然として大きい。
④ 最貧国地域の1つであるサブサハラ・アフリカの成長率は，世界の平均を下回っている。

地域を細分化すれば，さらに興味ある事実が確認できると思われるが，それは読者の自習に委ねたい。

アジア農業の比較劣位化と農産物価格

第4章と同様に，以下ではシリアルと大豆を総称して穀物と呼ぶ。現在，穀物はアメリカ大陸（北米・中南米）やヨーロッパからアジアやアフリカ地域へ輸出されており，筆者はこの傾向が今後ますます強まると予想している。つまり，アジアの農業（穀物生産）は今後，国際競争力を失う可能性が高いと考えられるが，その理由を以下で説明する[18]。

---

18) 第4章第1節で述べたように，現在，インドやタイ，ベトナムといったアジア諸国はコメの国際競争力を有しているが，経済成長に伴ってそれ以外の穀物消費が増加しているため，穀物はトータルとして輸入超過の状態にある。穀物の国際競争力は消費パターンの変化にも依存するが，以下の議論ではこれを無視し，生産サイドの構造的な変化に基づく貿易パターンの変化だけに注目する。

第5-6表　世界地域別の1人当たり実質GDP(2015年固定価格)と人口割合

	2021年 GDP/人 (米ドル)	成長率 (％) 1970-2021年	成長率 (％) 1970-2000年	成長率 (％) 2000-2021年	2021年 人口割合 (％)
世界	11011	1.60	1.59	1.61	100.0
中東・北アフリカ	7179	0.61	0.11	1.21	6.2
サブサハラ・アフリカ	1599	0.31	−0.34	1.24	15.0
東アジア・太平洋	11741	3.64	3.30	4.13	30.0
南アジア	1843	3.06	2.27	4.21	24.1
北米	60012	1.74	2.20	1.10	4.7
南米・カリブ海	8495	1.34	1.50	1.11	8.3
欧州・中央アジア	24168	1.66	1.91	1.29	11.7
EU	32829	1.79	2.29	1.07	5.7
日本	35291	1.81	2.70	0.55	1.6
韓国	32731	5.66	7.43	3.17	0.7
中国	11188	7.47	7.06	8.07	17.9

資料：World Development Indicators.

　いま本章第3節の説明と同様に，労働が唯一の生産要素であると仮定する。アジアの代表的農家の農業賃金を w^A（ドル/人），農業労働者数を L^A（人）とすれば，穀物生産の総費用（total cost）は $w^A L^A$ となる。この農家の穀物の収穫量が Q^A（トン）であれば，1トン当たりの生産費（AC：平均費用）は $w^A L^A / Q^A = w^A / q^A$（ドル/トン）なる。$q^A$ は労働生産性であり，前節の議論から $p^A = w^A / q^A$ が成り立つ。

　第5-8図はアジアの主要国と米国の生産者米価を比較したものである（対米国比）。為替レートの影響を除外するため，自国通貨建ての価格を2000年の為替レートを用いてドル/トンに換算してある。中国を除き1990年代後半まで，生産者米価は米国のほうが高く，$p^A < p^U$ が成立していた（p^U は米国の米価）。書き換えると，$w^A / q^A < w^U / q^U$ である。ところが，2010年代以降，タイを例外として，この関係が完全に逆転している（かつてタイはコメの最大の輸出国であったが，現在はインドにその座を譲っている)[19]。アジア諸国の農場規模は米国のそれに比べると格段に小さいから（以下の第5-7表を参

[19) 2009年以降のインドの価格データが公表されていないため，米国との比較ができない。

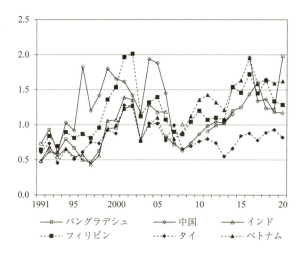

第5-8図 コメの生産者価格の比較(対米国比)

資料：FAOSTAT.

照)，$q^A<q^U$ が成立する。にもかかわらず，90年代後半まで $w^A/q^A<w^U/q^U$ が成立していたのは，$w^A<w^U$ だったからである。アジア諸国の農業賃金が米国よりも低いというのは，道理に適っている。ところが，第5-6表に示したように，アジア諸国の経済成長によって，w^A が上昇すれば（経済成長とは国民1人当たりの所得や賃金が上昇することを意味する），$w^A/q^A>w^U/q^U$，つまり $p^A>p^U$ となり，アジアのコメは米国に比べて割高となる。

以上のことから，農業（穀物）の国際競争力は，2つのファクターによって説明されることが判明した。1つは労働生産性であり，もう1つは農業労働の機会費用（賃金）であり，以下ではこれを国民1人当たりのGDPで測る。

競争力の決定要因

食料（穀物）の自給率が低い，あるいは輸出に比べて輸入が多いという事実は，当該国の農業が国際競争力を失っている状態にあることを意味するが，それを規定する要因は何であろうか。もちろん，国境措置（貿易政策）がそれに関係していることは言うまでもない。海外からの輸入を完全に遮断すれ

第 5-7 表　農業部門における土地・労働比率の国際比較(2020 年)

国名	耕地面積 百万 ha	農業労働者数 百万人	土地・労働比率 ha/人
カナダ	38	0.3	133
豪州	31	0.3	88
米国	158	2.6	60
ロシア	122	4.2	29
フランス	18	0.7	28
ドイツ	12	0.6	21
英国	6	0.3	17
ブラジル	56	7.9	7
日本	4	2.2	1.9
タイ	17	12.1	1.4
韓国	1	1.5	0.9
インド	155	186.6	0.8
中国	119	190.9	0.6
ベトナム	7	17.8	0.4

資料：FAOSTAT.
注：耕地面積には草地は含まれない。耕地と草地の合計が農用地であるが，世界の農用地面積の内，2/3 は草地である。表中で草地面積が 6 割を超える国は高い方から，豪州，中国，ブラジル，英国，米国で，日本は 6.1％ で 14 か国中最も低い。

ば，自給率は 100％ を上回る。しかし，第 4 章で触れたように，貿易を巡る国際規律（WTO や FTA のルール）は関税を撤廃し，農産物の国際取引を活発化させる方向に動いている。

　前項の分析から明らかなように，農業の国際競争力については，以下の仮説が導出される[20]。

　仮説 1：1 人当たりの GDP が高い国ほど，農業の国際競争力は低い。
　仮説 2：農業の労働生産性が低い国ほど，農業の国際競争力は低い。

ここで農地面積を S で表すと，第 1 章第 1 節でみたように，以下が恒等式として成立する。

---

20)　仮説は読んで字のごとく「仮の説」であって，その妥当性はデータによって検証される。したがって，仮説はデータによって否定される可能性がある。

5.4 経済成長と農業の競争力

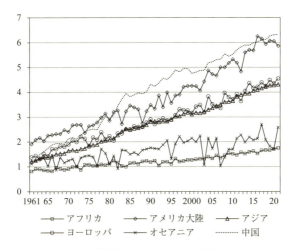

第 5-9 図　世界各地域のシリアルの単収(トン/ha)

資料：FAOSTAT.

$$\frac{Q}{L} = \frac{Q}{S} \cdot \frac{S}{L}$$

つまり，労働生産性は土地生産性（Q/S）と土地・労働比率（S/L）の積となる。第 5-9 図はシリアルの単収（土地生産性）の推移を地域別に示したものである。図にはないが，世界の平均反収は 1961 年からの 60 年間で 3.1 倍となった。これはこの間における世界の人口増加率（2.6 倍）を上回っている。オセアニアでは粗放的な農業が行われているため，アフリカとの差は 2 倍もなく，年によってはアフリカの単収を下回っている。アジアの単収はアメリカ大陸には劣るものの，1980 年代以降，ヨーロッパと同程度の水準を維持しており，とくに中国の土地生産性はこの間，目覚ましい速度で成長を遂げた。

第 5-7 表は各国の農業部門における土地・労働比率（S/L）を示したものである。これは平均農場規模の代理変数とみなすことができる。表に示す通り，土地・労働比率には各国間で驚くほどの格差が存在し，とくにアジア諸国の農場規模は，欧米や豪州に比べて極端に小さい[21]。このことから，国

---

21) アジア諸国の農場規模については，Otsuka et al.（2016）の議論が参考になる。

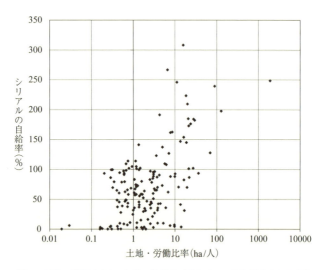

第 5-10 図　世界各国の土地・労働比率とシリアルの自給率（2018 年）

資料：FAOSTAT, World Development Indicators.

際間の労働生産性格差は土地生産性よりも，土地・労働比率（農場規模）に規定されていることが分かる。そこで，仮説 2 を以下のように修正する。

仮説 2'：土地・労働比率（農場規模）が小さな低い国・地域ほど，農業の国際競争力は低い。

第 5-10 図は，世界各国の農業部門における土地・労働比率（横軸）とシリアルの自給率（縦軸）を，プロットしたものである（計測年は 2018 年）。土地・労働比率が高い国ほど，自給率が高いという関係がみてとれる。さらに以下に示す 2 つの式は，シリアルの自給率と国際競争力を被説明変数，国民 1 人当たり GDP（万ドル）と土地・労働比率（ha/人）を説明変数とする回帰分析の結果である。自給率は第 4 章第 2 節と同じ方法で計算し，国際競争力はシリアルの（輸出量－輸入量）/国内消費量として計算した。

自給率 ＝ 定数 － 11.2*（GDP per capita）＋ 28.8*（土地・労働比率）

ad. $R^2 = 0.42$,　$n = 159$

国際競争力 = 定数 − 0.92*(GDP per capita) + 0.28*(土地・労働比率)

ad. $R^2 = 0.41$, $n = 159$

　GDP per capita と土地・労働比率の回帰係数は，2式ともに有意であった。この計測式は多くの問題を含んでおり，改善されるべき点を残している。パネル・データを作成し，固定効果モデルを推計すれば，国ごとに時間不変で観察できない変数によるバイアスを軽減できる。これ以上に深刻なのは，各国の農業政策や非農業部門の生産性に関する変数が欠落していることである。前者に関して言えば，各国の自給率や国際競争力は農業政策のあり方にも依存する。こうした欠落変数が GDP per capita や土地・労働比率と相関していれば，推定値はバイアスを持つ。また，仮に適当な政策変数が見つかったとしても，それが自給率や競争力と逆の因果関係を持っている可能性がある。そうであれば，OLS 推定値はバイアスを持つ[22]。こうした問題を克服した研究として，以下の第5節では筆者（伊藤，2024）が行ったダイナミック・パネル（dynamic panel）分析の結果を示した。

　推定上の問題をひとまず置くと，上の2つの式は，1人当たりの GDP が増加すると，自給率・競争力が低下し，土地・労働比率が低下すると，自給率・競争力が低下するという機序を表している。つまり，条件付きではあるけれども，仮説は肯定されたと考えてよい。

　第5-11図は，1961年と2020年のシリアルの自給率，2020年における農業部門の土地・労働比率，同年の1人当たり GDP をアジア主要国について示したものである。日本，韓国，台湾の自給率は1961～2020年の間に大幅に低下した。一方，それ以外の6か国の自給率はこの期間，ほとんど変化していない。東アジアの3国で自給率が低下した原因は，ここまでの議論から明らかであろう。

中国農業の国際競争力

　隣国中国は人口14億人余を有する大国であると同時に，GDP が世界第2位の経済大国である。また，第4章で述べたように，現在，中国は世界最大

22）欠落変数バイアスも逆の因果関係によるバイアスも，詰まるところ説明変数と誤差項の相関に帰着する。

196　第5章　経済成長と農業

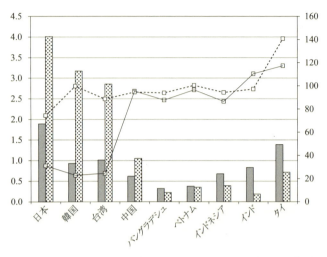

第5-11図　アジア主要国のシリアル自給率

資料：FAOSTAT, World Development Indicators.

の農産物および穀物（シリアルと大豆）の輸入国でもある（日本の穀物輸入額は，中国に次いで世界2位である）[23]。1985年以降で，中国が農産物（agricultural products）の輸入国に転じたのは2003年からであり，中国はその年を境として，農業の国際競争力を喪失したのである。

本節では，きわめて単純な仮定に基づいて，農産物の国内価格が $p = w/q$ で与えられることを示した。第5-12図は穀物に国際競争力を持つ国の w/q を中国の w/q で除した値（相対 w/q）の推移を示している。この値が1を下回れば，中国の農産物の国内価格は，他国のそれに比べて割高であることを意味する。中国農業の労働生産性（q）は1991～2021年の間，年率5.6％で成長したが[24]，名目賃金（w）がそれ以上の速さ（12.9％）で成長したため

---

[23]　2021年のFAO統計から計算すると，1位と2位の隔たりは大きく，中国の穀物輸入額735億ドルに対し，日本の輸入額は96億ドルである。ただし，中国の穀物およびシリアルの自給率は，2021年でそれぞれ，80.1％，90.7％の水準を維持している。

[24]　この成長率は第5-12図に示した国の中で最も高い。

5.4 経済成長と農業の競争力

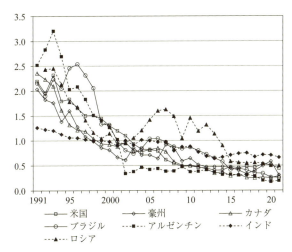

第 5-12 図　相対 w/q の国際比較（中国=1）

注：筆者計算．

国内価格が上昇し，農業の国際競争力が急速に失われたのである．

通常，一国の経済成長は製造業を中心とする非農業部門が牽引するから，w の上昇はそうした産業における労働生産性の向上を反映しているとみなしてよい．したがって，米国を例にして，相対 w/q が 1 を下回れば，

$$\frac{\text{米国の非農業の生産性}/\text{米国の農業の生産性}}{\text{中国の非農業の生産性}/\text{中国の農業の生産性}} < 1 \Rightarrow$$

$$\frac{\text{米国の非農業の生産性}}{\text{米国の農業の生産性}} < \frac{\text{中国の非農業の生産性}}{\text{中国の農業の生産性}}$$

が成り立つ．(5.11) 式から明らかなように，これは中国の農業が米国に対して比較優位を失ったことを意味する．他の輸出国についても同様であり，相対 w/q が 1 を下回ったのは，2000 年代に入ってからである．一方，第 5-13 図が示すように，2000 年代半ば以降，中国の主要穀物は輸入超過に転じている．すでに第 4 章第 1 節で述べたように，中国では大豆の輸入が突出しているが，トウモロコシについても，2021 年に日本やメキシコを抜いて世界最大の輸入国となった．また 2013 年以降，中国は例外的な年を除き，世界最大のコメ輸入国でもある．

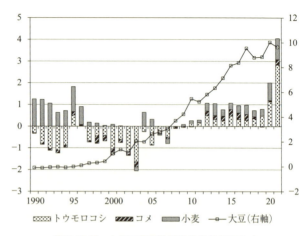

第 5-13 図　中国の農産物純輸入数量(千万トン)

資料：FAOSTAT.

5.5　穀物貿易に関する実証分析[25]

　本章第 4 節の分析は，中国を中心としたアジアの農業が比較劣位化するメカニズムを論じたが，本節では主に輸出国の動向に注目する。

穀物貿易の構造的変化

　食料危機と言われた 2007〜08 年以降，食料価格はそれ以前の水準に戻ることなく，長期のトレンドとして高止まりの傾向を示している（第 4-14 図）。これをもって生源寺（2013）は「世界の食料市場の潮目が変わった」と述べているが，潮目が変わったのは価格水準だけではない。

　第 5-8 表に 1990〜2020 年におけるシリアル・大豆輸出額の上位 15 か国のランキングを示した。同表から，米国，フランス，カナダ，豪州，アルゼンチンといった伝統的な輸出国に，ブラジル，ウクライナ，ロシアの 3 か国が割り込んできたという構図が見てとれる[26]。また，第 4-5 図に示したように，

---

25)　本節の内容は伊藤（2023），（2024）に多くを依拠している。

第 5-8 表　シリアル・大豆の輸出国ランキング

順位	1990	2000	2010	2020
1	米国	米国	米国	米国
2	フランス	フランス	ブラジル	ブラジル
3	カナダ	アルゼンチン	アルゼンチン	アルゼンチン
4	豪州	カナダ	フランス	ウクライナ
5	アルゼンチン	豪州	カナダ	ロシア
6	タイ	ブラジル	タイ	カナダ
7	イギリス	中国	豪州	インド
8	ドイツ	ドイツ	ベトナム	フランス
9	ブラジル	タイ	インド	タイ
10	オランダ	インド	ドイツ	豪州
11	中国	イギリス	ロシア	ドイツ
12	イタリア	ベトナム	パキスタン	ベトナム
13	ベルギー・ルクセンブルグ	パキスタン	パラグアイ	パラグアイ
14	デンマーク	カザフスタン	ウクライナ	ルーマニア
15	スペイン	イタリア	カザフスタン	パキスタン

資料：FAOSTAT.

過去半世紀以上にわたり，首位の座を堅持している米国のシェアは，1970年代の50%超をピークに低下し続け，2020年時点で24.7%にまで落ち込んでいる。輸出額のハーフィンダール＝ハーシュマン指数（HHI：Herfindahl-Hirschman index）も，1970年前後をピークに下がり続けている（伊藤, 2024）。米国の市場占有率の低下と新興国のシェア拡大が，この原因であることは明らかだが，こうした穀物輸出の構造的な変化は，市場メカニズムが正常に機能し，比較優位の原理が貫徹した結果なのであろうか。あるいは政策的なバイアスが，世界の穀物貿易に構造的な変化をもたらしているのであろうか。

顕示比較優位指数と穀物自給率

　顕示比較優位（RCA：Revealed Comparative Advantage）指数とは，Balassa (1965)が考案した国際競争力の指標である。本節では，次式を用いて穀物の

26）たとえば，1965年と1990年の上位5か国は順位こそ違え，メンバーは同じである。なお，ロシアによるウクライナ侵攻は，穀物の国際市場に甚大な影響を及ぼしているが，ここではデータの都合により，この問題を扱うことができなかった。

RCA 指数を計算した。

$$RCA_{ij} = \frac{E_{ij}/E_i}{E_{wj}/E_w},$$

E_{ij} は i 国の j 部門の輸出額，E_i は i 国の輸出総額，E_{wj} は世界の j 部門の輸出額，E_w は世界の輸出総額である。RCA_{ij} は正の値をとり，$RCA_{ij} > 1$ であれば i 国の j 部門は比較優位を持ち，$RCA_{ij} < 1$ であれば比較優位を持たない。

　穀物の主要輸出国と中国，ベトナムの RCA 指数と 1 人当たり実質 GDP の推移（1991～2019 年）を章末の第 A.5-1 図に示した。伝統的な穀物輸出国の RCA 指数は，カナダとアルゼンチンを除き低下傾向にある。反対に，ブラジル，ウクライナ，ロシアの指数は，2000 年代以降に急上昇した。ブラジルの RCA 指数は穀物とシリアルで大きく乖離しているが，これは同国の穀物輸出の中で大豆のシェアが突出して高いからである。一方，タイ，ベトナムの RCA 指数は近年，値を下げており，とくにベトナムにその傾向が強い。中国の指数は 1990 年代後半に一旦持ち直したが，2000 年代前半以降 RCA<1 が常態化した。

　第 5-14 図は，1991～2019 年における穀物の RCA 指数と自給率を 150 か国について計算し，それをプロットしたものである。外れ値が存在しないわけではないが，全体的な傾向線は（RCA 指数，自給率）＝（1, 100）を通過し，これを原点とする平面座標の第 1，第 3 象限に観察データが密に分布している。このことから，穀物に比較優位を持つ国では自給率が 100％を超過し，比較優位を失った国では 100％を下回ることが分かる。

　第 5-14 図では，ブラジル，ウクライナ，ロシアの観察値が別途取り出されている。第 A.5-1 図からも確認できるが，これら 3 か国の RCA 指数は 1991 年時点で 1 以下であったが，その後急上昇し，2019 年には 1 を大きく上回っている。この 3 か国以外で期間内に比較優位を獲得した国は，貿易データが得られる範囲で，カンボジア，クロアチア，エストニア，ラトビア，リトアニア，ニジェール，ルーマニア，ルワンダ，セネガルであった。これらの国ではセネガルを例外として，自給率も上昇している。反対に 1991～2019 年の間に，RCA 指数が 1 を跨いで低下した国は，ブータン，中国，ギリシャ，ジンバブエであり，こうした国の自給率は現在 100％を下回っている。

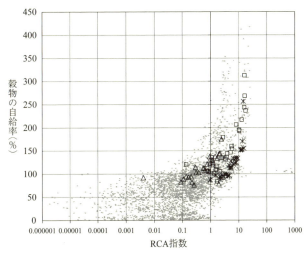

第5-14図　穀物のRCA指数と自給率

注：筆者計算.

理論モデル

リカードの貿易モデルを拡張し、生産要素として労働と資本を想定し、1国の産業を農業部門（A）と非農業部門（N）に分ける。超過利潤がゼロとなる長期均衡では、生産者価格（p）と平均費用（AC）が一致するから、1次同次の生産関数の下で、非農業部門に対する農業の比較生産費（CM）が次式で与えられる。

$$CM = \frac{AC_A}{AC_N} = \frac{w_A}{w_N} \cdot \frac{\beta_N}{\beta_A} \cdot \frac{q_N}{q_A} = \frac{w_A}{w_N} \cdot \lambda \cdot \frac{q_N}{q_A}$$

w_A/w_Nは農業と非農業部門の賃金比率、λは労働分配率（β）の比率、q_Nとq_Aはそれぞれ、非農業部門と農業部門の労働生産性を表す。詳細は伊藤（2024）を参照して欲しい。

CM^*を貿易相手国の比較生産費として、$CM/CM^* < 1$であれば、自国は農業に比較優位を持つ（$p = AC$から、これは相対的な価格競争力の関係とも一致

する)。さらに，農業の国際競争力と比較生産費比率（CM/CM^*）は逆方向に動くから，理論の予測が正しければ，農業の RCA 指数は $(w_A/w_N)/(w_A/w_N)^*$, λ/λ^*, q_N/q_N^* の減少関数，q_A/q_A^* の増加関数となる。

本節の回帰分析では，貿易相手国の CM^* が各国共通であると仮定して，2つの方法で CM^* の RCA 指数に及ぼす影響を検討した。1つは各年における w_A/w_N, λ, q_N, q_A の標本平均の対数値を説明変数として追加する方法であり，もう1つは年次固定効果モデルを用いる方法である。前者では CM^* の構成要素を考慮しているが，後者では CM^* の影響を一括して扱っている。実証分析のためのきわめて強い仮定であることを認めなければならない。

輸出国の農業保護

WTO 農業合意は国際貿易のみならず，国内政策のあり方にも踏み込んでおり，国内支持の削減を数値目標として掲げている。具体的には，助成合計量（AMS：Aggregate Measurement of Support）については，基準期間（1986～88 年）の水準から 1995～2000 年の 6 年間で 20％の削減が義務づけられていた。またドーハ開発アジェンダの農業モダリティの枠組みでは，貿易歪曲的な国内支持全体（AMS と青の政策，デミニミスの合計）の削減が盛り込まれた。しかし，自由かつ公正であるべき国際貿易の市場を歪めているのは，輸入国の貿易制限や国内政策だけではない。輸出国の政府が何らかの方策を講じて自国農業を支援すれば，過剰な農産物が国際市場に放出され，本来の姿とは異なった取引の結果がもたらされる。つまり，RCA 指数は CM/CM^* だけの関数ではない。

荏開津 (1987, p. 7) は各国の農業保護政策を，輸出を促進するアグレシブなものと，最小限の国内農業の維持を目的とするディフェンシブなものとに分け，2つの保護がまったく異なった社会的，文化的な意味を持つとした上で，一般に用いられている保護の指標が農業政策のガイドラインとしては不適切であると主張する。同氏は，穀物自給率に保護率を掛けたものを攻撃的保護率と呼び，ヨーロッパ各国でこの数値が日本よりも軒並み高いことを示した。つまり日本の農業保護は，「僅かに残された国内農業を維持しようとするものである」のに対し，欧米の農業保護は攻撃的で，外国に対して過度

な輸出圧力をかけているというのである。同様に，小林（2005）は自国農業に対する保護政策の一部が，輸出補助として機能する可能性に言及している。

荏開津（1987）が定義した攻撃的保護率は，先進国の農業保護を議論する上では有益だが，農業に対して抑圧的な政策を続けながら，輸出攻勢をかけている途上国や中進国の状況を上手く説明することができない。そこで本節では，攻撃的歪曲率（ADR：Aggressive Distortion Rate）を新たに定義し，これを用いて各国の輸出指向性を測定した。具体的には，農業保護率の絶対値に（穀物自給率 − 1）を掛けたものを ADR とした。自給率が 1（100％）を上回っている状態で自国農業を保護すれば，当該国の農業政策には攻撃性があるとみなせる。先進国の穀物輸出国は概ねこれに該当する。ただし豪州については，農業保護率がゼロであるから，同国の農業政策は攻撃性を持っていないと判断される。同じ先進国でも日本や韓国のように，自給率が 1 を下回っていれば，ADR はマイナスとなり攻撃性が否定される。

第 4 章第 2 節で述べたように，一部の中進国や途上国では保護率がマイナスだが，これは当該国の政府が都市住民の経済的な利益を擁護するために，農業生産者に対して抑圧的な政策を採っているからである。こうした国で自給率が 1 を下回っていれば，ADR はマイナスとなる。つまり攻撃的な輸出はないものと判断される。しかし，保護率がマイナスで，自給率が 1 を上回っている国（これに該当するのはデータが得られる範囲で，アルゼンチン，パキスタン，ウクライナ）では，後に指摘するように，外貨獲得を目的としたマクロ政策が，穀物輸出の原動力となっているため，ここでは強い攻撃性があるとみなした。荏開津（1987）が定義した攻撃的保護率では，こうした国の攻撃性が否定されるが，ADR はこの点を補っている。

一般化モーメント法によるダイナミック・パネル分析

穀物に競争力を持つ国の輸出促進策は，自国の RCA 指数を有意に押し上げるほどの影響力を持っているのだろうか。またそれは，比較優位原則の妥当性を否定するほど強力なものなのであろうか。こうした疑問に答えるために，以下では，RCA 指数を被説明変数，攻撃的歪曲率（ADR）や相対生産性比率などを説明変数とする回帰式を推計する。理論モデルの詳細は，伊藤

(2024) を参照して欲しい。推計は一般化モーメント法 (GMM：Generalized Method of Moments) を用いたダイナミック・パネル (dynamic panel) 分析により行った。

ダイナミック・モデルでは，ラグ付きの被説明変数が回帰式の説明変数として加わるが，誤差項に系列相関が生じた場合，OLS 推定量は一致性をもたない。Holtz-Eakin et al. (1988) や Arellano and Bond (1991) が開発した Difference GMM は，高次のラグ付き被説明変数を操作変数としてこの問題を解決した。

ダイナミック・モデルは y_{it} に関する次数 m の自己回帰式

$$y_{it} = \gamma_1 y_{it-1} + \cdots + \gamma_m y_{it-m} + X'_{it}\beta + \mu_i + v_{it} \\ \mu_i + v_{it} = \varepsilon_{it}, \quad t = m+1, \cdots, T \tag{5.16}$$

で表される．X_{it}, μ_i, v_{it} はそれぞれ，ラグ付きの被説明変数を含まない説明変数，固定効果，誤差項を表す．(5.16) 式で $m=1$ とした場合，FD (first-difference) モデルが

$$\Delta y_{it} = \gamma_1 \Delta y_{it-1} + \Delta X'_{it}\beta + \Delta \varepsilon_{it}, \quad t = 2, \cdots, T \tag{5.17}$$

で与えられる．(5.17) 式で ε_{it} に系列相関がなくても，Δy_{it-1} と $\Delta \varepsilon_{it}$ が相関するので，(5.17) 式の OLS 推定量はバイアスを持つ．FD モデルは $\Delta \varepsilon_{it}$ と Δy_{it-k} ($k \geq 2$) が相関しなければ，後者が Δy_{it-1} の操作変数となることを利用する．また，X_{it} に内生性が疑わしい変数が含まれる場合も，そのラグ付き変数 (internal lagged variables) が操作変数となる．計量分析では，適当な操作変数を見出すことが困難な場合が多いから，ラグ付き変数の利用は GMM 法の大きな利点と言える．

Arellano and Bover (1995)，Blundell and Bond (1998) は，モーメント条件 (直交条件) として，$E[y_{is}\Delta \varepsilon_{it}] = 0$ ($s < t-2$) と $E[\Delta y_{it-1}\mu_i] = 0$ を満たしながら，(5.16) 式と (5.17) 式をシステムとして推計する方法を提案した。System GMM (S-GMM) の採用により，推定値はより効率的なものとなるが，Δy_{it-1} が望ましい操作変数となるためには，v_{it} が系列相関を持ってはならない。分析では Kripfganz (2019) が開発した Stata コマンドを利用して，(5.16) 式と (5.17) 式を同時に推計した。この手法を利用すれば，増大する操作変数に伴う問題 (モーメント条件の不成立) を回避できる。ここでは直近の 2 つのラグ付き変数を操作変数として用いた。当初，ダイナミック・パネル分

析では，多くの操作変数を（5.16）式と（5.17）式に用いることで，より効率的な推定量が得られると考えられていた。しかし，過剰識別はバイアスを生む原因となる（Roodman, 2009a, b）。

本節の分析では，RCA 指数と ADR の逆の因果関係を原因とする内生性問題（endogeneity problem）が危惧される。つまり，顕示された成果（農業の国際競争力）が，政策（ADR）に影響する可能性を否定できない。そこでここでは，GMM 法の利点を活用し，ADR のラグ付き変数を操作変数として用いた。ADR は，Anderson and Nelgen（2013）が推定した名目助成率（NRA：Nominal Rate of Assistance）の絶対値に（穀物自給率－1）を掛けたものを用いた[27]。また，モデルの推計では，誤差項の系列相関を避けるために，RCA 指数の 2 次までのラグ付き変数を説明変数として加えた。

第 5-9 表に推計結果を示した。モデル推計の前に，本節では推計で用いるすべての変数（被説明変数と説明変数）およびそれらの階差について，横断面における相関の影響を考慮しながら定常性テストを行った。Unbalanced パネル・データに適用可能なフィッシャー（Fisher）タイプの単位根検定は，すべてのパネル・データが単位根を含んでいるという帰無仮説を棄却した。また（5.16）式について追加的に行った共和分検定も，変数がすべてのパネルに関して共和分されていないという帰無仮説を棄却した。第 5-9 表の（b）と（c）では，「穀物の労働生産性」の対数値を「土地生産性」の対数値と「土地・労働比率」の対数値の 2 つに分けて，説明変数に追加した。「土地・労働比率」は平均農場規模の代理変数とみなしてよい。

推定結果を要約しておこう。「ADR」の係数はすべてのケースで，プラスかつ 5％水準で有意であった。1991～2019 年の間に RCA 指数を伸ばしているのは，主に南米とロシア，東欧の国々である。Gallo（2012）によれば，アルゼンチンでは長年，農畜産部門が輸入代替工業化に必要な外貨獲得の役割を担ってきた。したがって，穀物輸出には政策的なドライブがかかっている

---

[27] IFPRI（2020）が計算した名目保護率や OECD-FAO（2021）が公表している %PSE を保護率として用いることもできる。しかし，これらのデータは，Anderson and Nelgen（2013）が計算した名目助成率に比べ，パネル・データの期間（T）の長さに対して，個体（国）数（N）が少ないため，操作変数が過剰となりがちである（"small N, large T" 問題）。詳細は伊藤（2024）を参照して欲しい。

第 5-9 表　System GMM モデルの推定結果

	(a)	(b)	(c)
RCA_{-1}	0.572***	0.573***	0.581***
	(0.112)	(0.113)	(0.109)
RCA_{-2}	0.094*	0.100*	0.107**
	(0.055)	(0.051)	(0.054)
ADR	3.105**	2.870**	2.700**
	(1.380)	(1.343)	(1.230)
賃金比率	−0.527	−0.707	−0.762
	(0.727)	(0.653)	(0.605)
労働分配率の比率(λ)	−3.192	−3.808*	−3.895*
	(1.957)	(1.951)	(1.997)
非農業部門の労働生産性	−1.585*	−1.646**	−1.676**
	(0.885)	(0.828)	(0.761)
穀物の労働生産性	1.570*	—	—
	(0.809)		
土地生産性	—	2.096**	2.201***
		(0.825)	(0.837)
土地・労働比率	—	1.692**	1.724**
		(0.769)	(0.743)
標本平均の対数値	YES	YES	NO
年次固定効果	NO	NO	YES
OBS	1067	1067	1060
標本となった国の数	75	75	75
操作変数の数	73	75	85
検定(p 値)			
AR(1)	0.002	0.002	0.002
AR(2)	0.067	0.063	0.060
Hansen	0.254	0.228	0.522
Difference-in-Hansen	0.874	0.532	0.997

注：括弧内はロバスト（robust）標準誤差。*，**，*** はそれぞれ 10%，5%，1%水準で有意であることを意味する。標本平均の対数値とは，説明変数（賃金比率，労働分配率の比率，非農業部門・穀物の労働生産性など）の標本平均の対数値のことで，貿易相手国の比較生産費を説明する要因である。また，標本平均の対数値の代わりに，年次固定効果を用いたモデルでは，貿易相手国の比較生産費の影響を一括して扱っている。

と考えられる。Hopewell (2016) は，ブラジルの穀物輸出の急増は，市場メカニズムの作用ではなく，政府による市場介入の結果であると主張する。Swinnen and Vranken (2010) によれば，集団農場を解体したロシアおよび東欧の農業は，その直後に農業生産の停滞を経験したが，その後持ち直し，過去数十年の間に穀物の国際競争力を獲得した。こうした事実に対し，Wegren (2020) は，少なくともロシアに関しては，農業部門に対する国家の強力なサポートなしに，穀物輸出の急増はあり得なかったと述べている。さらに，Borodina and Krupin (2017) は，ウクライナ政府は外貨獲得のために，自国農業の発展に強くコミットしており，国内の農企業がこれを積極的に支援していると述べている。

こうした国では，攻撃的歪曲率がプラスで，RCA 指数は 1 を上回っており，同時に ADR と RCA 指数の変化の方向も一致している。一方，中国をはじめとする穀物輸入国では，農業の比較劣位化に伴い，自給率と RCA 指数が過去数十年の間に低下し，同時に農業政策は保護の度合いを強めている。つまり ADR と RCA 指数が同時に低下している。ADR のプラスの係数は，穀物輸出入国のこうした動向を反映していると考えてよい。

「賃金比率」と「労働分配率の比率」の係数は，いずれもマイナスで，理論の予測と一致しているが，「賃金比率」の回帰係数は有意ではない。「非農業部門の労働生産性」の係数は，いずれもマイナスで有意であった。これも理論の予測と一致している。「穀物の労働生産性」や「土地生産性」，「土地・労働比率」の係数はいずれもプラスで，予測される符号条件を満たしており，すべてのケースで有意であった。以上より，穀物輸出国の政策的なドライブは，実力以上に競争力を高めるという意味では歪曲的であるが，それは国際貿易論が唱える比較優位の原則を否定するほどの影響力を持っていないと判断される。

理論モデルの説明から明らかなように，CM と CM^* に影響する変数の回帰係数の符号は正反対になっているはずである。表示は省略したが，「賃金比率」についてはこれを満たしておらず，「非農業部門の労働生産性」については，(a) がこれを満たしている。「穀物の労働生産性」や「土地生産性」，「土地・労働比率」に関係する係数については，すべてのケースで上の条件

を満たしている。「年次固定効果」の係数については，既述の通り CM^* がRCA指数に及ぼす影響を一括して捉えている。経産省（2020, p. 372）によれば，1995年以降，世界では400を超えるFTAや関税同盟が締結されている。そのことにより，CM^* が上昇することもあれば，低下することもあるので，「年次固定効果」がRCAに及ぼす影響を理論的に予測することは困難である。なお，第5-9表から明らかなように，推計結果は，「標本平均の対数値」を用いた場合と「年次固定効果」を用いた場合とで，大きく変わることはなかった。

　（5.16）式と（5.17）式の推計で，過剰識別の程度が高まると（操作変数の数が過度に増加すると），推定量はバイアスを持つ。これを回避する1つの方法は，操作変数の数をパネル・データにおける個体（国）数よりも少なくすることである。第5-9表の下段が示す通り，（c）では操作変数の数が個体数を上回っている。その主な理由は，年次固定効果を考慮したことで，操作変数が増えたことにある。AR(2) の p 値はFD（first-difference）の誤差項に関して系列相関がないことを示している。HansenおよびDifference-in-Hansenテストの結果は，推計で使用された操作変数が適正であること，すなわち，モーメント条件を満たしていることを示している。

政策的含意

　農産物貿易の国際的なルール作りでは，輸入国の国内支持や国境措置，輸出国の輸出補助政策が俎上に載り，その削減が交渉の場で議論されてきた。しかし，先行研究で論じられているように，国内農業に対する保護や抑圧政策が，隠れた輸出補助として機能する場合がある。本節ではそれを攻撃的歪曲率として数値化し，その顕示比較優位（RCA）指数に与える影響を検討した。WTO農業合意で削減対象とされていない国内政策が，輸出補助に転化する可能性を考慮したのである。

　本節の計量分析は，競争力を持つ国の輸出促進策が，顕示比較優位（RCA）指数を有意に高めていることを明らかにした。また，そうした政策的な関与と同時に，部門間の相対生産性がRCA指数に影響していることも判明した。要するに，穀物の国際貿易は国際貿易論が唱える比較優位の構造と各国の農

業・食料事情に由来する政策に左右される。

現在，国際貿易に関する主流的な考え方は，貿易歪曲的な政府の市場介入を排除し，比較優位原則に基づく分業体制を創り上げることにあるが，これについては根強い反対論が一方で存在する（Clapp, 2017）。極端に単純化されたモデルから導かれた姿が，社会の理想型であるはずがなく，市場で評価される効率性の追求だけが，唯一無二の政策目標とはなり得ない。農産物の国際貿易を巡っては，関係国の事情と必需品としての財の特性を考慮しながら，妥協点を見出す必要があるというのである。

第4章第2節で述べたように，貿易や環境に関する多国間交渉が膠着状態に陥っている原因の一つは，こうした意見の対立やその調整の困難さにあると思われるが，国際的な合意を形成して行く過程で，輸入国の譲歩だけが打開への道ではないであろう。競争力を失った国の農業保護と競争力を持つ国の輸出促進策は，それぞれの国の農業・食料事情を背景としており，この事実を双方が受け容れない限り，交渉の進展は期待できない。

補論1　中国の所得格差

中国の直轄市・自治区を含む31省について，都市・農村別1人当たりの可処分所得と人口のデータを用いて，ジニ（Gini）係数とタイル（Theil）指数を計算し，その結果を章末の第A.5-2図に示した。また，都市人口比率（都市化率）と農民所得に占める農業所得割合の推移も併せて示した。タイル指数は要因分解が可能で，積み上げられた棒グラフの高さが格差の程度を表している。タイル指数もジニ係数と同様に，値が大きいほど格差が大きいことを意味する。計算結果によれば，中国の所得格差のうち7～8割が，都市・農村間の格差によって説明されるが，2010年以降，この割合は低下傾向にある。

ジニ係数もタイル指数も2006年をピークとして，それ以降低下している。2006年は中国全土で農業税が廃止された年であり，生産補助政策が本格的に始動した年でもある。さらに2004年には，コメ・小麦栽培農家を対象とする最低買付価格制度がスタートし，2000年代後半には，トウモロコシ，

大豆，ナタネなどの栽培農家を対象とする臨時買付保管制度が導入された（第2章第3節を参照）。格差の縮小はこうした農家保護政策の効果によるものと考えられる。陳（2013）によれば，この他にも中国政府がこの時期，重点的に取り組んできた農業・農村政策として，社会インフラの整備，農村義務教育の無償化，農村医療保険制度や最低生活保障制度，年金制度の導入，戸籍制度の改革などがある。

格差が縮小したもう1つの原因は農外収入の増加にある。陳（2013）は「農民を第2次産業，第3次産業へと移らせ，就業させる機会をより多く作り出すことにより，彼らの賃金性所得を増やす」ことが，農産物の合理的な価格形成とならび，格差を是正する有効な方法であると述べている。第A.5-2図が示すように，2000年以降，都市化率が上昇し，農村住民の可処分所得に占める農業所得の割合は，2000年の63％から2022年には35％にまで低下した。

農民の農外就業には2つのタイプがあり，1つは在宅での兼業あるいは非農業部門での就労であり，もう1つは出身地を離れての農外就業である。後者について就労期間が6か月を超える者を外出農民工と呼ぶが（統計局と農業センサスで外出農民工の定義が異なる），こうした出稼ぎ労働者は現在，都市就業人口の半分近くを占めている。これをもって戸籍制度はすでに形骸化しており，労働市場は競争的であるとする意見もあるが，外出農民工の就労先は，製造業，建設業，サービス業などの低賃金部門に限られ，彼らが都市で享受できる公共サービスも，都市住民に比べて著しく制限されている。

補論2　価格に関するゼロ次同次性とワルラス法則

すべての財・サービス（生産物のみならず，生産要素も含む）の価格が需給均衡によって決まるとすれば，次式が成立する。

$$D_i(p_1, p_2, \cdots, p_n) = S_i(p_1, p_2, \cdots, p_n) \quad (i = 1, 2, \cdots, n) \quad \text{(A.5.1)}$$

消費者のコメに対する需要は，他財の価格にも影響されるから，それは米価のみならず，他財（パンやパスタなど）の価格の関数となる。供給についても同様である。コメの供給量は米価のみならず，肥料価格や賃金などにも影

響される。同じことであるが，米価が低下し，他の農産物——たとえば野菜——価格が上昇すれば，多くの農家が稲作から野菜作にシフトするから，コメの供給量は米価のみならず，他の農産物価格の関数でもある。これが一般均衡分析 (general equilibrium analysis) と呼ばれる考え方である。

ところで，すべての価格が同じ倍率で変化した場合，需要量も供給量も変化しない。たとえば，賃金（所得）およびすべての消費財の価格が2倍になった場合，貨幣錯覚 (money illusion) が生じない限り，財の需要量は変化しない[28]。同様に，生産物価格や要素価格（賃金，中間投入財価格，機械のレンタル価格，地代など）が2倍になっても，生産物の供給量や要素投入量は変化しない。このような性質を価格に関するゼロ次同次性 (homogeneity of degree zero) と呼ぶ（第1章を参照せよ）。したがって，(A.5.1) 式について，以下が成立する。

$$D_i(\lambda p_1, \lambda p_2, \cdots, \lambda p_n) = S_i(\lambda p_1, \lambda p_2, \cdots, \lambda p_n) \quad (i = 1, 2, \cdots, n) \quad (A.5.2)$$

一般性を失うことなく，$\lambda = 1/p_1$ とすれば，(A.5.2) 式は以下のように書き換えられる。

$$\begin{aligned} E_1 &= E_1(1, p_2/p_1, \cdots, p_n/p_1) = 0 \\ E_2 &= E_2(1, p_2/p_1, \cdots, p_n/p_1) = 0 \\ &\vdots \\ E_n &= E_n(1, p_2/p_1, \cdots, p_n/p_1) = 0 \end{aligned} \quad (A.5.3)$$

ここで E_i は i 財の超過需要 $(D_i - S_i)$ である。したがって，需給均衡式は実は連立 n 元方程式ではなく，$(n-1)$ 元方程式である。明らかにこの方程式体系は過剰決定に陥っている。つまり，解が複数存在する可能性がある。しかし，ワルラス法則の成立により，(A.5.3) 式で独立な方程式は $(n-1)$ 本となり，解はユニークに決まる。それを以下で証明しよう。

いま市場には2種類の財（第1財：コメ，第2財：野菜）しか存在せず（これも一般均衡分析），A農家がコメを，B農家が野菜を生産していると仮定する（生産に要する財は考慮しない）。つまり2人2財経済を想定する。上でみたように，需要量も供給量も価格に関してゼロ次同次であるから，

---

[28] デノミネーション (denomination) により，通貨単位が変更される場合を想定せよ。

$P = p_2/p_1$ とすれば，コメと野菜の需給均衡式は

$$D_1(P) = S_1(P) \tag{A.5.4}$$
$$D_2(P) = S_2(P) \tag{A.5.5}$$

となる。方程式が2本，変数は1つ（P）だから，(A.5.4) 式，(A.5.5) 式からなる方程式体系は過剰決定に陥っている。言いかえれば，(A.5.4) 式と (A.5.5) 式が与える均衡相対価格（P）が一致する保証はない。

仮定により，A農家はコメを生産し，B農家は野菜を生産しているから，A農家のコメの販売額は $p_1 S_1$ であり，B農家の野菜の販売額は $p_2 S_2$ である。一方，A，B農家は消費者としてコメと野菜を購入しそれらを消費するか，あるいは自家消費する。A農家のコメと野菜の需要量をそれぞれ D_{A1}, D_{A2} で表せば，消費額の合計は $p_1 D_{A1} + p_2 D_{A2}$ となる。同様に，B農家の消費額の合計は $p_1 D_{B1} + p_2 D_{B2}$ となる。2つの家計が貯蓄をせず，農産物の販売額（収入）が消費の支出額に一致すると仮定すれば，予算制約（budget constraint）として，次式が成立する。

$$p_1 S_1 = p_1 D_{A1} + p_2 D_{A2}$$
$$p_2 S_2 = p_1 D_{B1} + p_2 D_{B2}$$

この2式を足しあわせると，

$$p_1 S_1 + p_2 S_2 = p_1(D_{A1} + D_{B1}) + p_2(D_{A2} + D_{B2}) = p_1 D_1 + p_2 D_2$$

となり，さらに整理すると，

$$p_1(D_1 - S_1) + p_2(D_2 - S_2) = 0 \tag{A.5.6}$$

となる。(A.5.6) 式は任意の価格で成立する恒等式である。そこで (A.5.6) 式に (A.5.4) 式を代入すれば $p_2(D_2 - S_2) = 0$ となるが，$p_2 \neq 0$ なので $D_2 - S_2 = 0$ を得る。これは (A.5.5) 式に他ならない。つまり予算制約の下で (A.5.4) 式が成立すれば，(A.5.5) 式が自動的に成立する。これがワルラス法則である。このことは財の数が増えても成立する。(A.5.3) 式に関して言えば，ワルラス法則により，n 本の需給均衡式のうち1本が独立ではない。その結果，方程式体系は過剰決定ではなく，解（均衡相対価格）がユニークに決まる。

【演習】

5-1
(5.2) 式から (5.3) 式が得られることを証明しなさい。

5-2
(5.6) 式の全微分から，$dL_A/dL_N = \overline{w}/[f_A''(\overline{L}-L_A)-f_A']$ が得られることを証明しなさい。

5-3
本章第4節の議論と第5-11図を念頭に置いて，アジアの中進国・途上国の将来の自給率を予測しなさい。

214　第5章　経済成長と農業

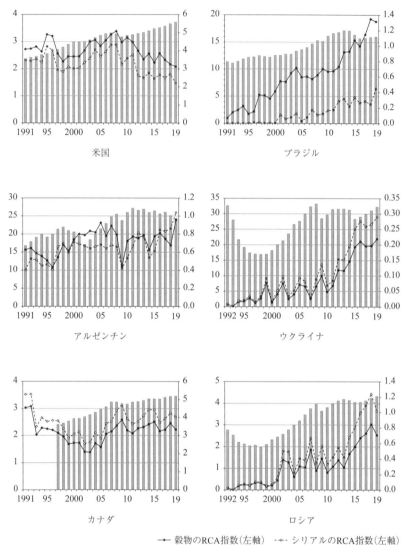

第 A.5-1 図　主要国の RCA 指数と

補論2 価格に関するゼロ次同次性とワルラス法則   215

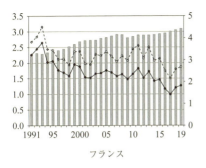
フランス

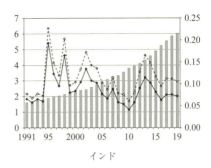
インド

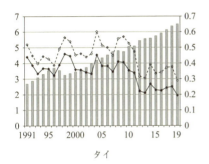
タイ

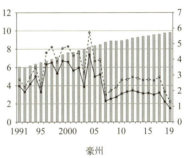
豪州

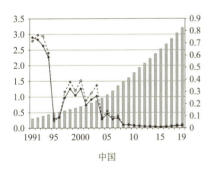
中国

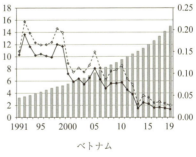
ベトナム

― 1人当たり実質GDP（万US$，右軸）

1人当たり実質 GDP（2010年固定価格）

第 5 章 経済成長と農業

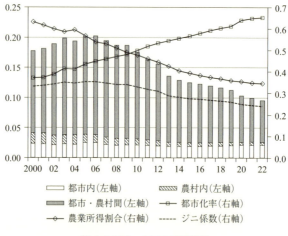

第 A.5-2 図　中国の所得格差

注：「中国統計年鑑」を用いて筆者が計算した。

第6章　厚生経済学と食料・環境問題の余剰分析

　市場機構（market mechanism）と私有財産制度（private ownership）を基本とする現代社会では，市場における財の交換を通じて，稀少な資源（財やサービス）が様々な用途に配分され，その結果として所得が形成される。

　ミクロのレベルから遡ると，個々の生産者と消費者は価格を所与として，それぞれが自身にとって最適な農産物の供給量と消費量を選択する。それらが市場で集計されて，農産物の価格と全体の取引量が決まる。国際貿易をも考慮すれば，農産物の需給は国際市場で決まり，国内の農業供給量や農業生産に用いられる生産要素（労働，肥料・農薬，農業機械や農地など）の使用量，農産物に対する需要や国際的な取引量なども決まる。その結果，生産者の所得や農業関連企業の利潤，さらには消費者の農産物に対する支出額などが決まる。

　ところが，政府が市場に介入すれば，自由な市場取引とは異なる結果がもたらされる。たとえば，日本政府が輸入農産物に対して関税を課せば，日本国内の消費者は国際価格よりも高い価格でそれを購入しなくてはならないが，同じ財を生産している生産者や，彼らに生産資材を提供している企業の経済的な利益は保護される。つまり，政府が市場の働きを制限すれば，資源配分（resource allocation）と所得分配（income distribution）の状況が変化する。このような事態を経済学はどのように評価するのだろうか。また様々な経済政策をめぐり，論者の意見が対立するのはなぜだろうか。

　本章では，食料・環境問題に関係する厚生経済学のテーマとして，以下の政策を取り上げた。(1) コメの生産調整と飼料用米政策，(2) 国境措置，(3) 環境・資源保全対策。いずれも日本農業の根幹をなす政策であることは言うまでもない。

　(1) については，すでに政府主導の生産調整が 2018 年をもって終了して

いる。しかし，半世紀にもわたり実施されてきた日本農業の中心的な政策を，経済学的に考察する意義は少なくないと思われる。またここでは，食料自給率向上の切り札的存在である飼料用米政策について，その歴史的な経緯に触れながら，農水省が提唱する戦略作物本作化の意味と問題点を指摘する[1]。

(2) の国境措置を巡る生産者と消費者の利害対立については，上で述べた通りだが，第5章第3節でみたように，開放経済への移行は貿易の利益を発生させ，国民所得の向上に寄与する。こうしたことについて，厚生経済学の補償原理はどのような提言を用意しているのであろうか。

(3) については，外部効果の内部化，コースの定理，汚染者負担原則といった観点から環境問題の論点を整理し，最後に開放的な貿易システムへの移行が，環境保全に資するという通説の妥当性を検討した。なお，(3) に関する具体的な政策展開については第8章で議論する。

6.1　資源配分と所得分配

今井他 (1982) によれば，厚生経済学 (welfare economics) の目的は，経済政策のための基礎理論を提供し，それに基づいて市場メカニズムの働きを評価し，それを改善するための提案を行うことにある。仮説の妥当性を検討する実証的分析 (positive/empirical analysis) とは異なり，価値判断に基づいて政策提言を行うことが，厚生経済学の1つの特徴となっているが，そこでは規範的分析 (normative analysis) が中心的な役割を担っている。厚生経済学のもう1つの特徴は，社会全体のあるべき姿を模索するという態度である。社会的厚生 (social welfare) の最大化と言いかえてもよい。この過程で個人間の利害が対立した場合，価値判断が決定的に重要となるが，以下に示すように，厚生経済学はそれをきわめて限定的な形で分析の中に取り込んでいる。

---

[1]　本書における残された課題でもあるが，コメの価格支持や生産調整政策，国境措置などの効果を総合的に評価する必要がある。他の作物に比べて，稲作部門が政策的に強く保護されており，それが稲作農家の利益に適っていたことは紛れもない事実であるが，水田農業の長期的な発展という観点から言えば，別の評価もあり得るのではないか。

ピグーの厚生経済学

ピグー（A. C. Pigou）は、経済を構成している各個人（消費者）が享受している効用の総和が社会的厚生であると考えた（功利主義的な社会的厚生）。i 番目の個人の効用を u_i で表せば、社会的厚生 U は

$$U = u_1 + u_2 + \cdots + u_n \quad (6.1)$$

で定義される。効用（個人の満足度）を測定することは不可能なので、ピグーは国民総所得が社会的厚生の代理変数となると考えた（今井他、1982）。

(6.1) 式の U を最大化するという価値判断は、消費者主権（consumer sovereignty）と呼ばれる。消費者主権は、消費者の購買力が資源配分の究極的な主権者であるという考え方に基づいている。企業や政府も重要な経済主体に違いないが、それらは消費者としての個人の満足に奉仕する機構に過ぎない。つまり、消費者が金を出して買いたいと思うものを、買えるようにするのが望ましいという考え方である[2]。

センによる批判

Sen（1999：翻訳本 345～346 ページ）は「開発の基本的な目的を所得や富の最大化であると見るのは間違いであり、ある社会が成功しているかどうかの評価は、主としてその構成員が享受している個人的自由に基づいて下されなければならないという。センはこの自由を「潜在能力」(capability) としてとらえる。潜在能力とは、「人が自ら価値を認める生き方をすることが出来る自由」であるとする。「(中略) 貧困は所得の低さだけを言うのではなく、基本的な潜在能力の欠如をいうのである。開発とはこのような自由を拡大することであ (る)。(中略) いまはやりの「市場」も、市場メカニズムの持つ効率や経済的機能もさることながら、「交換の自由」のゆえに大切にしなければならないとする」。

センは市場メカニズムのメリットを十分に評価しているが、その成果を所得や富だけで評価することには否定的である。彼は市場メカニズムと同じ経

---

[2] これに対してガルブレイス（J. K. Galbraith）は生産者主権を主張した。

済的な成果が，完全に中央集権化されたシステムによってもたらされるという状況を想定し，どちらが望ましいかを問うている（翻訳本 27 ページ）。「取引の自由」という市場制度の利点は，より効率的な結果をもたらす能力だけにあるのではない。

またセンは，「効率と公平，あるいは貧困と服従の除去などの問題を分析するには，価値の役割が決定的に重要にならざるを得ない」と述べている（翻訳本 321 ページ）。「公的な優先事項という観点から多様な潜在能力の評価を論じる必要は一つの利点である。それは価値判断が避けられない——そして避けるべきでない——分野における価値判断が何であるかを明確にすることを強いるのである。こうした価値に関する議論——明示的であれ暗黙の形であれ——に大衆が参加することは，民主主義の実践と責任ある社会的選択のもっとも重要な部分である」（同 124 ページ）とも述べている。

センが共感をもって受け入れた社会的厚生関数は，次のようなものであった。

$$U = \min_{1 \leq i \leq n} u_i \tag{6.2}$$

これはロールズ（J. Rawls）型厚生関数と呼ばれる[3]。社会の厚生は，その構成員の中で最も恵まれない者の効用に規定される。したがって，社会の目的は（6.2）式で定義された効用を最大化することにある，というのがロールズ型厚生関数の意味である。もちろんここには重大な価値判断が含まれているが，センはこのほうが社会的正義に適っていると考えたのである。

パレート最適と二分法

ピグー（A. C. Pigou）に代表される古典的厚生経済学は，個人の効用が加算可能であり，また比較可能であるという前提に立っている。これが即座に問題となるわけではないが，そこには非常に強い価値判断が含まれている。ピグーに対する批判を受けて登場した新厚生経済学は，社会的厚生の最大化を論じる際，できるだけ受け入れやすい価値判断に基づくことが望ましいと

---

[3] ロールズはアメリカの哲学者で，主著として『正義論（*A Theory of Justice*）』がある。

考えた[4]。規範的分析における社会的厚生の最大化問題は，恣意的なものではあるが，経験によって反証されるという性質ではないというのがその理由であり，そこで考案されたのが，パレート最適（Pareto optimal）という概念である。パレートとは経済学者の名前である。後に明らかになるように，パレート最適は，（6.1）式で与えられる社会的厚生の最大化よりも，はるかに弱い価値判断に基づいている。

　弱い価値判断を採用するということは，個人の重要度に関する価値判断をできるだけ回避することを意味する。弱い価値基準（パレート最適）の導入により，資源配分と所得分配の問題は切り離され，資源をさまざまな生産的用途の間に，どのように配分すべきか，という前者の問題だけが取り扱われることになった。これがヒックス（J. R. Hicks），カルドア（N. Kaldor）の新厚生経済学の立場である[5]。ロビンズ（L. C. Robbins）によれば，そもそも経済問題とは社会的厚生（social welfare）を最大化するように，希少な資源をどのように配分するかという問題（効率的な資源配分の問題：an issue of resource allocation）に帰着する。

　パレートが考案した概念（パレート最適）とは，「他者の効用を減じることなしに，もはや誰も有利にはなれないような状態」を指す。言いかえれば，「誰かの効用を高めるためには，他者の効用を下げざるを得ないような状態」であり，同じことであるが「ある人の効用低下が他の人の効用を増加させる唯一の方法となる状態」のことである。以下に示すように，パレート最適な状態は無数にあるが，そのなかの1つを選択すれば，所得分配が決定する。しかし，弱い価値判断に基づくパレート最適は，1つの所得分配を選び出すことができず，ここに新厚生経済学の分析上の限界がある。

　いま10単位の財を2人（消費者A，消費者B）に配分するという問題を

---

4) 価値判断は人それぞれ異なる。したがって，多くの人々が経済学の議論を受け入れるためには，それができるだけ弱い価値判断に基づいているほうが望ましい。
5) 所得分配とは公平性（equity）の問題に関わり，資源配分の問題は効率性（efficiency）の問題に関わる。後者に比べ前者に，個人の価値判断が介在する余地が大きいことは自明であろう。厚生経済学が所得分配の問題を等閑視するのは，それが重要ではないからではなく，価値判断に基づいているからである。このことの是非を真正面から扱った大著として塩野谷（1984）を挙げておく。

考えてみよう。効率的な配分を実現するためには，少なくとも，10 単位の財を 2 人の間で配分し尽くさなくてはならない。

配分 1：(A, B) = (5, 5)
配分 2：(A, B) = (6, 4)
配分 3：(A, B) = (4, 6)

配分 1 を起点とすると，配分 2，3 への移動により，必ずどちらかが損をする。配分 2，3 を起点としても同様である。したがって，上の定義（「誰かの効用を高めるためには，他者の効用を下げざるを得ないような状態」）から，配分 1～3 はすべてパレート最適であることが分かる。

しかし，配分 1～3 の中でどれが公平な配分であるかを決めることは容易ではない。一見すると，折半している配分 1 が最も公平なようにも思えるが，A が裕福で，B が極貧に喘いでいれば，配分 3 が公平だという判断も成り立つ。他方，A が裕福なのは，彼・彼女の努力の結果であり，B が極貧に喘いでいるのは，彼・彼女が努力を怠ったからであれば，配分 2 が真の意味で公平かも知れない。いずれにせよ，公平か否かは価値判断に依存する。

他方，以下の配分 4～6 には無駄が生じているので，これらはパレート最適ではない（2 人には 10 単位の内，8 単位しか配分されていない）。パレート最適の定義に則して言えば，配分し尽くされていない 2 単位の財を，消費者 A（B）に与えたとすれば，B（A）の効用を減じずに，A（B）の効用を増加させることができる。したがって，配分 4 はパレート最適ではない。配分 5，配分 6 についても同様である。

配分 4：(A, B) = (4, 4)
配分 5：(A, B) = (5, 3)
配分 6：(A, B) = (3, 5)

経済政策の実地では，いくつかある選択肢の中から，1 つのオプションを選び出さなければならない。以下に述べるように，資源配分と所得分配の問題は多くの場合，不可分の状態で存在するから，現実の世界では，前者を犠牲にして後者を優先させることが十分に起こり得る。さすがに，配分 1 よりも配分 4 が選択されることはないが，配分 2 に対し配分 6 が選択される可能性はゼロではない。

パレート最適について，いくつかの留保を述べておこう。第1に，パレート最適は現状肯定的である。既述の通り，配分1～配分3はすべてパレート最適であるが，配分1が選択されるとそれ以外の配分への移動は，必ず消費者AあるいはBからの反発を買う。第2に，資源配分と所得分配の二分法は，理論的な整理のための便法であって，現実の社会においてそれは稀にしか成立しない。コース（R. H. Coase）の定理によれば，資源配分の効率性と私権分配は，以下の条件が満たされる限り分離可能である（宮澤，1988）。第1に，財・サービスの取引に関する情報が完全で，権利の割当てが明確に定義されていて，当事者双方が取引に伴う不確実性をよく理解していること。第2に，当事者は一切の取引費用を負担しないこと。この2つの条件が満たされなければ，コースの定理は成立せず，伝統理論の二分法も成立しない。

経済政策に関する筆者の意見（コメント1）と識者のコメント（2, 3）を紹介する。

コメント1：経済政策を論ずる著書や雑誌記事，討論番組で，著者・出演者が資源配分の観点に基づいて発言しているのか，あるいは所得分配の観点に基づいて発言しているのかを見極めることは重要である。後者に基づく意見が許されないわけではないが，往々にしてそれらは前者の問題に気づいていない（意識的に無視している）。一方，前者に基づく意見は，原則論を述べているにすぎず，真の政策論としては甚だ貧弱である。

コメント2：「伝えられるところによると，いつも「一方では…，他方では…」という経済アドバイザーに不満を持ったハーバート・フーバー大統領は，「片腕の経済学者を見つけてくれ」と命じたという[6]。しかしながら，経済学における大きな問題に対する誠実な答えは，一方では，他方では，といったような注意事項なしのことはほとんどない。市場の利点について，ほとんどの経済学者は悪びれることなく2つの腕を持っている」。（引用はMcMillan (2002)，翻訳本の18ページ）

---

[6] 「一方では…，他方では…」の英訳は "On the one hand, ... On the other hand" であり，フーバー大領の発言は "Find me a one-armed economists." である。

コメント3：「経済政策上のある問題について，五人の経済学者に助言を求めたら，五通りの全く違った答えがかえってきた——というのは，チャーチル首相の有名な皮肉であるが，まるで作り事でもあるまい。現在日本の農業政策が直面している問題についても，もし農業経済学者が解答を求められたとして，答えが一致する保証はない。経済学には，本来客観的な解答など存在しないのである。その理由は，三つある。（中略）第二に，経済政策や農業政策の問題は，価値判断と切り離し難く結び付いている。価値判断とは，人生いかに生くべきかの判断であり，究極的にはそれは個人の好みである。（中略）そうはいっても，政策について論じる以上，その価値判断はデタラメな好みではなく，一つの体系をなしていなければならない。価値判断の体系は，すなわちモラルである」。（引用は荏開津（1987）の239ページ）

交換経済のパレート最適

パレート最適に関する理解を深めるために，財を2人で交換するという行為を想定し，財が最終的にどのように配分されるか検討してみよう。消費者Aと消費者Bが2種類の財を保有しており，それぞれの財の合計が10単位だと仮定する。第6-1図のH点は，財の初期保有の状態を表している。消費者Aは第1財を1単位，第2財を9単位保有しており，消費者Bは第1財を9単位，第2財を1単位保有している。図中の曲線はH点を通過する消費者A，消費者Bの無差別曲線（I_A, I_B）である（O_A, O_Bが2人の無差別曲線の原点である）。第6-1図はエッジワースのボックス・ダイアグラム（Edgeworth box diagram）と呼ばれる。エッジワースは経済学者の名前である。

2人が財を交換し，たとえば，M点が実現すれば，2人は初期状態よりも高い効用を得ることができる。2つの無差別曲線とM点の位置関係から，このことは自明であろう。2人が手持ちの財を交換すれば，両者の効用は増加するが（効用を増加させるために2人は交換を行う），2人が消費する財の組み合わせは一体どこに落ち着くのだろうか。

第6-1図のF′点では，消費者Aの効用は初期状態と同じだが，消費者Bの効用は飛躍的に高まる。反対に，G′点では，Aの効用は飛躍的に高まるが，

6.1 資源配分と所得分配

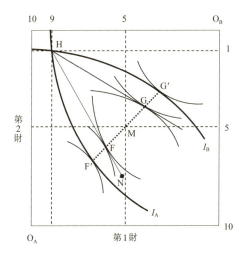

第6-1図 エッジワースのボックス・ダイアグラム

Bの効用は初期状態と同じである。両者の効用は，F点，G点でも初期状態のときに比べて増加する。いまH点からスタートし，交換の結果，N点が実現したと仮定しよう。明らかに，初期状態に比べて2人の効用は増加するが，F点のほうが両者の効用は高いから，交換はN点では終了しない。しかし，一度F点に落ち着けば，そこから移動することは困難である。たとえばF点からG点方向への移動により，消費者Aの効用は増加するが，消費者Bの効用は減少する。反対に，F点からF′点方向への移動により，消費者Bの効用は増加するが，消費者Aの効用は減少する。したがって，F点はパレート最適な配分（交換）である。

第6-1図のF′FGG′曲線は2つの無差別曲線の接点の軌跡であり，これを契約曲線（contract curve）と呼ぶ。上の議論から明らかなように，図のH点が交換前の状態であったとすれば，この契約曲線上に対応する財の配分は，すべてパレート最適である。証明は省略するが，この取引に参加する者の数が増えると契約曲線が縮小し，その数が無限大となると，契約可能集合が1点となることが知られている。これはエッジワースの極限定理と呼ばれている。詳細は根岸（1985, 231〜247ページ）を参照して欲しい[7]。なお，財の交

換が自由であれば，パレート最適な資源配分が実現するという事実は重要である。この点は次節で詳述する。

6.2 厚生経済学の基本定理と社会的余剰

厚生経済学の基本定理

厚生経済学の基本定理によれば，競争的市場機構による資源配分には無駄がなく，パレート効率性が達成される。反面から言えば，仮に政府が市場に介入すれば，資源配分は非効率なものとなる。これが基本定理の内容である[8]。競争的（完全競争）市場は以下の条件を満たしている。

(1) 取引される財は同質的である（1つの財について質の相違を認めない）。したがって，製品差別化（product differentiation）された財は，それぞれ別の市場で取引されると想定される。
(2) 多くの消費者・生産者が市場に参加している。その結果，消費者と生産者は価格を所与として行動する（price taker の仮定）。
(3) 情報が完全であり，品質に関して隠された情報（hidden information）が存在しない[9]。
(4) すべての消費者・生産者にとって，市場への参加，市場からの退出は自由である。

いうまでもなく，競争的市場は1つの抽象概念であり，上に掲げた4つの条件をすべて満たす市場は現実には存在しない。つまり，競争的市場は現実への第一次的な接近にすぎない[10]。

---

7) 消費者と企業の財の交換に関するパレート最適については，今井他(1982)を参照。
8) 正確に言うと，これは厚生経済学の第1基本定理と呼ばれる。第2定理は，「いかなるパレート効率的な配分も，一括固定税と一括補助金により所得を再分配すれば，完全競争市場均衡として実現できる」というものである。
9) その結果，逆選抜（adverse selection）のような事態は発生しない。逆選抜については，ミクロ経済学のテキストを参照して欲しい。

部分均衡による効率性分析

部分均衡による効率性分析で主役を演じるのは余剰概念である。第6-2図はコメ市場の需要曲線と供給曲線を描いたものである。貿易を無視すると，コメの市場均衡価格は P^*，取引量は Q^* となる。

消費者が一定量のコメに対して，支払ってもよいと考える最も高い価格（留保価格RP：Reservation Price）は，人それぞれであろう（ここではコメの品質間格差を考慮しない）。いま，すべての日本人の年間コメ消費量が一様に60 kg/人であるとして，留保価格の高い消費者からコメ市場に参入するものと仮定する（RPは60 kg当たりの価格とする）。つまり，第6-2図でRP＝OAの消費者が最初にコメを購入する。次に，RPがOA－Δ（<OA）の消費者が参入すれば，2人のコメの購入量は合計で120 kgとなる（Δは正の小さな値を意味する）。何人かの人が市場に参入した結果，購入量の合計が OQ^* となれば，最後にコメを購入した消費者の留保価格は OP^* で表される[11]。

コメの取引価格がOAであれば，最初にコメ購入の意思表明をした消費者は，かろうじてコメを購入できるが，2番目以降の消費者が，この取引に応ずることはない。留保価格が3万9千円で，コメの価格が4万円であれば，この消費者はコメの購入を断念するはずである。しかし実際には，コメの均衡価格は P^* であるから，多くの人がコメを購入し，この取引から経済的な利益を得ることができる。これを余剰と呼べば，最初に市場に参入した消費者は，$(OA－OP^*)$ 円の余剰を，2番目の消費者は，$(OA－OP^*－Δ)$ 円の余剰を得る。結局，日本全体でコメは OQ^* だけ購入されるから，消費者が得る余剰の合計は AEP^* の面積に等しくなる。これを経済学では消費者余剰（consumer's surplus）と呼ぶ。

一方，コメの取引によって生産者にも余剰が発生する。いま，すべての農家が一様に60 kgのコメを市場に供給するが，生産費は農家によって異なる

---

10) 農産物市場は(2)と(4)を満たしている。またtraceabilityが確立されると，情報の非対称性の問題もある程度軽減される。
11) 留保価格の議論から，第4-13図でB2国（途上国）の純需要曲線が，B1国（先進国）の純需要曲線よりも下に位置している理由が理解されるであろう。

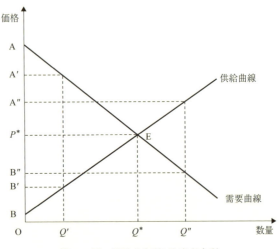

第6-2図　消費者余剰と生産者余剰

と仮定する。米価がOBのとき，この市場でコメを販売できるのは，60 kg当たりの生産費がOBの農家だけである（これよりも低い価格では赤字となるので，そもそもコメを生産しない）。生産費の低い農家から順にこの市場でコメを販売し，全体の供給量がOQ^*となったとき，60 kg当たりの生産費がOP^*である農家がこの市場に参入する。

実際には，コメは価格OP^*（円/60 kg）で取引されるから，最初にコメ市場に参入した生産者は，（OP^*-OB）円の利益を，2番目に市場に参入した生産者は（$OP^*-OB-\Delta'$）円の利益を得る。結局，日本全体でコメはOQ^*だけ販売されるから，生産者の利益の合計はP^*EBの面積に等しくなる。これを生産者余剰（producer's surplus）と呼ぶ。

以上のことから明らかなように，コメの取引により，消費者と生産者の双方に余剰が発生し，その合計はAEBの面積に等しくなる。これを社会的余剰（social surplus）と呼ぶ。

パレート最適再論

第6-2図でコメの取引がE点で行われると，それはパレート最適である。たとえば，取引量がOQ'となった時点で，コメの取引を一旦停止したと仮

定しよう。このときの取引価格は OA′ と OB′ の間のどこかに決まる。取引を再開すれば，次にこの市場に参入する消費者の留保価格は OA′−Δ であり，この市場でコメを販売しようとする生産者が納得する米価は OB′+Δ′ である。OA′−Δ＞OB′+Δ′ であるかぎり，この 2 人には取引を行うインセンティブが存在し，取引価格は OA′−Δ と OB′+Δ′ の間のどこかに決まる。

コメの取引が再開されると，他の誰かの効用を低下させることなく，この市場に参入した消費者と生産者は取引を行うことができる。ところが，OQ^* の手前で取引を停止すれば，余剰の増加が見込まれるにもかかわらず，それが実現しないという意味で無駄が生じている。つまり，OQ' で取引を止めることはパレート最適ではない。一方，取引数量が OQ^* を超えて，たとえば OQ'' に達した場合，消費者の留保価格は生産者が納得する価格よりも常に低いので（OB″＜OA″），取引そのものが成立しない。以上のことから，E 点がパレート最適であることが分かる。

社会的余剰の最大化

競争的市場（需要曲線と供給曲線が交差する点で取引価格と取引数量が決まる市場）は資源の最適配分（パレート最適）を実現し，市場への政府介入は必ず総余剰（社会的余剰）を減少させる。このことを示すためには，総余剰が競争均衡で最大となることを示せばよい（社会的余剰の最大化は，余剰がこれ以上増える余地がないという意味で，無駄は生じておらず，効率的な資源配分が実現したとみなし得る）。

第 6-3 図で市場における需要曲線と供給曲線がそれぞれ，DD′ と SS′ であれば，E 点で市場は均衡（需給が一致）し，そのときの消費者余剰と生産者余剰の合計（総余剰）は DES となる。一方，取引価格を OA，取引量を OI とした場合，消費者余剰は DGA，生産者余剰は AGHS となり，この合計は明らかに DES よりは少ない[12]。

社会的余剰の最大化には，基数的な効用と個人間の効用比較という強い価値判断が含まれている。たとえば，2 人の消費者が同じ量の財を消費してい

---

12) 取引価格を OC，取引量を OI とした場合も，総余剰は DES には及ばない。取引量が OK より多い場合も同様である。

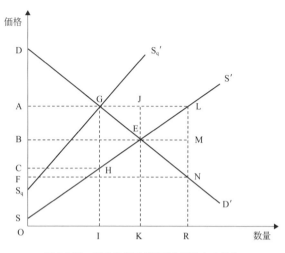

第6-3図　競争均衡の最適性と補助金の投入

ても，彼らが同じ効用を得ているとは限らない。同じことであるが，個人の重要度が同じであるという仮定が成立しなければ，個人の余剰を足し上げることは無意味となる[13]。こうしたことから，社会的余剰の最大化を目指す政策は，経済的な弱者の効用を蔑ろにしているといった議論にまで発展しかねない。先ほどのセンの議論に通じるところがあるが，いずれにせよ，余剰概念の限界については，すでにミクロ経済学のテキストで指摘されているので，そちらを参照して欲しい。

6.3　食料問題の余剰分析

補助金の投入

第6-3図で政府がORまでの増産を計画し，そのコメを消費者にOF（＝RN）の価格で売り渡すと仮定する。戦後のある時期まで，日本のコメ市場は，まさにこのような状態にあったと推察される。当時，コメは日本人にと

---

[13]　余剰の足し上げには，すべての人の貨幣の限界効用が同じという強い仮定が必要となる。

って主食であり，その代替財も少なかったため，OK（供給曲線 SS' と需要曲線 DD' が交差する点で決まる取引量）では，多くの国民が栄養不足に陥る。そこで政府は OR までの増産を計画したのである。しかし，農家がこの計画に同意するためには，生産者価格（政府買入価格）を OA（= RL）の水準まで引き上げなければならない。その結果，生産者余剰は SLA，消費者余剰は DNF となるが，コメの消費者価格と生産者価格が乖離しているため，この差（売買逆ざや）を財政によってカバーする必要があり，その総額はALNF となる。したがって，社会的余剰は DES − ELN となり，E 点でコメを取引した場合よりも，ELN だけ少なくなる。この減少分は社会的余剰の欠損（死荷重）とみなされる。

こうした農業政策については 2 つの意見が予測される。政府の市場への介入は，社会余剰の最大化を犠牲にし，稀少な資源を浪費しているから，断じて容認できない。もう 1 つは，国民に十分な栄養を提供することを目的に，政府が市場に介入したのであれば，社会的余剰の最大化が犠牲になるのは致し方ない。読者はどちらの意見を支持するだろうか。

日本のコメ政策

　日本人の 1 人当たりコメの年間消費量（供給純食料）は 1962 年の 118 kg をピークに下がり続けており，現在では 50.7 kg まで減少した（第 6-4 図）。言うまでもなく，1 国におけるコメの総需要量は 1 人当たり消費量と総人口に依存する。日本の総人口は 2005 年に戦後はじめて前年を下回った後，2008 年にピークを迎え，2011 年以降減少し続けている。つまり近年では，国民 1 人当たりの年間消費量のみならず，総人口もコメの国内消費量（国内消費仕向け量）を減少させる方向に寄与している。

　1960 年代半ばまで，コメの供給量は需要量を下回っていたため，毎年の不足分を海外からの輸入に依存していた。ところが，1967，68 年に収穫量が 1400 万トンを突破すると，コメの需給は突如として不足から過剰へと転じた（政府米在庫の発生）。ちなみに，八郎潟の干拓地（秋田県大潟村）への入植が始まったのも 1967 年である（干拓事業はコメの増産を目的として 1950 年代から始まっていた）。

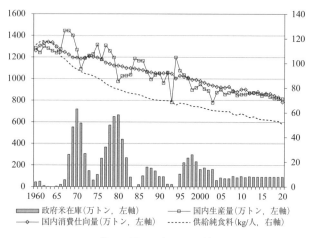

第6-4図　日本のコメ需給

資料：「食料需給表」,「米をめぐる関係資料」(農水省).
注：政府米在庫は外国米を除いた数量。

　当時，コメは政府による強い統制下に置かれており，生産されたコメは農家の保有米を除き，政府が全量を買い入れ，それを卸売業者に売り渡していた。1942年に制定された食糧管理法（食管法）がコメの自由な取引を規制しており，買入価格（生産者米価）と売渡価格（消費者米価）も政府が決定していた。米価の決定には政府の裁量が強く働くため，生産者団体は当時の政権与党に働きかけ，生産者米価の高値維持を勝ち取っていた（rent-seeking activities）。

　生産者米価と消費者米価が乖離し，同時にコメの在庫が発生したため，その差額（売買逆ざや）と保管費用を政府が負担しなければならなかった。その状況が第6-1表に示されている。1960年代前半まで，価格支持政策（需給均衡価格を上回る価格で生産者から買い上げる政策）により，コメの増産が可能となったが，国民所得が向上し，食生活が多様化・高度化するに従い，コメに関する流通・価格統制を必要とする日本人は急速に減少していった。食管法は消費者よりもむしろ，稲作農家の経済的な利益を高米価によって保護する装置として機能してきたのである。この時代の生産者米価の決定は，生産費及び所得補償方式と呼ばれ[14]，消費者米価との乖離が恒常化した。

第6-1表 米価と逆ざや

(円/玄米 60 kg)

年	政府買入価格①	政府売渡価格②	売買逆ざや ②−①	コスト逆ざや
1970	8272	7442	−830	−2219
1975	15570	12205	−3365	−5764
1980	17674	15891	−1783	−5940
1985	18668	18598	−70	−3474
1990	16500	18203	1703	−2281
1995	16392	18123	1731	−5404

注:加古(2006)から転載した。コスト逆ざやとは,在庫等の管理費を考慮した欠損を意味する。

その結果,1980年代に政府が負担する食管赤字は1兆円にも達し,国鉄(現JR)と健康保険の赤字とともに3K赤字と呼ばれた。

過剰在庫の発生を抑えるため,政府は1969年にコメの生産調整(減反政策)をスタートさせた(本格的な開始は翌年から)。減反とはコメの作付けを制限することに由来するが,第2章第2節で述べたように,2004年からは生産数量を配分する方式(ポジ数量配分)へと移行した。2018年には米の直接支払交付金(生産調整補助金)が廃止されたが,経営所得安定対策や水田活用の直接支払交付金が,戦略作物の水田「本作化」(後述)を後押ししている。減反政策が導入されたことで,コメの供給量が抑制され,米価の維持が可能となったのである。コメの取引と価格形成が自由化されたのは,食管法が廃止され,食糧法(主要食糧の需給及び価格の安定に関する法律)が施行された1995年からである。食糧法の下で,政府が管理するコメはミニマム・アクセス米と備蓄米だけとなり,2004年に同法が改正されると,自主流通米も廃止され,計画流通米(自主流通米)と計画外流通米(自由米)の区別も消滅した。現在,コメの取引は国境措置を除き,完全に自由化されたと考えてよい。

第6-3図を用いて,減反政策の経済的な得失を簡単に説明しておこう。コメの供給曲線がSS′,需要曲がDD′の下で,生産者米価がOA,消費者米価

---

14) 1960年に採用された生産費及び所得補償方式の下で,米価はその後も上昇を続けた。同方式と政府売渡義務は食管法の廃止(1995年)とともに撤廃された。

がOBであれば，EM（＝JL）に相当するコメが過剰となると同時に，コメの単位数量当たりABの売買逆ざやが発生する。過剰在庫を売却できなければ，政府にはAJEB＋JLRKの財政負担が発生する。E点での取引が実現すれば，財政負担はなくなり，社会的な余剰が最大化されるが，米価が急落する。これを避けるための手段が減反政策に他ならない。

この政策の下では，政府がコメの作付面積を制限する代わりに，生産者に補助金を交付する。それにより，供給曲線がSS′から$S_qS_q′$へとシフトし，その結果，G点でコメの需給が均衡し，米価はOAの水準に維持される。このときの社会的な余剰はDGS_qから減反補助金を引いた額となり，社会的余剰は最大化されない。生産調整が日本農業にとって必要な政策であれば，余剰の欠損（死荷重）は政策経費であり，社会的余剰が最大化されていないという理由で，その政策を否定することはできない。議論すべきは，生産調整を半世紀にわたり継続的に実施してきたことの是非である。

豊作貧乏

必需品である農産物の需要の価格弾力性（の絶対値）は，贅沢品などに比べて小さい。消費者の農産物に対する需要が価格にまったく反応しなければ，需要曲線は垂直となり，弾力性はゼロとなる。第6-5図はこのような需要曲線と豊作による供給曲線のシフトを表している。平年作の均衡価格は$p′$であるが，豊作年の供給曲線は下方にシフトするので，均衡価格はpとなる。図から明らかなように，豊作年の生産者余剰は平年作の生産者余剰よりも少ない。

通常の財（需要の価格弾力性がプラスの財）の場合，供給曲線の下方シフトに伴い均衡価格が低下すれば，同時に需要が増加するから，生産者余剰が減少するとは限らない。価格弾力性の絶対値が大きければ，価格の低下によって生産者余剰が増加することもある。たとえば，海外旅行の格安チケットには，大きな需要が見込まれるので，生産者（旅行代理店）の余剰は，チケット価格が低下しても減少しない。豊作によって生産余剰が減少するのは，需要の価格弾力性がゼロに近いからである。豊作による余剰の減少を「豊作貧乏」と呼ぶ[15]。

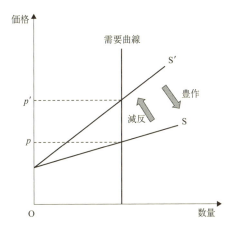

第 6-5 図　コメ市場の均衡と生産者余剰

減反政策の矛盾

　コメの生産調整は 1970 年から本格的にスタートしたが，1995 年に食管法が廃止され，食糧法が施行されるまで法的な根拠をもたず，強制力を伴う行政指導という形で実施されていた。政府は単純休耕に対しても助成を行う一方で，減反の目標面積を達成しない地域に対しては，翌年の減反面積を上乗せして配分すると同時に，補助事業の優先度を下げるなどのペナルティを科していた。単純休耕に対する助成は 1973 年に廃止され，代わって転作と効率的な土地利用（団地化，ブロックローテーションなど）が奨励された。ピーク時（1970 年）に 720 万トンにまで積み上がった政府米在庫は 1974 年に 62 万トンにまで減少したが，その後再び増加する兆候が現れたため（第 6-4 図），減反の目標面積に達しない地域に対するペナルティが強化される一方で，1978 年には転作奨励金（減反補助金）が前年度に比べて大幅に増額された。
　減反政策が導入された最大の理由は，政府および生産者が米価の維持を最

---

15)　他産業の生産者に比べ，農業生産者は価格低下に対してきわめて敏感に反応する。好天により野菜の収穫量の増加が見込まれる場合，市場価格の暴落を避けるために，農家はそれを収穫せずに，畑に戻すことさえある。

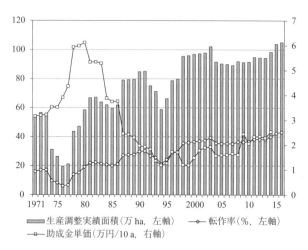

第 6-6 図　生産調整政策の推移

資料：「米の生産調整対策の実施状況について」(会計検査院)，「作物統計」(農水省).
注：2004 年度から生産調整がポジ方式に変わったため，実施面積に若干の不連続が生じている。また 1998 年以降，生産調整政策が複雑になったため，関連する交付金を正確に把握できていない。

優先させたからである。第 6-5 図に描かれた平年作と豊作年の供給曲線を読み替えて，減反により供給曲線が S から S′ へシフトすると[16]，コメの市場均衡価格は p から p' へと上昇する。「豊作貧乏」の説明から明らかなように，コメの供給を制限すれば米価が高く維持され，その限りにおいて生産者余剰が増加する。反面からいえば，減反を廃止し米価が低下すれば，生産者余剰は減少し，農家は減反奨励金を手にすることもできなくなる。

しかし，減反の継続は生産者にとって必ずしも歓迎すべき政策ではなかった。第 6-6 図が示すように，生産調整の実施面積はアップ・ダウンを繰り返しながらも，徐々に引き上げられており，2016 年時点で水田面積の約 4 割で主食用米以外の作物が栽培されている。言うまでもなく，これは政策によって生産者をコメ以外の作付けに誘導した結果であるが，転作率が上昇する過程で，生産調整の奨励金（助成金）単価が切り下げられたため，政策的な

---

16) 作付面積が減少するので，同じ米価に対して供給されるコメの量が減少する。

6.3 食料問題の余剰分析

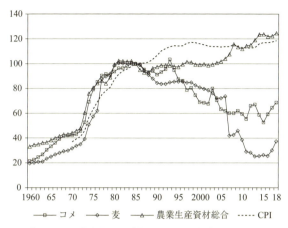

第 6-7 図　農産物および農業生産資材価格指数と CPI

資料：「農業物価統計調査」（農水省），「消費者物価指数統計」（総務省）．

矛盾が露わとなり，それが次第に深まっていった。加えて，麦や大豆，飼料作物の収益性が転作による所得減少分を補償するに十分ではなかったため，生産者の不満は募るばかりであった。

　財政支出の制約の下で，転作率の上昇と交付金単価の低下との間に存在する矛盾を解決する方法は原理的に 2 つしかなく，1 つは転作割当に関する行政介入の強化であり，もう 1 つは米価の引き下げである。転作割当は生産現場に近づくほど一律的なものになりやすく，それは生産者の自由な作付けを制限し，さらには経営規模の拡大や産地における適地適作をも阻害してきた（荒幡，2010；佐伯，2009）。こうした悪影響にもかかわらず，政府は 2009 年まで，生産調整が未達成の地域に対してペナルティを科し，行政介入を強化してきた。一方，生産調整に協力する生産者のモチベーションは，米価の維持にあるから，その引き下げは彼らの政策への参加誘因を著しく損なうものであった。

　第 6-7 図はコメ，麦，農業生産資材の価格指数と消費者物価指数（CPI：Consumer Price Index）を示したものである（1985 年 = 100）。コメ価格指数のピークは，大凶作の 1993 年を除くと，1984 年の 100.3 である。第 6-1 表が示すように，政府米の売買逆ざやがこの時期に消滅し，それ以降，米価は大

幅に引き下げられてきた。農業生産資材総合価格指数やCPIと比べると，いかにその下落幅が大きいかがよく分かる。現在の価格水準は小規模農家や自給的農家よりも，むしろ農地の受け手である担い手の経営を直撃しており，彼らの経営は政策的な支援（直接支払い）なしには立ち行かない状況にある（本書第2章第1節）。

減反政策の余剰分析

　減反政策の実施に当たり，政府は農村の平等原理や相互規制機能を利用して，すべての農家に同じ減反率を割り当て，政策の実効性を高めようとした。荏開津（1987, p. 149）は，「政策当局が農家に対して経済原則に反する行動をとらせるための政策手段は，明文化された法規によるのが近代社会の基本であり，「ムラ」の利用には根本的な問題が含まれている」と述べている。政策に対するもう1つの批判は，その一律性にある。稲作への依存度や生産性が農家ごとに異なれば，減反面積の一律的な割当は，不公正であるばかりでなく非効率でもある。こうした批判をかわす1つの手段が選択制に他ならない。つまり，一部の農家に自由作付けの機会を与える代わりに補助金を交付せず，残りの農家に対しては，補助金を交付して減反を継続してもらうのである。減反への参加・不参加は強制ではなく，農家の判断に委ねられる。

　一律的な減反から選択制への移行が，パレート効率性を改善するのであれば，最善の状態（コメ取引における社会的余剰の最大化）へ至る過程として，選択制の採用は検討に値する。実際に，食糧法の制定後に，手上げ方式による生産調整（選択的減反）が政府内で議論されたが，1990年代後半に再発したコメの過剰（第3次過剰）により，従来通りの一律的な生産調整が継続して行われた。佐伯（2005a, b）は，政府が計画流通米シェアの拡大を目指しながら，コメ生産農家間の利害得失を調整しようとすれば，生産調整は強制的なものにならざるを得なかったと述べている。

　2002年に農水省から「米政策改革大綱」が公表され，改正食糧法の下で生産調整は新たな方式へと移行し，その中で，生産調整に参加する農家に対するメリット措置が導入された。この制度の下で，米価が低下した場合，参加農家に対しては一定の補填措置が講じられたが，不参加農家は米価の下落

を受け入れざるを得なかった。つまり選択制の導入であるが，不参加農家は認定農業者となることができず，真の意味での選択制とはならなかった（生源寺，2011）。

その後2007年に米価急落の兆候が現れたため，選択的な生産調整は強制的なものへと後戻りしている。選択制が本格的に導入されたのは，コメの戸別所得補償制度が始まった2010年からである。民主党政権への移行に伴い，それまでの産地づくり助成（かつての転作助成）は姿を消し，生産調整への参加を条件とする補償制度が，新たにその実効性を担保する措置として導入されたのである。

本項では余剰概念に基づいて，減反政策の効率性を評価する。ロジックはきわめて単純である。モデルに登場するのは消費者，減反に参加する農家，参加しない農家で，この3者の内，1人あるいは2人の効用（所得）が一律減反から選択制への移行に伴い変化せず，残りの2人あるいは1人の効用（所得）が増加すれば，選択制の導入はパレート効率性を改善する。言いかえれば，一律減反はパレート最適ではなかったことになる。また，生産調整が完全に撤廃された場合の余剰変化を計算し，そうした政策の実現可能性についても検討を加える。

農地面積（$\bar{S}$）はすべての農家で同じであり，一律減反の下での作付率をx_0（減反率を$1-x_0$）で表す。農家k（$=m, n$）の生産関数を

$$Q_k = a_k \sqrt{V_k x_0 \bar{S}}$$

とする。Vは中間投入財，$x_0 \bar{S}$はコメの作付面積を表す。a_kは生産性を表す正の定数で，$a_m \leq a_n$を仮定する。Vをニュメレール（価値基準財）として，p_0, q_0をそれぞれ，肥料価格を基準とする米価と面積当たりの減反奨励金単価とする。また，農家mと農家nの戸数をそれぞれ，g（>1）と1と仮定する（この意味については後述する）。

各農家は以下で定義される農業所得をVに関して最大化する。すなわち，

$$\max_{V_k} Y_k = p_0 a_k \sqrt{V_k x_0 \bar{S}} - V_k + q_0 (1-x_0) \bar{S}$$

である。$q_0 (1-x_0) \bar{S}$は農家が受け取る減反奨励金で，ここでは転作物収入を無視した。肥料の均衡投入量から以下の2式を得る。

$$Q_k^* = \frac{a_k^2}{2} p_0 x_0 \bar{S}$$

$$Y_k^* = \frac{a_k^2}{4} p_0^2 x_0 \bar{S} + q_0(1-x_0)\bar{S} \tag{6.3}$$

コメの需要曲線が第 6-5 図に示すように垂直であれば，コメの需給均衡価格は

$$p_0 = \frac{2D}{(ga_m^2 + a_n^2) x_0 \bar{S}} \tag{6.4}$$

で与えられる。D はコメの総需要量である。

一方，選択制の下では，農家 m （生産性が相対的に低い農家）が減反に参加し，農家 n （生産性が高い農家）は参加しないものとし，農家 m に割り当てられる減反率は，一律制の場合と同じ $1-x_0$ であると仮定する。このときの米価を p_1 で表すと，農家 n の均衡解として次式を得る（農家 m の均衡解は一律減反の解から類推できる）。

$$Q_n^+ = \frac{a_n^2}{2} p_1 \bar{S}$$

$$Y_n^+ = \frac{a_n^2}{4} p_1^2 \bar{S} \tag{6.5}$$

また，このときの需給均衡価格が以下で与えられる。

$$p_1 = \frac{2D}{(ga_m^2 x_0 + a_n^2) \bar{S}} \tag{6.6}$$

一部の農家が減反に参加しないので，当然，$p_1 < p_0$ が成り立つ。

以下では，減反政策が一律制から選択制に移行しても，農家 m の所得が変化しないように，奨励金単価が調整されるものと仮定する。その値を q_1 で表せば，(6.3)～(6.6) 式から次式を得る。

$$q_1 = \frac{D^2}{\bar{S}^2} \cdot \frac{a_m^2 a_n^2 (2ga_m^2 x_0 + a_n^2 + a_n^2 x_0)}{x_0 [(ga_m^2 x_0 + a_n^2)(ga_m^2 + a_n^2)]^2} + q_0 \tag{6.7}$$

当然，$q_1 > q_0$ が成り立つ。$p_1 < p_0$ であるから，選択的減反に参加する農家の稲作所得は減少するが，奨励金の受取額が増えるため，農家 m の所得は一定に保たれる。一方，消費者が負担する減反奨励金の総額は，減反が一律的およ

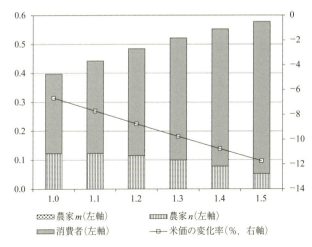

第6-8図 一律減反を基準とする選択制下の米価変化率と余剰変化

び選択的の場合でそれぞれ，$R_0 = (1+g) q_0 (1-x_0) \bar{S}$，$R_1 = gq_1 (1-x_0) \bar{S}$ で表される。

減反を完全に廃止したときの米価は $p_a = x_0 p_0$ となり，k 農家の所得は $Y_k^a = a_k^2 p_a^2 \bar{S}/4$ となる。また，一律制から選択制への移行により，減反奨励金負担込みの消費者余剰の変化は $\Delta CS_1 = (p_0 - p_1) D - (R_1 - R_0)$ となる。同様に，一律減反時を基準とすれば，減反の廃止による消費者余剰の変化は $\Delta CS_a = (p_0 - p_a) D + R_0$ となる。

以下では $x_0 = 0.7$，$\bar{S} = 1$，$q_0 = 0.4$，$D = 5$，$g = 5$ とした上で，一律減反を基準とする米価の変化率と3者（農家 m，農家 n，消費者）の余剰（所得）変化を計算した。第6-8図が選択制へ移行した場合，第6-9図が減反を廃止した場合の結果である。両図の横軸は農家間の生産性格差 (a_n/a_m) を表している。

先ず第6-8図であるが，(6.7) 式の成立により，減反が一律制から選択制へと変化しても，農家 m の所得は一定に保たれる。つまり，$\Delta Y_m = Y_m^+ - Y_m^* = 0$ が常に成り立つ。消費者余剰の変化は米価の変化 ($p_1 - p_0$) と奨励金負担額の変化 ($\Delta R = R_1 - R_0$) に依存する。減反奨励金の負担額は，選択制への移行に伴い増加するが，米価低下による余剰の増分がそれよりも大きいため，消

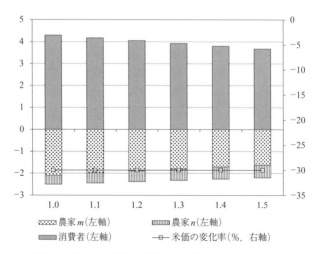

第6-9図　一律減反を基準とする減反廃止時の米価変化率と余剰変化

費者余剰は増加する。これは上で設定した x_0 から g までの値とは無関係に成立する。選択制の下では農家 n が減反に参加しないので，a_n/a_m の値が大きいほど米価の低下率は大きい。$a_n/a_m=1.0$ と 1.5 の場合の米価低下率は，それぞれ 6.7% と 11.7% であった。

第6-8図が示す通り，農家 n の所得変化（ΔY_n）はプラスである。ただし ΔY_n の符号は，g と $\bar{S}$ の値に依存する。たとえば，$g=1$ とした場合，$1 \leq a_n/a_m < 1.5$ の範囲で $\Delta Y_n < 0$ となる。これは $g=5$ の場合に比べて，米価が著しく低下するため，農家 n の作付率を 1 としても，所得の減少分をカバーできないからである。$\bar{S}=2$ とした場合も同じ理由により $\Delta Y_n < 0$ となる。こうしたケースを例外とすれば，選択制への移行は，農家 m の所得を一定の水準に維持しながら，消費者の効用と農家 n の所得を増加させるという意味で，パレート効率性を改善する。

第6-9図によれば，減反の廃止により，消費者余剰は増加するが，農家（$k=m, n$）の所得は減少する。減反が廃止され，すべての農家の作付率が x_0 から 1 へと上昇するので，米価は a_n/a_m とは無関係に 30% 低下する。総余剰（消費者余剰と農家所得の合計）の増加分は，一律制から選択制へ移行したときよりも，減反を廃止したときのほうがはるかに大きい。これは減反廃止

が社会的余剰の観点から，最善の策であることを示唆している。

　まとめると，一律制から選択制への移行は，パレートの意味での効率性を改善する。また，減反廃止によって農家の余剰は減少するが，消費者余剰の増分が，それを補填して余りあるほどに大きいから，消費者から農家へ余剰の一部を移転すれば，全員の効用を下げることなく，減反を廃止できる。政策変更（この場合は減反の廃止）により，得をする人（消費者）が損をする人（農家）に所得を移転することで，全員が利益を得ることができれば，そのような移転が実際に行われなくても，政策変更を認めるべきだとの考え方を補償原理と呼ぶ。神取（2024）によれば，この原理を多くの経済案件に包括的に当てはめると，所得移転が実際に行われなくても，長期的には多くの人が経済的な恩恵を受けることができる。ただし，神取（2024）も認めるように，補償原理が適用できる政策選択については，「正しい答え」が存在しないから，実証研究によってその妥当性を検証しなければならない。現実的には，所得移転の対象を農家 n に限定し，農家 m に対しては離農を促しながら，彼らの農地を農家 n に集積させるという選択もあり得る。

飼料用米政策

　政府のコメに対する関与が低下するなかで，農業政策の中心的な課題は戦略作物の水田「本作化」に移ってきた。「本作」とは「転作」に代わる概念で，その目的は戦略作物の栽培を水田で定着させ，田畑複合経営を確立することにある（佐伯，2005a）。これをコメの転作としてではなく，独自の水田政策として推進するというのが「本作化」の意味であり，第2章第1節で述べたように，直接支払いの体系もそれに呼応する形で見直しが進んでいる[17]。

　第6-2表に第5次食料・農業・農村基本計画の生産・自給率目標（2030年度）を示した（抜粋）。主食用米生産については，2018年度の実績値から50万トンを超える減産が見込まれる一方で，新規需要米や麦・大豆，飼料作物

---

[17]　水田「本作化」は2000年の土地利用型農業活性化対策大綱における政策目標でもあったが，「本作化」の重点作物が飼料用米となったところに最近の特徴がある。政府は2009年に米穀の新用途への利用の促進に関する法律（米粉・飼料用米法）を制定し，主食用米の新用途への利用拡大を図っている。

第6-2表　基本計画の生産(万トン)・自給率目標(%)

	2018年度実績	2030年度目標
米	821	806
米(米粉・飼料用米除く)	775	723
米粉用米	2.8	13
飼料用米	43	70
小麦	76	108
大麦・はだか麦	17	23
大豆	21	34
生乳	728	780
牛肉	33	40
豚肉	90	92
鶏肉	160	170
鶏卵	263	264
飼料作物	350	519
供給熱量ベースの総合食料自給率	37	45
生産額ベースの総合食料自給率	66	75
飼料自給率	25	34

資料：「食料・農業・農村基本計画」(農水省).

については増産が目標とされている。注目したいのは飼料用米生産に関する意欲的な目標設定である。畜産物については大幅な生産拡大が目標とされていないから、飼料用の輸入穀物を国内産飼料用米や稲WCSなどで代替し、もって食料自給率を向上させることが意図されている。

　コメのエサ化は、日本農業における長年の課題であり宿願でもあった。「80年代の農政の基本方向」は「農業生産の展開方向」と題した一節で、飼料用米生産のメリットとデメリットを論じている。要約すれば、主食用米のエサ化には、在来稲作技術の利用、水田の保全管理や自給率の向上といった利点が存在する一方で[18]、関係者間で利害が対立しているため、収益性補塡について解決策を見出すことが困難であるとされている。飼料用米普及の障害としてはこのほかに、主食用米との区分出荷の困難性、新米のエサ化に対する国民感情などが挙げられるが、言うまでもなく、最大の隘路は輸入飼料穀物との価格差であった。

---

18) このほかにも、畑作物の連作障害を回避でき、田畑輪換のために圃場を整備する必要もなく、生産者が新たな農機具を購入する必要もないなどの利点が指摘されている。

荏開津（1987）は，飼料用米政策について論じているが，その中で現状程度の財政負担を前提とする限り，転作政策を飼料用米政策によって代替するためには，政府米価格を17%程度引き下げなければならないと述べている。同氏のモデルでは，1970年代から80年代前半にかけての食糧管理費（年間8700億円）を財政支出の制約として，300万トンの余剰米を飼料として処理するケースが想定されている。この試算では財政支出の制約が厳しくなり，余剰米の処理量が増えるほど，米価の引き下げ幅は大きくなる。著者が指摘するこの政策のメリットは，同一の財政負担をもって稲作生産力の発展が促され，同時に穀物自給率が上昇し，食料の安全保障にも貢献するという2点である。これは現在にも通じるが，当時，試案の域にとどまっていた政策が，今日実現可能な政策として選択の範囲に入ってきた最大の理由は，主食用米価格の大幅な低下にある（第6-7図）。見方を変えて言えば，コメのエサ化を可能とする経済環境を創り出すには，四半世紀を超える時間的猶予が必要だったのである。

飼料用米・稲を含む戦略作物の生産振興に必要なのは，輸入穀物との価格差をカバーする財政負担であり，端的に言えば，直接支払交付金込みの売渡価格を高く維持することである。もちろん交付金が価格のほとんどを占めることになる。生産者はエサ米と主食用米の相対価格を所与として，技術的な制約の下で最適な作物の組み合わせを選択する。主食用米生産が数量目標に沿って減少してきた背景には，戦略作物の栽培に対する手厚い助成が存在している[19]。政府が主食用米の供給を抑制し，米価の暴落を防ぎたいのであれば，戦略作物の助成金単価を引き上げればよい。戦略作物の水田「本作化」を定着させ，食料自給率の向上を図ると同時に，米価を適正な水準に維持するという仕組みである[20]。コメの需給調整に直接かかわらないという意味で，政府の役割は従来に比べて格段に縮小し，市場メカニズムに依存する部分が拡大する。

2018年産から，政府は米の直接支払交付金制度を廃止し，同時に生産調

---

[19] 主食用米の生産数量目標は2004年857万トンから，2021年には693万トンまで減少した。目標数量の引き下げに対して，実績数量も着実に減少しており，2015年産から3年間は超過数量もマイナスとなった。

整の見直しを明言した。このことについて農林水産省は「行政による生産数量目標の配分に頼らずとも，国が策定する需給見通し等を踏まえつつ，生産者や集荷業者・団体が中心となって円滑に需要に応じた生産が行える状況になるよう，行政，生産者団体，現場が一体となって取り組む」と述べている[21]。生産調整の新方式への移行は，コメ政策改革の第2ステージ（2007年）から実施される予定であったが，上で述べたように，米価急落の兆候が現れたため，計画は頓挫している。これ以降の改革には仕切り直しの意味合いが込められている。

水田「本作化」のシナリオが，政府が思い描く生産調整の新方式と一致しているか否かは判然としないが，少なくとも生産者主体であることは間違いない。ただし，この方式には少なくとも考慮すべき4つの問題が存在する。1つは貿易摩擦の再燃である。主食用米価格が大幅に下がったことで，貿易交渉においてコメが再び農業保護の象徴となることを避けられたとしても，飼料輸出国がコメの飼料化政策を問題視しないとも限らない（荏開津，1987）[22]。2つめは助成金単価の適正水準に関するものである。政府は輸入穀物や主食用米の価格のみならず，水田「本作化」を担う生産者の農業収益，米の直接支払交付金制度廃止後における生産者の作物選択をも考慮しながら，助成金単価を決定しなければならない（生源寺，2017）。3つめは，財政支援の経営改善努力に及ぼす影響であるが，この点については第2章第1節で実

---

20) このような制度設計の下では，コメの過剰のみならず不足への備えも必要となる。現在，政府は毎年播種前に20万トン程度のコメを買い入れ，それを5年間棚上備蓄として保有し（つまり適正在庫を100万トン程度とし），飼料用等として売却している（回転備蓄方式に比べ市場価格への影響が小さい）。主食用途に備蓄米を売却するのは凶作の場合に限るとしているが，恒常的にコメが不足するのであれば，関税率の引き下げを検討してもよい。一方，米価暴落への備えとしては，2019年から始まった収入保険制度があるが，加入は青色申告をしている生産者に限られる。

21) 生産調整の長い歴史を振り返れば，生産者は行政による生産数量目標の配分に頼っているのではなく，半ば強制されてきたことは明白であるが，それは兎も角として，「80年代の農政の基本方向」や「水田農業確立後期対策大綱」にも生産者団体主体による生産調整の文言がみられる。

22) 現在，飼料穀物の輸入量は年間1500万トン程度であるが（主な輸入先は米国だが，最近はブラジルからトウモロコシ輸入が増加している），政府は将来，配合飼料原料として利用できる国内飼料用米生産と政府保有米穀（備蓄米とMA米）の合計を450万トンと見込んでいる（「米をめぐる関係資料」）。

証分析の結果を示した。4つめは，飼料用米や稲WCSに対する畜産農家の需要であり，これには流通や技術の問題が係わってくるが，ここではこれ以上立ち入らない。

農産物の貿易政策[23]

わが国におけるコメ政策のもう1つの柱は国境措置，すなわち輸入制限である。第6-10図のDD'，SS'は，それぞれ日本国内におけるコメの需要曲線と供給曲線を表している。貿易が行われず，E点で国内の需給が均衡していれば，社会的余剰はDESの面積に等しくなる。

コメの国際価格がOPのとき，貿易を制限しなければ，この価格で外国産米が国内市場に流入する。コメの国際的な取引量が少なければ，日本の輸入により，短期的には国際価格は上昇すると予想されるが（第4章の「薄い市場」を想起せよ），ここでは「小国の仮定（small country assumption）」を想定し，日本の輸入は国際価格に影響しないものとした。

価格OPのコメが海外から自由に輸入されると，国内需要量はPG，国内供給量はPCとなり，CGに相当する量が海外から輸入される。このときの消費者余剰はDGP，国内の生産者余剰はPCSとなり，閉鎖経済のときに比べて，総余剰はECGだけ増加する。これが貿易の利益であり，もっぱら消費者がその恩恵にあずかることは明らかであろう。一方，貿易の自由化により，安価なコメが大量に国内に流入するため，生産者余剰（農家の利益）は減少する。農民・農業者団体がコメの輸入自由化に反対するのは，このためである。

市場開放により生産者（農家）が被った損失（RECPの面積に相当）を貿易の利益で補填すれば，生産者余剰は減少しない。政策変更（貿易の自由化）により，全員（生産者と消費者）の余剰が減少することはないので補償原理が適用できる。つまり，先の神取（2024）の指摘に従えば，補償を実際に行わなくとも，貿易の自由化を認めるべきだとの結論に至るが，減反廃止のケースと同様に，この原理が多くの案件で適用されなければ，全体として

---

23) 本項のモデルは今井他（1982）を参考にした。

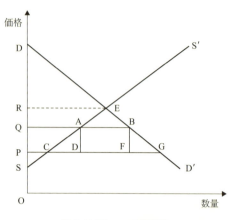

第6-10図　コメの関税化

最善の状態は実現しない。したがって，農産物の貿易自由化も，減反廃止と同様に，議論を尽くすべきテーマとなるのである。

仮に生産者も消費者も納得する額の所得が移転されると，貿易の自由化によりパレート効率性が改善する（消費者の余剰を減少させることなく，生産者の余剰を維持できる）。ただし，消費者から生産者への所得移転については，考慮すべき問題が少なくとも2つある。1つは補塡の是非についてであり，これを政策として遂行するためには納税者である国民の合意が必要である。すでに第2章第1節で触れたように，日本を含め世界各国の農業政策は，消費者負担から納税者負担への転換を図っている。もう1つは，所得移転が農家の生産意欲に及ぼす影響である。貿易の自由化が生産者余剰（農業所得）にまったく影響しないのであれば，稲作の生産性を改善しようとする農家（輸入自由化後も稲作を継続して行う農家）の士気は鼓舞されない。これに関連する問題についても，すでに第2章第1節で議論した。

完全な貿易の自由化ではなく，輸入されるコメ1単位当たりPQの関税を課すこともできる。この場合，国内価格はOQ，国内需要はQB，国内供給がQA，輸入がABとなる。生産者余剰はQASとなるから，自由貿易のときに比べ，生産者余剰はQACPだけ増加するが，消費者余剰はDBQとなり，QBGPだけ減少する。関税収入（政府の収入）がABFDで表されるから，

結局，ADC と BFG の合計が，関税化による余剰の損失（死荷重）となる。

市場統合の経済効果

　市場統合は自由貿易をさらに推し進めた形態であり，欧州連合はその端的な例である。いま A 国と B 国の同じ財（コメ）の需給を考える（両国で生産されるコメの品質は同じであると仮定する）。両国の需要曲線は $p = 5 - q$（p が価格，q が数量）で同じであるが，供給曲線は A 国で $p = q$，B 国で $p = 0.5q$ と仮定する。同一価格に対して，B 国のほうがより多くのコメを供給することができるが，これは A 国に比べ B 国のほうが，コメの生産性が高いことを意味する。両国がコメを自給し貿易を行わなければ，以下の状況が生まれる。

　　A 国：需給均衡価格 = 2.5，需給均衡数量 = 2.5．
　　　　　生産者余剰 = 25/8，消費者余剰 = 25/8，総余剰 = 25/4．
　　B 国：需給均衡価格 = 5/3，需給均衡数量 = 10/3．
　　　　　生産者余剰 = 25/9，消費者余剰 = 50/9，総余剰 = 25/3．

　貿易が行われないので一物一価が成立せず，均衡価格はコメの生産性に劣る A 国のほうが B 国よりも高い。コメに対する需要が両国間で同じという条件の下で，コメの生産性が相対的に高い B 国のほうが A 国に比べて総余剰が大きいというのも道理に適っている。ただし興味深いことに，生産者余剰を比べると，B 国よりも A 国のほうが大きい。つまり，コメの生産性が相対的に高いというメリットは，B 国の生産者ではなく，もっぱら同国の消費者が享受しているのである（B 国のほうがコメをより効率的に生産できるため，その恩恵が消費者に及んでいる）。両国のコメの需要曲線がもう少しフラットであれば，生産者余剰は A 国よりも B 国のほうが大きくなる。これは豊作貧乏の所で説明した原理と同じである（たとえば，両国の需要曲線を $p = 5 - 0.5q$ とすれば，このような状況が生まれる）。

　両国の市場が統合されると，需要曲線は $p = 5 - 0.5q$，供給曲線は $p = q/3$ となるから[24]，以下の状況が生まれる。

需給均衡価格＝2，需給均衡数量＝6（A国で2，B国で4），
　　生産者余剰＝6，消費者余剰＝9，総余剰＝15．

　市場統合によって一物一価が成立する．また前項の貿易モデルとは異なり，市場統合後の米価がA，B両国の需給に依存するため，小国の仮定は成立しない（貿易の自由化により均衡価格が変化する）．市場統合前における両国の総余剰の合計は6.25＋8.33＝14.58であるから，統合後に総余剰は増加する．これがこのモデルにおける貿易の利益である．市場統合後にコメはA国で2単位，B国で4単位生産され，生産者余剰はA国で2，B国で4となる．市場統合によって生産者余剰はA国で減少し，B国で増加するので，A国の稲作農家は市場統合に反対し，B国の稲作農家は賛成するものと予想される．

　市場統合により総余剰が増加するのは，より効率的な生産を行っている国の供給量が増加し，非効率な生産を行っている国の供給量が減少するからである．総余剰の増加は，資源が効率的に利用されたことによる必然的な結果であると言える．ただし，効率性の追求や社会的余剰の最大化が経済政策の唯一無二の目的ではないことを認めると，実際に市場統合を目指すべきか否かは別の問題となる．次節で議論するように，その理由としては，人間が日常生活を送る上で無視できない非市場的価値の存在が挙げられる．

　いずれにせよ，市場統合が社会的余剰に及ぼすプラスの影響は，2国間の貿易のみならず，国内の資源移動についても当てはまる．物流や通信システムが確立されていない途上国では，市場が地域ごとに分断されている．その結果，国内市場においてすら一物一価が成立せず，効率的でない資源配分の状態が温存される[25]．

---

24) 生産要素が2国間を移動しなければ，2国の需要・供給曲線を横に足しあげたものが，市場統合後の需要・供給曲線となる．

6.4 環境問題の余剰分析

経営統合のメリット

前項のモデルでは市場統合によって，生産性の低い国の生産量が減少し，生産性の高い国の生産量が増加することで，社会的余剰が最大化されることをみた．以下のモデルでは，外部不経済というネガティブな効果が経営統合によって抑制され，資源配分の効率性が改善することを示す．

いま河川の上流で操業する化学工場（企業）を想定し，その生産関数が以下で表されると仮定する．

$$q_1 = f(l_1) = a^2 - (l_1 - a)^2$$

l_1 はこの企業で雇用されている労働者数を表し，$l_1 \leq a$ とする．これは労働の限界生産力がプラスの領域で生産が行われることを意味する．さらに，q_1 の生産量に対し，$h = cq_1$ の公害（汚水）が河川に放出されるものと仮定する（c は正の定数）．一方，河川の下流では漁業が行われており，その生産関数を

$$q_2 = g(l_2, h) = b^2 - (l_2 - b)^2 - h$$

で表す．l_2 は漁場で働く労働者の数で，漁獲高（q_2）は汚水の量（h）だけ減少する．上と同じ理由により，$l_2 \leq b$ を仮定する．

ここで化学製品の販売価格，魚の販売価格，賃金をそれぞれ，p_1, p_2, w で表し，これらは生産者（工場の経営者，漁業者）にとって所与であると仮定する．ただし，次式を仮定する．

$$p_1 - cp_2 > 0 \tag{6.8}$$

化学企業の労働投入に関する利潤最大化の1階条件は $p_1(df/dl_1) = w$ であるから，これより最適な労働投入量が次式で与えられる．

---

25) 市場統合の効果は，生産物市場だけではなく，労働市場のような要素市場についても当てはまる．わが国では，高度経済成長の時代（1950年代半ば〜70年代前半）に，農村から都市へ大量の労働力が移動した．しかし政府がなんらかの理由により，このような労働移動を制限すれば，都市の高賃金が維持され，都市・農村間で所得格差が現れる．中国政府は1950年代初頭に制定した「戸籍（戸口）制度」の下で，現在でも農村から都市への労働移動を制限している．このことによる経済的な損失については，すでに第5章第2節で説明した通りである．

$$l_1^* = a - \frac{w}{2p_1}$$

一方，漁業者が汚染（h）を所与として利潤を最大化すれば，1階条件は $p_2(dg/dl_2) = w$ であるから，これより最適な労働投入量が次式で与えられる。

$$l_2^* = b - \frac{w}{2p_2}$$

化学企業の生産活動は，漁業にマイナスの外部効果（外部不経済）をもたらしているにもかかわらず，企業の経営者はそのことを考慮せず，化学製品の生産・販売を行っている。その結果，効率的な資源配分は実現しない。言いかえると，化学製品の生産と漁業から得られる利潤の合計は最大化されない。資源配分の状態を最適化するためには，化学企業の生産活動をある程度抑制しなければならない。

いま，化学製品の生産と漁業を同時に運営する企業が設立されたと仮定しよう。したがって，この企業は2つの生産活動から得られる利潤の合計が最大となるように，2部門で雇用される労働者数を決める。すなわち，

$$\max_{l_1, l_2} \pi = p_1 q_1 + p_2 q_2 - w(l_1 + l_2)$$
$$\text{s.t.} \quad q_1 = f(l_1), \quad q_2 = g(l_2, h), \quad h = cq_1$$

である。利潤最大化の1階条件は

$$-2p_1(l_1 - a) + 2p_2 c(l_1 - a) = w$$
$$-2p_2(l_2 - b) = w$$

であり，これを解くと以下を得る。

$$l_1^+ = a - \frac{w}{2(p_1 - cp_2)}$$

$$l_2^+ = b - \frac{w}{2p_2} = l_2^*$$

(6.8) 式が成立する限り，労働の限界生産力がプラスの領域で生産が行われ，かつ $l_1^* > l_1^+$ を得る。つまり，最初のケースに比べて，化学工場で雇用される労働者数が減少するので，化学製品の生産量とともに汚水量も減少する。経営統合――外部不経済の内部化――により「市場の失敗」（後述）が回避され，資源の最適配分が実現するのである。

農業の多面的機能

　国際競争力を失った農業を財政的に支援する1つの拠り所は，農業および農村がもつ多面的価値である[26]。これは国内農業の保護を前提としているが，経済的な負担をしてまでも維持されるべき非市場的価値の存在が，こうした政策を推し進める1つの基本理念となっている。農林水産省の定義によると，農業，農村の多面的機能とは，「国土の保全，水源の涵養，自然環境の保全，良好な景観の形成，文化の伝承等，農村で農業生産活動が行われることにより生ずる，食料その他の農産物の供給の機能以外の多面にわたる機能」を指す。

　第6-11図のDD'は農産物の需要曲線，SS'は供給曲線を表しているが，消費者が農業生産に伴う多面的機能を正当に評価し，それを正直に申告すれば，需要曲線はMM'となる（需要曲線の高さは留保価格を表す）。つまり，農産物に対する消費者の評価は，消費財としての評価と多面的機能に対する評価の総和（縦和）となる。ここで多面的機能の恩恵を享受するのは，もっぱら消費者であると仮定する。社会的に望ましい農産物の取引量はMM'とSS'が交差するOBで，市場価格はp'となる。その結果，農産物の取引から発生する総余剰はME'Sとなるが，言うまでもなく，これは多面的機能が存在しない場合の総余剰DESよりも大きい。

　消費者が多面的機能の評価を正直に申告すれば，需要曲線はDD'からMM'へとシフトし，そのことにより農産物の取引価格がp'まで上昇する。ところが，消費者が多面的機能の価値に相当する留保価格を申告しなければ，需要曲線はDD'のままとなるから，農産物の取引量はOC，農産物価格はpとなる。多面的機能は消費者の申告とは無関係に発生するから，彼らはMNEpに相当する消費者余剰を手にすることができる。一方，消費者が正直に申告すれば，そのときの消費者余剰はME'p'で表されるから，MNEp＞ME'p'であれば，消費者は多面的機能の評価を正直に申告することなく，その便益を享受できる。これは外部性に基づく「市場の失敗」の一例であり，この場合，厚

---

26) もう1つの拠り所が食料の安定供給（2024年に改正された基本法では，食料安全保障）であることは言うまでもない。

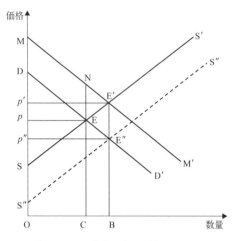

第 6-11 図　農業の多面的機能の評価

生経済学の基本定理は成立しない。つまり，社会的余剰は最大化されず，NE'E の部分が余剰の欠損となる。

　多面的機能の発揮を目的とする環境保全型農業は，日本の至る所で実践されており，例えば兵庫県の但馬地域では「コウノトリ育む米」が栽培されている。農薬などの使用をできるだけ抑え，コウノトリの餌となる生物が育つ環境を整えながらコメ作りを行い，コウノトリの野生復帰を支援している[27]。無農薬・減農薬農法は，通常の農法よりもコストがかかるが，第 6-11 図が示すように，需要曲線が上方にシフトし，コメの取引価格が上昇すれば，生産者余剰が増加する。その結果，費用の増加が余剰の増分によってカバーされ，生産者は「コウノトリ育む米」の栽培を続けることができる。ネット情報によれば，「但馬コシヒカリ　コウノトリ育む米」は現在 5 千円/5 kg 前後で販売されている。新米価格は 30 kg で 1～1.5 万円程度であるから，「育む米」は相当に高価であることが分かる。消費者が提示する高価格で，多面的機能が維持される政策をコース的アプローチ（Coasean approach）と呼ぶ。$MNEp < ME'p'$ であれば，生産者と消費者の取引（交渉）により，最適なコメ

---

27)　トキの生息地を確保しながら，地元で環境保全型農業を広めようという取り組みが，新潟県や石川県でも実践されている。

の生産量が確保され,「市場の失敗」が未然に防止されるのである。

同じ目的のために,政府が補助金を交付したり,税金を課したりする政策をピグー的アプローチ (Pigouvian approach) と呼ぶ。消費者が留保価格を正直に申告しないのであれば,異なる手段を用いて,「市場の失敗」を回避するしかない。この場合であれば,政府が多面的機能支払いのコメ数量当たり単価を $MM'-DD'=t$ (2つの需要曲線の縦の差) として,$t \times OB$ を生産者に直接交付するのである。その結果,生産者の供給曲線は $S''S''$ へとシフトするので[28],市場は E'' で均衡し,農産物の価格は p'',取引量は OB となる。最終的に消費者が補助金を負担するのであれば,生産者余剰は $p''E''S''$,消費者余剰は $ME'E''S''-E'E''S''S = ME'p'$ となるので,その合計(社会的余剰)は ME'S と一致する。

「市場の失敗」とコースの定理

「市場の失敗」とは,市場メカニズムの作用が資源の最適配分を達成しない状況のことで,ミクロ経済学ではその原因として,以下の4つを挙げている。① 市場が独占・寡占状態にある場合。② 外部効果が存在する場合。③ 取引される財が公共財の場合。④ 取引に不確実性が伴う場合。これらに加えて,逆選抜 (adverse selection) やモラル・ハザード (moral hazard) といった隠された情報や行動が,市場を失敗させる原因となる。以下では,食料・環境問題で中心的な役割を演じている ② を取り上げる。

第6-12図の SS' は通常の供給曲線で,以下ではこれを私的供給曲線と呼ぶ。財の生産が技術的外部不経済(たとえば公害)の発生を伴えば,社会的供給曲線は私的供給曲線の上方に位置する(この理由については本章の脚注28を参照せよ)。数量 OA を供給するとき,生産者が(追加的に)負担する費用(限界費用)は生産量1単位当たり AC であるが,CG のコスト(公害の社会的

---

[28] 企業の利潤 (π) を $\pi = pQ - C(Q)$ で定義する。p は生産物価格,Q は生産量,$C(Q)$ は総費用で,これは Q の関数であると仮定する。たとえば,$C(Q) = aQ^2$ (a は正の定数) であれば,利潤最大化の1階条件から,企業の供給曲線は $p = 2aQ$ となる。企業の生産活動にマイナスの外部効果(例えば公害)が発生し,そのコストが bQ (b は正の定数) であれば,これを含む利潤最大化の1階条件から,社会的供給曲線が $p = 2aQ + b$ で表される。他方,政府が企業の生産活動に sQ (s は補助金単価) の補助金を交付すれば,供給曲線は $p = 2aQ - s$ となる。

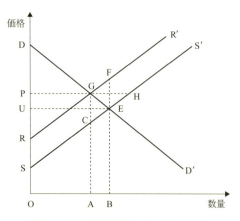

第6-12図　外部不経済と「市場の失敗」

費用）が余分にかかる。したがって，全体の費用負担はAGとなる。また価格がOPのとき，財の供給量はPHであるが，公害という外部不経済（負の外部効果）を考慮すれば，社会的に望ましい供給量はPG（＝OA）となる。

外部効果が存在しなければ，E点で最適な資源配分が実現するが，外部不経済が発生していれば，G点が社会的に最適な均衡となる。外部不経済の発生をゼロにするためには，生産量もゼロにしなくてはならないが，そのような状態は少なくとも経済的には最適ではない。企業の生産活動を抑制し，供給量をOBからOAに減らす1つの方法は，企業に生産量1単位当たりGCの税金を課すことである。そのことにより，私的供給曲線と社会的供給曲線が一致し，最適点Gが実現する。これが上で述べたピグー的アプローチに他ならない。

課税や補助金以外にも，企業の生産活動を抑制（促進）し，最適な資源配分を実現させることができる。既述の通り，当事者間の交渉に委ねるコース的アプローチも，「市場の失敗」を是正する1つの有効な方法である。いま企業の生産活動が大気を汚染し，それが周辺住民にマイナスの外部効果をもたらしている状況を想定しよう。すでに述べたように，第6-12図のSS′が企業の私的供給曲線，RR′が社会的供給曲線なので，社会的に望ましい生産量はOAである。財の価格がOPであれば，消費者余剰はDGP，生産者が公

害費用を負担して生産を行えば，生産者余剰は PGR となる。

このような状況で，住民が清浄な大気に対する権利を全面的に有していれば，企業の生産活動を停止させることも可能だが，これは住民（消費者）にとっても最適とは言えない。生産量を OA とすることで，DGR の面積に相当する社会的余剰が生まれるので，消費者はこの分配を巡って企業と交渉し，自身にとって最も有利な結果を引き出せばよいのである。だたし，企業が OA の生産に同意する必要がある（つまり，このときの生産者余剰は非負でなければならない）。

一方，企業が大気を汚染する権利を有している場合，DD′ と SS′ が交わる E 点が均衡となり，財の価格は OU，生産量は OB となる。その結果，生産者余剰は UES の面積で表され，消費者余剰は DEU から大気汚染のコスト FESR の面積を引いたものとなる。企業が大気に対する権利を有しているので，消費者が FESR を負担するのである。したがって，この社会の総余剰は DGR マイナス FEG の面積となる。総余剰を最大化するためには，企業の生産量を OB から OA へ減少させる必要があるが，そのためには消費者は，企業に対して最低でも UES の余剰を保証しなくてはならない。当然，消費者余剰も非負でなくてはならないが，余剰の分配は企業と消費者の交渉に委ねられる。

以上の議論に明らかなように，権利を有している側に分配される余剰が大きくなるが，大気に対する権利（所有権）をどちらが有していても，交渉によって最適な資源配分が実現する。これが「コースの定理」の概要であるが，ここまでの議論が成立するためには，第 6-12 図の G 点で総余剰が最大化されるという事実が当事者間で共有されており，彼らの交渉に取引費用がかからないことが必要となる。

農産物貿易の自由化と環境保全

ウルグアイ・ラウンド農業交渉の合意後も，GATT（WTO）や OECD などの場では，農産物貿易と環境を巡って各国間で激しい論戦が交わされた。坪田・小林（1996）によれば，開放的な貿易システムは環境保全にプラスの影響をもたらすという命題が，先進国を中心として多くの支持を集めている[29]。

Anderson (1992) もこれを強くサポートしているが,以下で示すように,こうした主張は,輸入国の農業が環境に強い負荷を与え,輸出国の農業がそれよりも環境保全的であるという状況でのみ成立する。農業生産に伴う負の外部効果が,輸入国と輸出国で同程度であれば,貿易の自由化が環境保全に及ぼす影響は理論的には確定せず,場合によっては,社会的余剰の変化(負の外部効果と貿易の利益の和)がマイナスとなる可能性すらある。さらにこうした議論では,農業生産に伴う負の外部効果が前提となっており,農業の多面的機能などは完全に無視されている。

そこで以下では,簡単な2国モデルを用いて,貿易自由化が外部(不)経済を含む社会的余剰に与える影響を検討する[30]。モデルは必ずしも現実を投影したものではないが,根本的な原理を理解する助けにはなるであろう。いま,第1国(輸入国)と第2国(輸出国)における農産物の供給曲線と需要曲線を以下のように定める。

	第1国(輸入国)	第2国(輸出国)
私的供給曲線 ($S_j : j=1, 2$)	$p_1 = kq_1$	$p_2 = q_2$
社会的供給曲線 ($S_j' : j=1, 2$)	$p_1 = z_1 q_1$	$p_2 = z_2 q_2$
需要曲線 ($D_j : j=1, 2$)	$p_1 = 1 - q_1$	$p_2 = 1 - q_2$

社会的供給曲線とは外部性を考慮した供給曲線であり,すでに本節で幾度となく登場した。需要曲線は2国で同じであると仮定した。第1国が輸入国,第2国が輸出国となるのは,農業の生産性が第2国のほうが高いからであり,$k>1$ を仮定した。両国の農業がマイナスの外部効果(外部不経済)を伴えば,$z_1 > k$, $z_2 > 1$ が成り立つが,仮に輸入国の農業が多面的機能を伴えば,社会的供給曲線は私的供給曲線の下方に位置する。すなわち $z_1 < k$ である。

第6-13図が農産物の国際市場における均衡を表している。私的供給曲線

---

29) 自由貿易は経済成長や完全雇用,貧困撲滅ばかりでなく,環境保全に資するという議論であるが,もちろんこれには多方面から厳しい批判がある。国際機関で農業政策と環境,農産物貿易と環境といったテーマがクローズアップされてきた経緯についても,坪田・小林(1996)が詳しい。

30) 以下のモデルは伊藤(1996)をベースとしている。

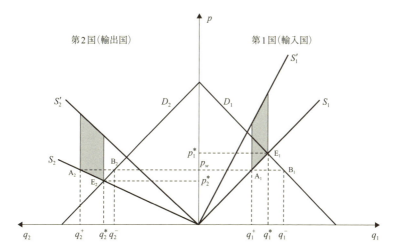

第6-13図　農産物の国際需給と農業の外部効果

に基づいて市場が均衡すると仮定すれば、封鎖経済における第1国と第2国の均衡がそれぞれ、E_1点とE_2点で与えられ、当然、国内価格は輸出国より輸入国のほうが高くなる（$p_1^* > p_2^*$）。開放経済の下では、第1国の輸入量（A_1B_1）と第2国の輸出量（A_2B_2）が等しくなるように国際均衡価格（p_w）が決まり、その下では一物一価が成立する。簡単な計算から $p_w = 2k/(1+3k)$ を得る。

第6-13図のシャドー部分が貿易の自由化によって変化する外部不経済の大きさ（環境負荷の経済的価値）を表している。第1国で農業生産の縮小に伴う外部不経済の変化額（ΔEX_1）は

$$\Delta EX_1 = \int_{q_1^*}^{q_1^+} [z_1 q_1 - k q_1] dq_1 = \frac{z_1 - k}{2}\left[\frac{4}{(1+3k)^2} - \frac{1}{(1+k)^2}\right]$$

となり、第2国における外部不経済の変化額（ΔEX_2）は

$$\Delta EX_2 = \int_{q_2^*}^{q_2^+} [z_2 q_2 - q_2] dq_2 = \frac{z_2 - 1}{2}\left[\frac{4k^2}{(1+3k)^2} - \frac{1}{4}\right]$$

となる。q_1^+ と q_2^+ はそれぞれ、開放経済の下における第1国、第2国の国内供給量である（図の q_1^- と q_2^- はそれぞれ、自由貿易の下における第1国、第2国の国内需要量である）。

貿易の自由化により，第1国はp_1^*よりも安い国際価格（p_w）で農産物を輸入し，貿易の利益として$TB_1 = A_1E_1B_1$を得る。一方，第2国はp_2^*よりも高い価格で農産物を輸出し，貿易の利益として$TB_2 = A_2E_2B_2$を得る[31]。以上より，封鎖経済から開放経済への移行により，第1国の社会的余剰は$\Delta SS_1 = TB_1 - \Delta EX_1$だけ変化し，第2国の社会的余剰は$\Delta SS_2 = TB_2 - \Delta EX_2$だけ変化する。

供給・需要曲線の係数に適当な値を当てはめ，貿易の自由化による余剰変化の計算結果を第6-3表に示した。ここでは$k=4$，$z_2=2$として，z_1を[2, 12]の範囲に設定した。$k=4$は輸出国の農業の生産性が輸入国の4倍であることを意味する。上で述べたように，$2 \leq z_1 < 4$では輸入国の農業が多面的機能を伴う（つまり，プラスの外部効果を持つ）。社会的供給曲線と私的供給曲線の乖離を外部不経済の程度とみなすと，$4 \leq z_1 < 8$では外部不経済の程度が，輸入国よりも輸出国のほうが大きく，$z_1 \geq 8$では輸出国よりも輸入国のほうが大きい。$z_1 = 8$でz_1/kとz_2の値が一致するので，2国の外部不経済の程度は同じだとみなせる。

モデルの計算ではkの値を一定としたため，z_1の値とは無関係に$p_1^* = 0.80$，$p_2^* = 0.50$，$p_w = 0.62$となり，貿易量も一定（0.231）となる。その結果，両国の「貿易の利益」も一定となる（輸入国で0.021，輸出国で0.013）。貿易の自由化により，輸出国の農業生産が増加するため，外部不経済の変化（ΔEX_2）はプラスであり，z_2が一定であるため，その値も一定である。輸入国の農業生産は，貿易の自由化により減少するため，$2 \leq z_1 < 4$の範囲でΔEX_1の値は非負となる。これは国内農業の縮小に伴い，多面的機能の価値が失われることを意味する。$z_1 \geq 4$の範囲では，輸入国の農業もマイナスの外部効果を伴うが，開放経済への移行により，国内農業が縮小するので，外部不経済の価値額は減少し，$\Delta EX_1 < 0$となる。

第6-3表に明らかな通り，輸入国と輸出国の外部不経済の変化の合計（$\Delta EX_1 + \Delta EX_2$）がマイナスとなるのは，$z_1 > 12$の場合である。本項の冒頭で述べたように，貿易の自由化が環境保全に資するのは，輸入国の農業が環境

---

[31] 貿易の利益とは社会的余剰の増分のことで，貿易により第1国では農産物価格が低下するので，生産者余剰が減少し，消費者余剰が増加する。一方，第2国では農産物価格が上昇するので，生産者余剰が増加し，消費者余剰が減少する。

第 6-3 表　貿易自由化による外部不経済と社会的余剰の変化

z_1	輸入国の外部不経済の変化 ΔEX_1	輸出国の外部不経済の変化 ΔEX_2	外部不経済の合計 $\Delta EX_1 + \Delta EX_2$	輸入国の貿易の利益 TB_1	輸出国の貿易の利益 TB_2	輸入国の社会的余剰の変化 ΔSS_1	輸出国の社会的余剰の変化 ΔSS_2	社会的余剰の変化の合計 $\Delta SS_1 + \Delta SS_2$
2	0.016	0.064	0.081	0.021	0.013	0.005	−0.051	−0.046
3	0.008	0.064	0.073	0.021	0.013	0.013	−0.051	−0.038
4	0.000	0.064	0.064	0.021	0.013	0.021	−0.051	−0.030
5	−0.008	0.064	0.056	0.021	0.013	0.029	−0.051	−0.022
6	−0.016	0.064	0.048	0.021	0.013	0.038	−0.051	−0.013
7	−0.024	0.064	0.040	0.021	0.013	0.046	−0.051	−0.005
8	−0.033	0.064	0.032	0.021	0.013	0.054	−0.051	0.003
9	−0.041	0.064	0.024	0.021	0.013	0.062	−0.051	0.011
10	−0.049	0.064	0.015	0.021	0.013	0.070	−0.051	0.019
11	−0.057	0.064	0.007	0.021	0.013	0.078	−0.051	0.027
12	−0.065	0.064	−0.001	0.021	0.013	0.087	−0.051	0.036

に非常に強い負荷を与えている（z_1 の値が大きい）場合に限られる。貿易の利益を含む両国の社会的余剰の変化は，輸入国でプラスだが，輸出国ではマイナスである。つまり，貿易の自由化により，社会的余剰は輸入国では増加するが，輸出国では減少する。2 国の社会的余剰の変化の合計（$\Delta SS_1 + \Delta SS_2$）は $z_1 \geq 8$ ではプラスだが，それ以外ではマイナスである。要するに，農業の外部（不）経済を考慮すると，貿易の自由化は当事国の社会的余剰の合計を高めるとは断言できず，両国が被る外部不経済の変化が貿易の利益を凌駕することも十分にあり得る。輸入国の農業が多面的機能を持つ場合には，とくにそうである。

汚染者負担原則

　外部不経済の存在は「市場の失敗」の典型であり，これを無視して市場メカニズムを利用しても，社会的な厚生は改善されない。第 6-3 表の $2 \leq z_1 \leq 7$ のケースは，そのことを示している。これを解決する方法としては，直接的な法的規制の他に，税金の徴収あるいは補助金の交付といった「ピグー的政策」か，あるいは「コース的政策」の実施が考えられる。OECD 環境委員会は 1972 年に汚染者負担原則（PPP：Polluter Pays Principle）を提唱し，生産

者（農業者）が環境保全のための経費を負担すべきとの考え方を表明した。この原則は，良質な環境に対する権利が農業者以外の一般国民や消費者に帰属していることを意味する。

PPPが適用されると，農産物の私的供給曲線と社会的供給曲線が一致する。ここでは，PPPが適用されても，貿易パターンは変化せず，依然として第1国が輸入国，第2国が輸出国であると仮定する。両国がPPPを実施した上で貿易を行うと，農産物の国際価格は

$$p_v = \frac{2z_1 z_2}{z_1 + z_2 + 2z_1 z_2}$$

となり，常に$p_v > p_w$が成り立つ。つまり，外部経済の内部化により，農産物の国際価格が開放経済の場合に比べて上昇する。またPPPの実施により，貿易量は開放経済の場合よりも少なくなる。両国の社会的余剰は生産者余剰（PS_j）と消費者余剰（CS_j）の合計であるが，それは次式で与えられる（$j=1, 2$）。

$$PS_1 = \frac{2z_1 z_2^2}{(z_1 + z_2 + 2z_1 z_2)^2}, \quad CS_1 = \frac{1}{2}\left(\frac{z_1 + z_1}{z_1 + z_2 + 2z_1 z_2}\right)^2$$

$$PS_2 = \frac{2z_1^2 z_2}{(z_1 + z_2 + 2z_1 z_2)^2}, \quad CS_1 = CS_2$$

第6-14図は$z_1 = 8$（2国の外部不経済が同程度）の場合における国際貿易の均衡と総余剰を表したものである。汚染者負担原則を適用せず，封鎖経済から開放経済へ移行することで，輸入国の総余剰が大幅に増加する。これは自国農業の縮小に伴う外部不経済の減少と貿易の利益によるものである。一方，輸出国は貿易の利益を手にするものの，自国農業の拡大に伴い外部不経済が増加するため総余剰は却って減少する。その結果，貿易の自由化によって2国の総余剰合計はごく僅かしか改善しない（第6-3表から，$z_1 = 8$の場合，社会的余剰の増分は0.003である）。PPPを用いて外部不経済を内部化した上で，貿易を自由化すると，輸出国と2国の総余剰合計は大幅に改善するが，輸入国の総余剰は開放経済のときよりも減少する。これは農産物価格が0.62から0.76へと上昇するため，消費者余剰が減少するからである（生産者余剰も減少するが，減少の程度は消費者余剰よりも軽微である）。

6.4 環境問題の余剰分析 263

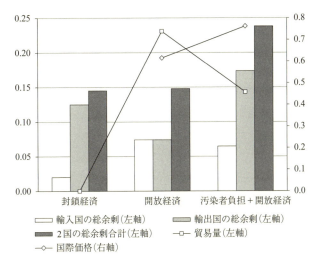

第6-14図 国際貿易の均衡と総余剰

注：封鎖経済から開放経済への移行により、輸入国の総余剰（社会的余剰）は 0.054 増加し、輸出国の総余剰は 0.051 減少する。これは第6-3表で $z_1 = 8$ の場合の ΔSS_1 と ΔSS_2 に等しい。

外部不経済を内部化した上で貿易を自由化すれば、資源配分が最適化され、貿易当事国の社会的余剰の合計が最大化される。資源配分の効率性をこれ以上高める余地がないという意味で、これを最善（first-best）の状態と呼ぶ。既述の通り、汚染者負担原則の適用は、農業者以外が環境に対する権利を有していることを前提としているが、仮に農業者がその権利を保有していれば、消費者（一般国民）が外部不経済のコストを負担する。コースの定理が示すように、この場合でも最善の状態が実現する。これは消費者から生産者への所得移転、すなわち環境支払いを意味するが、このテーマについては第8章で扱う。

　農業に汚染者負担原則を適用するためには、負担を要求する側に外部不経済の存在を立証する挙証責任が生じるが、非点源汚染（non-point source pollution）を特徴とする農業の場合、それは必ずしも容易ではない。さらに、価格受容者である農業者は、負担を価格に転嫁することが困難であるため、場合によっては所得分配上の問題が発生する。こうした点については、生源

寺（2006, 第8章）が詳しい。

【演習】

6-1
　基数的効用，序数的効用の意味を調べなさい。

6-2
　転作の代替案として示された飼料用政策の議論で，財政支出の制約が厳しくなり，余剰米の処理量が増えるほど，米価の引き下げ幅が大きくなる理由を考察しなさい。

第7章　農村共有資源の保全と管理

　厳密な定義は本章の冒頭でなされるが，共有資源（CPRs：Common Property Resources）とは，その利用が他者と競合するが，潜在的な利用者のそこへのアクセスを制限することが困難な財のことである。農村CPRsの例としては，灌漑サービス（農業用水），水産資源，共同で利用する放牧地，共有林や入会地などが挙げられる。いずれも農業生産の基層をなし，その持続性を確保する上で不可欠な資源である。

　灌漑システムによって提供される農業用水は，集落で農業を営む者全員が共同で利用する。施設の保全・管理を行った者だけに用水の利用を限定することは不可能ではないが，そうした活動を怠った者は，夜中にこっそりと自分の水田に水を引くことができる。漁場で1人の漁師が水産資源を占有すれば，他の漁師の漁獲量がゼロとなるだけでなく，資源の再生産が脅かされるが，そうした行動を制限するためには，様々な工夫が必要である。農業用水の場合も漁場の場合も，トータルで利用できる資源の量は限られているが，そこへのアクセスを制限しようとすれば，莫大な手間と費用がかかる。放牧地や共有林，入会地についても同様である。

　本章の前半では，共有資源の属性を示した上で，それが枯渇するメカニズムを明らかにした。技術的な外部性がキー・ワードである。共有資源は私的財ではないから，その配分を市場メカニズムに委ねることはできない。また公共財でもないので，国家がその提供に責任を負っているわけでもない。共有資源を保全・管理するのは共同体の構成員であるから，資源を適正な水準に維持するためには，彼らが協力して行動しなければならない。そうした行為を促進あるいは阻害する具体的な要因を探ることが，本章に与えられたテーマである。

　章の中盤では，資源利用者の選択がある条件下で，パレート劣位なナッシ

ュ均衡となることを証明した上で,「共有地の悲劇（tragedy of the commons）」を回避する具体的な方法を検討した。解決策は1つではなく，新たな制度の導入や外部の関与を必要としない自律的な方法も存在する。

本章の後半では，進化論的ゲーム理論（evolutionary game theory）を共有地問題に適用し，いくつかの仮説を提示し，その検証を試みた。資源利用者の合理性が限られており，資源の利用に不確実性が伴うようなケースでは，静学的な最適化行動を前提とすることはできない。こうした状況下では，進化論的な発想が強力なパワーを発揮する。実証分析は，筆者が中国雲南省昆明市の農村集落で収集したデータを用いて行った。

7.1　共有資源の属性

第7-1表に示すように，財の属性に関する2つのキー・ワードに基づいて，あらゆる財が4種類に分類され，共有資源は，私的財，公共財，クラブ財と区別される。

消費の競合性・非競合性（集団性・非集団性）

A君がコンビニで購入した財を，A君の了承なしにB君が消費することはできない。C会社が漁場の魚をすべてとってしまえば，D会社の漁獲量はゼロである。つまり，コンビニで売っている財や水産資源を集団的に消費することはできず，ある人がその財を占有すれば，他の人はそれを利用することができない。

メディア・サービスで映画やドラマを楽しむためには，配信料を支払わなければならないが，配信料を支払ったAさんがある番組を観たからといって，配信料を支払ったBさんが同じ番組を観られないといったことはない。国防や街灯サービスも同様である。Eさんが街灯サービスを享受したからといって，次にそこを通ったFさんが，そのサービスを受けられないということはない。つまり，クラブ財や公共財は私的財や共有資源と異なり，消費が競合せず，集団での消費が可能である。

第 7-1 表　財・サービスの属性による分類

	排除可能性	排除不可能性
消費の競合性	私的財	共有資源
消費の非競合性	クラブ財	公共財

消費の排除可能性・不可能性

　お金を支払った人以外は，コンビニで売っている財を消費することができない。お金を支払わず財を得れば，それは万引きである。つまり，コンビニで売られている財（私的財）の取引では，お金を払わない人を排除することができる。メディア・サービスで映画やドラマを観るためには，配信料を支払わなくてはならない。払っていない人は，そうしたサービスの利用から排除される。

　排他的経済水域（EEZ：Exclusive Economic Zone）では，漁業権を持つ者だけが，漁を営むことができるが，実際には，その権利を持たない者を排除することは非常に困難である（排除しようとすれば，莫大な監視・執行費用がかかる）。国防や街灯サービスの利用者を制限することは，そもそも想定されていない。すべての国民や住民が，国防や街灯が提供するサービスを享受する権利を有しており，その費用は税金によって賄われる。

7.2　共有資源の枯渇

外部性

　以下の文章は McMillan（2002）（翻訳本，178～179 ページ）からの引用である。

　「「今のところ，私の唯一のインセンティブは漁に出て，できる限り多くの魚を殺すことだ」とロードアイランドのロブスター漁師ジョン・ソーリエンは言う。「魚を残したとしてもただ別のやつに獲られるだけだから，漁場を維持するインセンティブなんてまったくないね。」彼の論理は完全

に正しい。彼が責任ある行動を取って漁獲を控えたとしても，魚は獲られるので再生産されないだろう。彼ひとりでは魚のストックの維持を保証することはできない。彼に残された選択肢は，今日沢山獲って明日ほとんど獲らないか，今日の漁を控えて明日ほとんど獲らないかというものである。責任ある行動は手ひどい目にあうことになるので，皆が魚にラッシュする。この状況の論理が，漁師全員ができる限りの魚を獲るように仕向けてしまっている。自分の乱獲のコストを他人に負わせてしまうという意味で，外部性が存在するのである」。

外部性（externality）には，金銭的（pecuniary）なものと技術的（technical）なものとがある。前者はある経済主体の活動が市場を通じて，つまり価格変化を介して，他の経済主体の経済活動に与える影響を指す。一方，後者はある経済主体の活動が，他の経済主体に市場（価格）を経由せずに与える影響を指す。乱獲で問題となるのは技術的な外部性（外部効果）のほうである[1]。漁師は乱獲によるコスト（水産資源の枯渇）を次世代の漁師や消費者に負わせているのである[2]。これは負の外部効果であるが，正の技術的外部効果の例としては，養蜂業者と果樹栽培農家の関係が挙げられる。養蜂場が近くにあれば，ミツバチが果樹の受粉を促してくれるため，果樹農家は養蜂業者に対価を支払うことなく，生産を続けることができる。

乱獲の実態については，日本の水産庁「世界の水産資源の状況」の中に次のような記述がある。

「世界銀行とFAOが20年10月にまとめた報告書"The Sunken Billions（沈んだ大金）"によると，世界の海面漁業において毎年500億ドルの経済的損失（海面漁業の潜在的経常利益と実際の利益との差）が発生していると指摘しています。この損失の主たる要因は，水産資源の減少に伴い操業

---

[1] 金銭的外部効果は「市場の失敗」ではく，通常の取引とみなされる。一方，技術的外部効果は市場機構を通じる効果ではないので，市場は最適な資源配分に失敗する。
[2] 世界野生生物基金（World Wildlife Fund）の推計によれば，漁業の年間水揚げ量は8千万〜8千400万トンに達するが，魚の再生産が可能となる漁獲量は6千万トンと推定されている（McMillan, 2002）。

コストが増加したことと，過剰な漁獲圧力であるとしています。

しかしながら，漁獲能力の削減に向けた漁業政策の改革を行えば，水産資源の回復が促され，漁業者の生産性と収益性が向上するため，損失の大部分が回収できると指摘しています。なお，漁業政策の改革は漁業者の生活に直接影響を与えることから，資源の状態だけでなく，経済的な視点が重要としています。また，漁船や漁業者の減少を伴う改革を実行に移すためには，漁業者の生計を確保するとともに，様々な経費と政治的な問題を解決することが重要としています」。

乱獲の防止策

世界銀行やFAO，日本の水産庁が，乱獲を防止するために，どのような施策を実施しようとしているのかは判然としないが[3]，1つの方法は1つの水産会社（あるいは1人の漁師）に漁場を独占させることである（漁場に対する私的所有権，漁業権の設定）。

漁場が将来にわたり1企業（1個人）によって所有され続けるとすれば，彼らは今の漁獲量と同時に，魚の再生産にも強いインセンティブを持つはずである（なぜなら，そのことにより，永続的に利益を上げることができる）。実際に，マーシャル諸島共和国政府は，アメリカの民間企業オーシャン・ファーミング社と排他的な契約を結び，同社だけに漁業権を与えている。その代わり，オーシャン・ファーミング社は，漁獲高の7％をロイヤルティーとして，共和国政府に支払っている。このような方法が可能であったのは，マーシャル諸島共和国に商業的な水産業がそれまで存在しなかったからである。オーシャン・ファーミング社以外の水産会社や漁師が，この海域で操業していれば，同社による市場の独占など実現しなかったはずである（McMillan, 2002）。

---

3) 政策当局が提示する乱獲防止策は，漁獲量を制限する代わりに，それによって失われる所得を補助金によって補填するというものであろう。以下でみるように，乱獲の防止策は1つではない。

7.3 共有地の悲劇

悲劇のメカニズム

「共有地の悲劇」の例として，引き続き乱獲の問題を取り上げる。2人の漁師が1つの漁場をシェアしており，漁師1の利得（所得）が次式で与えられると仮定しよう。

$$\pi_1 = F_1(g_1, g_2) = (100 - g_1 - g_2) g_1 \tag{7.1}$$

g_i は漁師 i の漁獲量，$100 - g_1 - g_2$ は単位漁獲量当たりの利得（利得単価）である。2人の漁師が漁場をシェアしているので，相手の漁師の漁獲量が増えると，利得単価の低下を通して自分の利得が減少する（消費の競合性）。2人の漁師が対等な権利を有していれば，一方の漁師が他方の漁師を漁場から強制的に追放することは許されない（排除不可能性）。つまり，水産資源は共有資源としての属性を備えている。

漁場を維持するためには，2人の漁師が協力して漁獲量を適当な水準にコントロールする必要がある。しかし，本章冒頭の McMillan (2002) で指摘されているように，2人はそのようなインセンティブを持たない。以下の議論では，2人の漁師は「自分が漁獲量を変化させても，相手の漁師は漁獲量を変化させない」と思い込み，g_i ($i=1, 2$) を決定するものと仮定する。これは双方の漁師が，相手の漁師の漁獲量を所与として行動することを意味する。

(7.1) 式から，漁師1の利得最大化の1階条件は，$d\pi_1/dg_1 = 0$ であり，これより，

$$\frac{d\pi_1}{dg_1} = 100 - g_1 - g_2 - g_1 - \frac{dg_2}{dg_1} g_1 = 0$$

を得る。仮定から $dg_2/dg_1 = 0$ なので，次式を得る。

$$g_1 = 50 - g_2/2 \tag{7.2}$$

漁師2の利得は

$$\pi_2 = (100 - g_1 - g_2) g_2 \tag{7.3}$$

で与えられるが，漁師2が漁師1と同じように漁獲量を決めるとすれば，漁師2の最適な漁獲量は

7.3 共有地の悲劇　　271

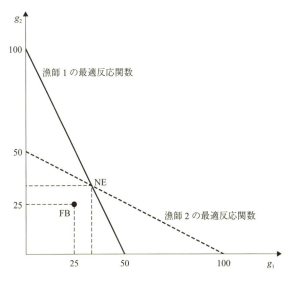

第7-1図　2人の漁師の反応関数

$$g_2 = 50 - g_1/2 \qquad (7.4)$$

となる。第 7-1 図は (7.2) 式と (7.4) 式を描いたもので，それぞれ漁師 1，漁師 2 の最適反応関数 (BRF：Best Response Function) と呼ばれる。

相手プレイヤーの戦略を所与として，お互いが選択する戦略が，それぞれ相手の戦略に対する最適反応になっている戦略のことをナッシュ均衡 (Nash equilibrium) と呼ぶ。この定義から，第 7-1 図の NE 点がこのゲームのナッシュ均衡となる。したがって，(7.2) 式と (7.4) 式から，ナッシュ均衡の漁獲量は $(g_1^+, g_2^+) = (100/3, 100/3)$ となり，(7.1) 式と (7.3) 式から，漁師 1，漁師 2 の利得は $(\pi_1^+, \pi_2^+) = (10000/9, 10000/9)$ となる。

ところで，2人の漁師が得る利得の合計は

$$\Pi = \pi_1 + \pi_2 = (100 - g_1 - g_2)g_1 + (100 - g_1 - g_2)g_2$$

であり，$g_1 + g_2 = G$ とすれば，以下を得る。

$$\Pi = (100 - G)G$$

Π を最大化する漁獲量の合計は $G^* = 50$ であるから，仮に 2 人の漁師がこれを折半し，$g_1^* = g_2^* = 25$ とすれば，2 人の利得は $(\pi_1^*, \pi_2^*) = (1250, 1250)$ とな

る（折半するか否かは 2 人の交渉力に依存するが，この点については補論 1 を参照して欲しい）．これが 2 人の漁師にとってナッシュ均衡よりも望ましいことは明らかであり，第 7-1 図の FB（First-Best）点が最適解を表している．

FB 点に対応する漁獲量はナッシュ均衡に比べて少ない．つまり，ナッシュ均衡下では，ロードアイランドの漁師のように，2 人の漁師が魚にラッシュし，結果的に乱獲が起きる．これが「共有地の悲劇」と呼ばれる現象である．この漁場で n 人の漁師が操業するケースについては補論 2 を参照して欲しい．

パレート劣位な均衡

NE 点を通過する 2 人の漁師の等利得曲線を第 7-2 図に示した．NE を通過する漁師 1 の等利得曲線は，

$$\bar{\pi}_1 = 10000/9 = F_1(g_1, g_2)$$

を満たす (g_1, g_2) の軌跡であり，$dg_i/dg_j = 0\ (i \neq j)$ の仮定と $d\bar{\pi}_1 = 0$ から次式を得る．

$$\left.\frac{dg_2}{dg_1}\right|_{d\pi_1=0} = -\frac{\partial F_1/\partial g_1}{\partial F_1/\partial g_2} = \frac{100 - 2g_1 - g_2}{g_1} \qquad (7.5)$$

π_1 の値が一定であれば，(7.5) 式は常に成り立つが，ここに漁師 1 の BRF（(7.2) 式）を代入すると，分子はゼロとなる．つまり，漁師 1 の等利得曲線上の接線勾配は，自身の BRF 上で常に水平である．同様に，漁師 2 については

$$\left.\frac{dg_2}{dg_1}\right|_{d\pi_2=0} = -\frac{\partial F_2/\partial g_1}{\partial F_2/\partial g_2} = \frac{g_2}{100 - g_1 - 2g_2} \qquad (7.6)$$

が成り立つから，ここに漁師 2 の BRF（(7.4) 式）を代入すると，分母はゼロとなる．つまり，漁師 2 の等利得曲線上の接線勾配は，自身の BRF 上で常に垂直である．

第 7-2 図で，漁師 1 の利得は，ナッシュ均衡を通過する等利得曲線の下側で 10000/9 よりも大きく[4]，漁師 2 の利得は，ナッシュ均衡を通過する等利得曲線の左側で 10000/9 よりも大きい．したがって，2 人の漁師がナッシュ均衡から，2 つの等利得曲線が囲む領域に漁獲量を変化させると，両者の利

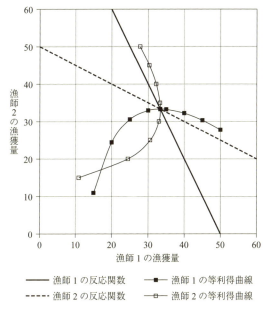

第7-2図　パレート劣位なナッシュ均衡

得は増加する。言いかえれば，ナッシュ均衡はパレート最適でない。両者の交渉によって決着する解の行方は，エッジワースのボックス・ダイアグラム（第6章第1節）で議論したように，2人の等利得曲線が接する軌跡上にあり，FB点もこの契約曲線上にある。FB点における2つの等量曲線の勾配は，(7.5) 式と (7.6) 式から1に等しい。

シュタッケルベルグ均衡

　シュタッケルベルグ（H. von Stackelberg）が考案した複占モデルでは，一方の企業が先導者，他方の企業が追随者となり，先導者は追随者のBRFを知っているものと仮定される。そこでここでは，漁師1を先導者とみなし，彼・彼女が (7.4) 式を所与として利得を最大化するものと仮定する。(7.4)

4）　漁師1(2)の漁獲量を一定として漁師2(1)の漁獲量を減らすと，漁師1(2)の利得は必ず増加する。

式を (7.1) 式に代入し，$\partial \pi_1 / \partial g_1 = 0$ を解くと，$(g_1, g_2) = (50, 25)$ となり，$(\pi_1, \pi_2) = (1250, 625)$ を得る。明らかに，相手の行動（戦略）を知っている漁師 1 は，漁師 2 に対して有利な条件で操業し，多くの利得を得ることができる。反面から言えば，相手に自分の手の内を知られているプレイヤーは不利益を被る。これは常識的な理解に適っているものと思われる。なお，シュタッケルベルグ均衡上で，漁師 1 の等利得曲線は漁師 2 の BRF と接するが，これは (7.5) 式から簡単に証明できる（Bowles, 2004）。

仮定の吟味

ここまでの議論では，$dg_i / dg_j = 0 \ (i \neq j)$ が仮定されていた。つまり，2 人の漁師は「自分が漁獲量を変化させても，相手の漁師は漁獲量を変化させない」と思い込み，自身の漁獲量を決めていた（各人が相手の漁獲量を所与として行動するものと仮定されていた）。しかし，たとえば $dg_i / dg_j = 1 \ (i \neq j)$ を仮定すると，2 人の BRF が $g_i = (100 - g_j)/3 \ (i \neq j)$ となり，これより $(g_1^*, g_2^*) = (25, 25)$ を得る。つまり，2 人の漁師が「自分が漁獲量を増やすと，相手も同じ量だけ漁獲量を増やす」という想定で自身の漁獲量を決めると，乱獲が抑制され，社会的に最適な状態が実現する。

$dg_2 / dg_1 = 0$，$dg_1 / dg_2 = 1$ の場合は，$(g_1, g_2) = (40, 20)$，$(\pi_1, \pi_2) = (1600, 800)$ となる。つまり，「自分が漁獲量を変化させても，相手の漁師は漁獲量を変化させない」と思い込んでいた漁師 1 のほうが，「自分が漁獲量を増やすと，相手も同じ量だけ漁獲量を増やす」と思い込んでいた漁師 2 よりも多くの利得を得ることができる。全体の資源量に配慮しながら自身の漁獲量を決めていた漁師が割を食い，そうでない漁師が「漁夫の利」を得るのである[5]。冒頭のマクミランの指摘にあるように，仮に今日の漁を控えたとしても，明日の漁は保証されず，資源を保全しようという試みは徒労に終わる。

---

5) 言うまでもなく，「漁夫の利」の本来の意味は，他人の争いごとに乗じて利益を得ることである。

7.4 悲劇の回避

ナッシュ均衡の仮定 ($dg_i/dg_j = 0$ ($i \neq j$)) の下で，最適解 ($g_1^* , g_2^* = 25$) を実現するための方策を検討してみよう（以下の議論は，Bowles (2004) を参考にした）。

課税

第1の方法は，単位漁獲量当たり t の税金を課すことである。これは第6章でピグー的アプローチとしてすでに登場している。課税の結果，漁師の利得最大化問題は，

$$\max_{g_k} \pi_k = (100 - g_1 - g_2) g_k - t g_k \quad (k = 1, 2)$$

となるから，$dg_i/dg_j = 0$ ($i \neq j$) の下でこれを解き，$g_1^* = g_2^* = 25$ を満たす税率を決めればよい。簡単な計算から $t = 25$ を得る。

漁業権の設定

第2の方法は漁業権の設定である。漁師1がこの漁場で独占権を獲得したと仮定しよう。本書冒頭で紹介したオーシャン・ファーミング社を漁師1に見立てるのである。ただし，漁師2はこの漁場から退出する必要はなく，漁師1に対して一定の金額（W）を支払えば，操業を続けることができるものとする。

漁師2がこの漁場で漁を続けるための条件は，

$$\pi_2 = (100 - g_1 - g_2) g_2 - W \geq 0 \tag{7.7}$$

で表され，漁師1の利得は

$$\pi_1 = (100 - g_1 - g_2) g_1 + W$$

となる。漁業権を持つ漁師1は W を決めることができるから，(7.7) 式は等号で成立すればよい。したがって，漁師1の利得最大化問題は，

$$\max_{g_1, g_2} \pi_1 = (100 - g_1 - g_2) g_1 + (100 - g_1 - g_2) g_2$$

と書けるが，これは $\pi_1 = (100 - G) G$ と書き換えられるから，社会的な最適

解（$G=50$）が得られる。漁師 1 は $g_1=50$，$g_2=0$ として，利得 2500 を独占することもできるし（この場合は $W=0$），$g_1=0$，$g_2=50$ とすることもできる。この場合，漁師 2 は漁師 1 に $W=2500$ を支払って，操業を続けるが，自身の利得はゼロである。

2 人が操業している漁場を平等に分割し，それぞれに漁業権を設定することもできる。つまり，漁場の共有資源としての属性を私的財に変更し，相手の漁場での操業を禁止するのである。このときの漁師の利得が

$$\pi_k = (50 - g_k) g_k \quad (k=1, 2)$$

で表されるものとする。利得単価が相手の漁獲量に依存しない点がポイントである。利得最大化の 1 階条件から，漁師 1 人当たりの漁獲量は 25 となり，社会的に最適な漁獲量が実現する。ただし，この議論が意味を持つためには，禁漁区の設定が有効でなければならない。

漁獲量のプールと平等分配

乱獲を防止する 3 つめの方法は，2 人の漁獲量と漁の成果を切り離すことである。つまり，漁獲量の決定は 2 人の漁師に任せるが，利得の合計を 2 人で平等に分配するというルールの下で操業を許可するのである。漁業協同組合が 2 人の漁獲量を一手に買い取り，事後に収益を分配すれば，この方法は実行可能である。

漁師の利得は

$$\pi_k = \frac{(100-G) G}{2} \quad (k=1, 2)$$

で表され，利得最大化の条件は

$$\frac{d\pi_k}{dg_k} = \frac{1}{2} \cdot \frac{dG}{dg_k} [100 - 2G] = 0$$

となるから，dG/dg_k の値とは無関係に $G=50$ を得る。つまり，社会的に最適な漁獲量が実現する。このルールの下では，仮に 2 人の漁師が自分の利得が最大となるように漁獲量を決めたとしても，その利得をすべて自分がものにすることはできない。利得がいったん組合でプールされ，後に均等に分配されるので，個々の漁師の利得を最大化しようとするインセンティブが低下

するのである[6]。これをチーム生産における $1/n$ 問題と呼ぶ（Bowles, 2004）。メンバーのインセンティブが，チームの規模倍に希釈され，全体の生産効率が低下するという現象であるが，これを逆手に取ることで，乱獲が抑えられ共有資源が保全されるのである。

無限繰り返しゲームとフォークの定理

2人の漁師が $(g_1^*, g_2^*) = (25, 25)$ を選択する場合をケース1，$(g_1^+, g_2^+) = (100/3, 100/3)$ をケース2とする。前者が社会的に最適な漁獲量であったから，仮に漁師2が $g_2 = 25$ を選択したときの漁師1の利得は，

$$\pi_1 = (100 - g_1 - 25)g_1 = (75 - g_1)g_1$$

となる。これを最大化する g_1 は $75/2$ であるから，漁師1は最適な割当量を守るインセンティブを持たない。以下ではこれをケース3とする。漁師1と漁師2が入れ替わると，$g_1 = 25$，$g_2 = 75/2$ となり，これをケース4とする。(7.1) 式と (7.3) 式から，ケース1〜ケース4の利得行列は第7-2表のようになる[7]。Abideとはルール（割当量 = 25）を守ることを意味する。

このゲームのナッシュ均衡は（No abide, No abide）であるが，そのときの利得（1111）は2人の漁師がルールを守った場合の利得（1250）よりも小さい。また2人の合計利得は，(Abide, Abide) のときに最大となるが，この戦略は選択されない。明らかにこの漁場は「囚人のジレンマ（prisoners' dilemma）」の状態に陥っている。

ここで，第7-2表の無限繰り返しゲームを想定する。2人の漁師は時点1（第1段階のゲーム）でAbideを選び，その後も各時点でどちらかの漁師が，それ以前にNo abideを選んでいない限り，Abideを選び続けるものとする。ただし，どちらかの漁師がNo abideを選ぶと，それ以降，両者が永遠にNo abideを選択するものと仮定する。これをトリガー戦略（trigger strategy）と呼ぶ。

---

[6] 筆者の調査によれば，中国雲南省のある集落では，共有林から伐採してきた薪用の樹木をいったん集落で集めた後，各世帯に平等に分配している。明らかにこのようなルールは過伐採の防止に役立っている。

[7] 各セルの括弧内の最初の数字が漁師1の利得であり，後の数字が漁師2の利得を表す。

第 7-2 表　囚人のジレンマ

		漁師 2	
		Abide	No abide
漁師 1	Abide	ケース 1 (1250, 1250)	ケース 4 (938, 1406)
	No abide	ケース 3 (1406, 938)	ケース 2 (1111, 1111)

　いま 2 人の漁師が永遠に Abide を選択すると，利得の割引現在価値（0 期で評価した利得の合計額）は

$$V_1 = \frac{1250}{1+i} + \frac{1250}{(1+i)^2} + \frac{1250}{(1+i)^3} + \cdots = \frac{1250}{i}$$

となる。i はこの漁師の主観的割引率である[8]。

　1 期から $k-1$ 期まで，Abide を選んでいた漁師 1 が，k 期に No abide を選ぶと 1406 の利得を得るが，$k+1$ 期以降の利得は 1111 となる。したがって，利得の割引現在価値は，

$$V_2 = \frac{1250}{1+i} + \cdots \frac{1250}{(1+i)^{k-1}} + \frac{1406}{(1+i)^k} + \frac{1111}{(1+i)^{k+1}} + \cdots$$

$$= \frac{1250}{i}\left[1 - \left(\frac{1}{1+i}\right)^{k-1}\right] + \frac{1406}{(1+i)^k} + \frac{1111}{i(1+i)^k}$$

となる。$V_1 \geq V_2$ であれば，2 人の漁師は永遠に Abide を選択するが，$V_1 < V_2$ であれば k 期に相手を裏切ることになる。第 7-3 表は $k=2$ とした場合の V_1 と V_2 の計算結果である（割引率=0.1 は 10％を意味する）。割引率が低いと $V_1 > V_2$ となり，高いと $V_1 < V_2$ となる。これは一体，何を意味するのであろうか。

　第 7-2 表のナッシュ均衡はケース 2 であるが，トリガー戦略の下で割引率が低ければ，(Abide, Abide) が選択され，「囚人のジレンマ」は回避される（ケース 1 が選択され続ける）。しかし，割引率が高ければ，ジレンマに陥る。割引現在価値の計算方法から明らかなように，割引率が高いと将来の利得は

---

[8]　割引現在価値については読者自らがその意味を調べて欲しい。

第7-3表　V_1とV_2の計算結果

割引率	V_1	V_2	割引率	V_1	V_2
0.1	12500	11481	1.1	1136	1143
0.2	6250	5876	1.2	1042	1050
0.3	4167	3985	1.3	962	971
0.4	3125	3028	1.4	893	903
0.5	2500	2446	1.5	833	844
0.6	2083	2054	1.6	781	792
0.7	1786	1771	1.7	735	746
0.8	1563	1557	1.8	694	705
0.9	1389	1389	1.9	658	668
1.0	1250	1254	2.0	625	635

低く評価され，目先の利得が相対的に高く評価される。したがって，k期に相手を裏切り，1406の利得を得るのである。反面から言えば，2人の漁師が将来の利得を大きく割り引かない限り，協力解（Abide, Abide）が均衡として成立する。これをフォークの定理（folk theorem）と呼ぶ。

この2人の漁師に後継者がいなければ，水産資源を守るインセンティブが弱くなるから，割引率が高くなり，どこかの段階でNo abideを選択する可能性が高まる。フォークの定理は一般人の日常にも当てはまる。定住性が高い農村では，先祖から子孫までの長い付き合い（無限繰り返しゲーム）が想定されるので，共同活動における「共有地の悲劇」が回避されやすく，定住性の低い都会では，それとは反対の現象が起きやすい。こうしたことは民間伝承として，当然のことと考えられていたので，定理にこの名（フォーク）が付けられた。

7.5　進化論的ゲーム理論[9]

本節の冒頭では，共有地問題における進化論的ゲーム理論の有用性を示した上で，次節でこの理論をベースとして，いくつかの仮説を導き，それを中国雲南省昆明市で収集されたデータを用いて検証する。

---

9)　本節と次節の議論は伊藤（2010）に基づいている。実証分析の結果はIto（2012）を利用した。

限定された合理性と進化論的発想

　ゲームをするプレイヤーが，そのゲームの構造や解（ナッシュ均衡）を即座に見抜くことは困難であろう。プレイヤーの合理性は限定されているから，彼らは時間をかけてプレイの仕方を学習することもあれば，偶には間違った戦略を選択することもある。人間の認識能力には限界があるから，多くのプレイヤーは試行錯誤を繰り返しながら安定的な解にたどり着く。これがSimon (1991) によって指摘された限定された合理性（bounded rationality）のエッセンスである。

　本節では，集落の構成員が共有資源を共同で保全・管理する状況を想定し，それが最終的にどのような結果をもたらすのかを検討する。一般的に，進化論的ゲーム理論では，ナッシュ均衡が複数あるゲームが繰り返しプレイされる。プレイヤーの合理性が限定されているため，即座に安定解に行き着くことはなく，最終的にパレート劣位の解が選択される可能性もある。

　次項で展開されるモデルでは，静学的な最適化とは全く異なる行動様式が仮定される。具体的には，各プレイヤーは過去のゲームの結果，すなわち，自身や相手プレイヤーの選択および自らが獲得した利得を参考にしながら，次のステージ・ゲーム（stage game）の戦略を選択する（Weibull, 1995）。今期の行動が前期の結果に依存するといった意味で動学的であり，プレイヤーの行動は，レプリケーター・ダイナミックス（RD：Replicator Dynamics）として定式化される。ここに進化論的な発想が集約されている。

レプリケーター・ダイナミックス

　第7-4表は農村共有資源の保全・管理に関するゲームの標準型を表している[10]。$\gamma<1<\alpha<\beta$ であれば，ナッシュ均衡は (D, D) となる。また $2\alpha>\beta+\gamma$ であれば，農家の利得の合計は (C, C) で最大となる。ここで，相手プレイヤーのC行動に対してD行動をとったプレイヤーに対して，次式を満たす制裁（P）を科すものと仮定する。

---

[10]　以下のモデルでは，複数の農家が共同で灌漑施設を管理する状況が想定される。そこでプレイヤーを漁師から農家に変更した。

第7-4表　農家の利得行列

			農家2	
			Defection(D)	Cooperation(C)
			$1-x_2$	x_2
農家1	D	$1-x_1$	(y_1^-, y_2^-)	$(y_1^+, y_2^-) = (\beta y_1^-, \gamma y_2^-)$
	C	x_1	$(y_1^-, y_2^+) = (\gamma y_1^-, \beta y_2^-)$	$(y_1^*, y_2^*) = (\alpha y_1^-, \alpha y_2^-)$

$$P \geq (\beta - \alpha) y_i^- \quad (i=1, 2) \tag{7.8}$$

その結果，このゲームには (D, D) に加えて (C, C) が新たなナッシュ均衡として加わる。つまり，コーディネーション・ゲーム (coordination game) の利得構造が出来上がる。

プレイヤー i が C を選択する確率を x_i ($0 \leq x_i \leq 1$) とすれば，D を選択する確率は $1-x_i$ となる。彼らの合理性が限定されているため，プレイヤー i は，直前のステージ・ゲームにおける x_i とゲームの結果（利得）を参考に，次のステージ・ゲームの戦略を決定する。RD は以下のように表現される。

$$\frac{dx_i}{dt} = x_i [u_i(C) - ave\, u_i] = [(1 + \alpha - \beta - \gamma) y_i^- + P] x_i (1 - x_i)(x_j - \theta_j) \tag{7.9}$$

$$\theta_j = \frac{(1-\gamma) y_i^-}{(1 + \alpha - \beta - \gamma) y_i^- + P}, \quad i, j = 1, 2 \ (i \neq j) \tag{7.10}$$

$u_i(C)$ はプレイヤー i が C を選択したときの期待利得，$ave\, u_i$ は全体の平均利得を表す。α, β, γ, P に関する上の仮定から，θ_j は $0 \leq \theta_j \leq 1$ を満たす。(7.9) 式の t は時間であるが，ここではステージ・ゲームの進行を表す変数と考えればよい。C を選択したプレイヤーの期待利得が，全体の平均利得よりも大きければ ($u_i(C) - ave\, u_i > 0$)，次のステージ・ゲームで C を選択する確率が上昇する。

上の x_i に関しては別の解釈が可能である。たとえば，このゲームには多くのプレイヤーが参加しており，農家 i ($i=1, 2$) タイプのプレイヤーのうち，C を選択する者の割合を $100 x_i$%，D を選択する者の割合を $100(1-x_i)$% とみなすのである。この場合も RD は (7.9) 式で表されるので，x_i の値が大きければ（同じタイプに属するプレイヤーの多くが C を選択していれば），次のステージ・ゲームで C を選択する可能性が高くなる。(7.9) 式で $[u_i(C) -$

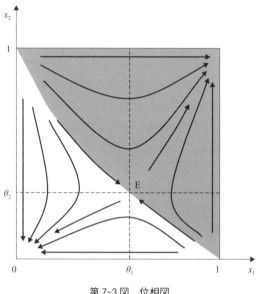

第7-3図　位相図

$ave\ u_i$] が一定であれば，dx_i/dt は x_i の増加関数となる。付和雷同が人間行動の特徴の1つであることは言うまでもない。

　第7-3図がこの (7.9) 式，(7.10) 式から計算される位相図である[11]。(7.8) 式と $\gamma<1$ から，(7.9) 式右辺の $[(1+\alpha-\beta-\gamma)y_i^- +P]$ は常に正である。したがって，$x_j-\theta_j>0$ であれば，ステージ・ゲームの進行に伴って，x_i が上昇する ($dx_i/dt>0$)。つまり，相手プレイヤー j が θ_j よりも高い確率で C を選択すれば，次のステージ・ゲームでプレイヤー i が C を選択する確率は上昇する。これは Runge (1992) が「確信問題 (assurance problem)」と呼んだ状況に酷似している。つまり，個々のプレイヤーが相手プレイヤーも協調的に行動する (C を選択する) という確信を強く持てば (相手の協調確率を高く予想すれば)，自身の協調確率も上昇し，この連鎖が繰り返されると，「共有地の悲劇」は回避される ($x_i=1$ が実現する)。ただし，第7-3図から明らかなように，$x_j-\theta_j \leq 0$ であっても，自身の x_i が非常に高ければ，両者の行動

---

11) (7.9) 式を numerically に解くことはできない。MATLAB (Matrix Laboratory) を利用すれば，位相図を描くことができる。

が (C, C) に収斂する可能性はゼロではない。

位相図が示すように，ゲームの安定戦略（ESS：Evolutionary Stable Strategy）は (C, C) と (D, D) である。図の E 点は混合戦略（mixed strategy）のナッシュ均衡であるが，ESS ではなく鞍点（saddle point）と呼ばれる。補論 3 では E 点が混合戦略のナッシュ均衡であることを示した。2 つの純粋戦略 (pure strategy) のナッシュ均衡の内，どちらが最終的に選択されるかは，(θ_1, θ_2) の位置と x_i の初期値 x_i^0 $(i=1, 2)$ に依存する。仮に x_i^0 $(i=1, 2)$ が $[0, 1]$ を一様に分布していれば，つまり，プレイヤーの初期確率がランダムに決まっていれば，最終的な戦略が (C, C) に収斂する確率は近似的に

$$\varphi = 1 - \frac{\theta_1 + \theta_2}{2}$$

で与えられる。以下ではこの φ を相互協調確率と呼ぶ。

利得のパラメータと相互協調確率の間には，以下の関係が成立する。

$$\frac{d\varphi}{d\alpha} > 0, \quad \frac{d\varphi}{d\beta} < 0, \quad \frac{d\varphi}{d\gamma} > 0, \quad \frac{d\varphi}{dP} > 0 \tag{7.11}$$

(7.11) 式は以下のように解釈できる。

(a) (D, D) に対して (C, C) がもたらす利得の増加率が大きいほど，相互協調確率は高くなる。
(b) 相手プレイヤーの C 行動に対して，自分が D 行動を選択したとき（「ただ乗り」を企てたとき）の利得の増加率が大きいほど，相互協調確率は低くなる。
(c) 相手プレイヤーの D 行動に対して，自分が C 行動を選択したときの利得の減少率が小さいほど，相互協調確率は高くなる。
(d) 制裁金 (P) が大きいほど，相互協調確率は高くなる。

利得のパラメータ (α, β, γ) や制裁金の水準とは別に，y_1^-，y_2^- も相互協調確率に影響するが，次節で述べるように，ここでとくに問題となるのが，農家 1 と農家 2 の所得格差である。第 7-4 図は $\alpha = 2$，$\beta = 3$，$\gamma = 0.6$，$y_1^- = y_2^- = 5$ の場合の P を 15 として，農家間の所得格差（$y_2^- - y_1^-$）と相互協調確

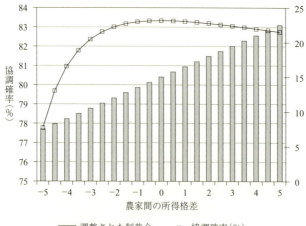

第7-4図　農家間の所得格差と相互協調確率の関係

率の関係を描いたものである。ここでは $y_1^- = 5$ で固定し，y_2^- の値をゼロから10まで変化させた。制裁金のレベルが φ に及ぼす影響を除外するために，P と $y_2^- + y_1^-$ の比率が一定となるように制裁金の額を調整した。図から明らかなように，相互協調確率は $y_2^- - y_1^- = 0$ のときに最大値をとる。$2\alpha > \beta + \gamma$ と (7.8) 式を満たす，すべてのケースを網羅することはできないが，様々なケースをテストした結果，例外を見出すことはできなかった。そこで，以下の仮説を得る。

（e）農家間の所得格差が小さいほど，相互協調確率は高い。

反面から言えば，所得格差が大きいほど，パレート劣位な戦略（D, D）が選択される確率が上昇する。

7.6 灌漑管理の協調行動

問題の所在

　オープン・アクセスの環境下で，消費が競合する財（共有資源）の利用者が自己の利益だけを追求し，その保全・管理を怠れば，資源は過剰に利用され，やがて枯渇する。これが Hardin (1968) によって指摘された「共有地の悲劇」である。しかし，すべての共有地がそのような運命を辿っているわけではない。主に途上国のフィールドからは，悲劇的な結末とともに，多くの成功事例が報告されている。ハーディンの予測に反し，慣習的なルール，共同体の規範がオープン・アクセスを制限している。その結果，利用者の相互利益が尊重され，共有資源はきわめて良好な状態に保全・管理されている。明らかにそこには，ハーディンが「悲劇」を回避する方法として提唱した私的所有権の確立，中央集権的な管理とはまったく異なる，別のメカニズムが作用している（Olson, 1965；Hayami and Kikuchi, 1981；Wade, 1988；Ostrom 1990；Bardhan, 1993；Aoki, 2001；Hayami and Godo, 2005；加治佐，2020）。

　ハーディンが鳴らした警鐘により，共有地問題は学際的な関心事となったが，それに関連する多くの実証研究は，共同行動（collective action）に関する原理の解明とその成果の評価を中心的なテーマに据えている。そこで本節では，前節のモデルに基づいて，灌漑施設の共同管理に関する仮説を提示し，その検証を試みる。ここで最も重視する仮説は，この分野の研究で最も論争的なテーマの1つとなっている所得格差と集団行動の関係である（Baland and Platteau, 1999；Jones, 2004）。つまり，利用者間の所得分配がどのような状態のときに，共有資源が最も良好な状態に保全・管理されるのかという問題である。両者の関係を直接扱った理論研究は，Dayton-Johnson and Bardhan (2002) を嚆矢とするが，モデルでは所得格差以外の要素が完全に捨象されており，実証には至っていない。また米国民の社会活動への参加状況を分析した Alesina and La Ferrara (2000) によれば，格差の存在は共同行動を阻害するが，彼らの実証研究は共有地問題に特有な「ただ乗り（free-riding）」を無視している。

分析の標本集落

本節の実証分析は，筆者が中国雲南省昆明市西山区で独自に収集した集落データを用いて行った[12]。西山区は2つの鎮，4つの郷（うち3つが民族郷）から成る行政区で，農村には57の村民委員会の下に，494の集落が形成されている。雲南省の特徴は民族の多様性にあるが，省都である昆明市も例外ではなく，市中心部は多くの民族自治県，郷・鎮に囲まれている（一般的に中国では，鎮のほうが郷に比べて都市的であり，農業・農村の比重が低い）。2005年における第1次産業のGDP比率は西山区平均で2%に満たず，農民1人当たりの年間純収入は4978元に達し，省平均の2042元，全国平均の3255元をも上回る（「雲南統計年鑑2006」，「中国統計年鑑2006」）。兼業機会に恵まれ，比較的裕福な地区といえるが，都市近郊の集落を調査対象から除外したため，サンプルとなった農家の平均収入はこれよりもはるかに低い。

分析では2つの郷（団結彝族白族郷，谷律彝族白族郷）と2つの鎮（碧鶏鎮，海口鎮）の中から，104の集落をランダムに選び出し，これらを調査の対象とした。郷鎮の特徴を簡単に述べると，団結郷，谷律郷は畑作を中心とする山岳の農村地帯である。一方，碧鶏鎮，海口鎮は昆明市の水瓶である滇池の西岸に位置し，2つの郷に比べ農村工業の発展も著しく，市中心部へのアクセスも良好である。調査地の主要農産物は，トウモロコシ，コメ，小麦，野菜，空豆などであるが，水不足を理由として，コメをまったく栽培できない集落が37あり，それらのほとんどが団結郷，谷律郷に集中している。

集落の経済と資源管理に関する状況を郷鎮ごとに整理し，第7-5表に示した。表に明らかな通り，「1集落当たりの平均農家戸数」は郷に比べて鎮のほうが多く，郷・鎮庁，小学校へのアクセスも鎮のほうがよい。4地域ともに「農業のGDP比率」は西山区の平均値よりもはるかに高く，「農民1人当たり純収入」は区平均値の半分以下である。「農家1戸当たりの耕地面積」は2.5〜6.3畝（区平均値は2.5畝，1畝＝1/15ヘクタール）であり，碧鶏鎮

---

12) 本研究は科学研究費補助金基盤研究（B）「日中英における農村共有資源の開発・利用・保全に関する比較制度分析」（代表者：東京大学生源寺眞一教授，課題番号：15380147，平成15〜17年度）における成果の一部である。

第 7-5 表　雲南省西山区の共有資源管理

	団結郷 Tuanjie	谷律郷 Gulü	碧鶏鎮 Biji	海口鎮 Haikou
郷鎮内の村民委員会数	10	6	8	11
標本集落数	30	23	20	31
	\multicolumn{4}{c}{以下，集落の平均値と標準偏差}			
1集落当たりの平均農家戸数	99　(89)	37　(19)	153　(120)	127　(64)
車による郷・鎮庁までの移動時間(分)	47　(38)	32　(18)	29　(18)	21　(15)
小学校までの通学距離(km)	3.1　(3.1)	3.9　(3.3)	1.6　(1.8)	2.1　(1.7)
農業のGDP比率(%)	61　(27)	82　(19)	68　(28)	62　(27)
農民1人当たり純収入(元)	2430　(897)	1969　(228)	2010　(750)	2433　(921)
農家1戸当たりの耕地面積(畝)	6.3　(3.7)	3.7　(1.3)	2.5　(1.8)	4.2　(2.7)
人民公社解体後の割替え回数	2.2　(1.2)	2.5　(1.2)	2.6　(1.2)	1.9　(0.9)
ジニ係数	0.38　(0.22)	0.39　(0.23)	0.48　(0.13)	0.51　(0.11)
水田の耕地面積に占める割合	0.18　(0.31)	0.49　(0.26)	0.57　(0.35)	0.31　(0.29)
用水不足の深刻度	2.23　(0.92)	2.00　(0.93)	1.74　(0.96)	1.94　(0.95)
分水ルールの遵守	2.83　(0.37)	2.80　(0.40)	2.41　(0.60)	2.76　(0.43)
出役ルールの遵守	2.58　(0.49)	2.74　(0.44)	2.40　(0.49)	2.34　(0.48)
用水利用の総合評価	2.57　(0.25)	2.53　(0.22)	2.35　(0.46)	2.50　(0.40)
1戸当たり年平均出役頻度	7.8　(9.7)	5.5　(1.9)	5.7　(2.9)	6.0　(4.7)
1戸当たり年平均出役日数	7.1　(10.1)	4.4　(2.6)	5.9　(3.8)	4.8　(4.1)
出役の参加率	0.65　(0.48)	0.70　(0.46)	0.43　(0.49)	0.41　(0.49)
	\multicolumn{4}{c}{以下，集落数}			
主要な水源がため池である	19	6	7	10
主要な水源が湧き水である	4	9	0	1
主要な水源が湖である	0	0	8	4
漢族が主要な民族である	12	3	15	27
村内に農業以外の就業機会がある	16	8	16	31
村民委員会に水管理人がいる	26	23	18	29
村民小組に水管理人がいる	22	22	16	25
地形が原因で用水の平等分配が困難	19	9	11	16
分水ルールがある	18	19	17	25
分水ルールを取り締まる番人がいる	5	10	8	12
出役の出不足金を徴収している	4	6	9	2
出役に報酬を支払っている	5	3	8	14
灌漑・森林保全以外の共同作業	10	13	3	3
渇水期の犠牲田	8	9	3	4

注：括弧内は標準偏差。詳細は伊藤 (2010) を参照。

以外は区平均値を上回る。各集落は人民公社の解体後に数回の割替えを実施しており，すべての集落がその目的として農業所得の均等化を挙げている（割替えについては，第3章第1節を参照して欲しい）。家屋資産の集落内分布から計算される「ジニ係数」は0.38〜0.51と比較的高く，郷よりも鎮のほうが格差は大きい[13]。「水田の耕地面積に占める割合」は碧鶏鎮を除き，いずれも50%を下回っている。

「用水不足の深刻度」は回答者の自己評価（1＝毎年十分，2＝偶に不足，3＝毎年不足）の平均値であり，値が大きいほど水不足が深刻であることを意味する。「分水・出役ルールの遵守」についても同様であり（1＝悪い，2＝普通，3＝良い），値が大きいほどルールはよく守られている。「用水利用の総合評価」には，配水のローテーション，配水計画の実効性，水利用の効率的利用，配水に対する信頼感，配水に関する問題の有無が含まれ，スコアはルールと同じ選択肢番号の平均値である。つまり値が大きいほど評価は高い。第7-5表に示すとおり，水不足は碧鶏鎮，海口鎮に比べて団結郷，谷律郷でより深刻だが，「分水・出役ルールの遵守」の程度は鎮よりも郷のほうが高く，「用水利用の総合評価」についても同じ傾向がみられる。

灌漑施設（水路やパイプライン）の保全・管理に動員される出役については，団結郷が比較的多く，他の郷鎮では1戸当たり年間6回程度，延べ日数としては1戸当たり年間4〜6日であった。なおこの数字には緊急時の出役も含まれる。用水路・ため池の清掃やパイプラインの修繕が管理労働の主な内容である。この項目についての無回答集落は全体の10%にも満たないが，回答が記録に基づくのか，あるいは回答者の記憶に基づくのかは判然としない。インタビューでは出役の参加率（本来参加すべき人数に対する実際の参加人数の割合）も尋ねている。具体的には4つの選択肢（参加率：100%，75〜99%，50〜74%，0〜49%）の中から該当するものを選ばせている。参加率が75%を下回る集落が皆無であったため，第7-5表では参加率が100%の場合を1，それ以下の場合をゼロとして，集落の平均値を示した。

---

13) 当地の調査で個人の所得データは収集できなかったが，家屋の状況は把握できた。持ち家の状況として，泥造り，1階家屋，2階家屋，3階家屋のそれぞれに，1〜4のウエイトを与えた上で，集落内の戸数分布からジニ係数を計算した。

明らかに，灌漑管理への参加率は鎮よりも郷のほうが高い。

　表の下段の数字は各項目に該当する集落数を表している。主要な水源としては，郷の集落がため池と湧き水，鎮の集落がため池と湖であり，補助水源を持たない集落が過半に達する。民族構成についてみると，「漢族が主要な民族である」とする集落は郷に比べ鎮のほうが多い。「村内に農業以外の就業機会がある」とする集落の割合は鎮のほうが高く，海口鎮ではすべての村に農外就業の機会がある。用水の管理については，集落が属するほとんどの村民委員会および村民小組に水管理人が常駐しており，村・小組のリーダーが管理人を兼務する場合が多い。ただし，村民小組では特殊技能を持つ者が任命されることもある。とくに小組の管理人には，ポンプの修繕，分水の決定，配水の監視，水路の浚渫，水利費の徴収といったあらゆる仕事が割り当てられている。

　配水についてみると，谷律郷以外では過半数の集落で「地形が原因で用水の平等分配が困難」と回答している。また全体の6割以上の集落に「分水ルールがある」が，「分水ルールを取り締まる番人がいる」集落は半分にも満たない。「出役の出不足金を徴収している」集落は全体の5分の1程度であるが，「出役に報酬を支払っている」集落は30に及び，その割合は郷よりも鎮のほうが高い。これは農外就業の機会が多い鎮の集落で，農業労働の機会費用が強く意識されていることの現れであると考えられる。第7-5表の最後の2つの項目，「灌漑・森林保全以外の共同作業」，「渇水期の犠牲田」は出役以外の共同作業に関するもので，前者は集落内の道路補修がおもな作業内容である。後者は渇水期における収穫の全滅（covariate shocks）を回避するために，稀少な農業用水を特定の田畑に集中させる措置である。明らかに，こうした取り組みは鎮よりも郷に属する集落のほうが積極的であり，この2つの変数の間には強い相関関係が存在する。

仮説の提示

　以下の分析では，1戸当たりの出役頻度を協調行動の成果変数とし[14]，こ

14）　出役頻度は出役日数と強い相関関係（相関係数：0.83）にあり，用水利用の総合評価との相関係数も5％水準で有意であった。

の値が大きい集落ほど相互協調確率が高く,「悲劇」の回避に成功しているとみなした.

【仮説 1】 所得分配が平等な集落ほど出役頻度は高い.

これは前節の (e) から明らかであろう.

【仮説 2】 非農業就業機会が多く存在するような集落では,そうでない集落に比べ出役頻度が低い.

非農業就業機会が多い集落では,農業労働の機会費用が強く意識されるから,第 7-4 表の (C, C) から得られる利得が相対的に低く評価される.つまり,そうした集落では兼業機会がない集落に比べ,α の値が小さい.同じ理由で,γ の値が小さく,β の値が大きい.したがって,前節の (a),(b),(c) から上の仮説を得る.

【仮説 3】 出不足金を徴収している集落では,そうでない集落に比べ出役頻度が高い.

これは前節の (d) から明らかであろう.

【仮説 4】 農業用水の賦存量が適度に少ない集落では出役頻度は高く,用水が極端に不足しているか,あるいは反対に,出役とは無関係に用水を潤沢に利用できる集落では出役頻度は低い.

用水の賦存量が適度に少ない集落では,構成員を動員して水の利用効率を高めようとするであろう.その結果,そうした集落では α の値が大きくなり,相互協調が促される.反対に,用水をまったく利用できない集落や,何の苦労もなく利用できる集落では,α の値は小さいと予想される.

【仮説5】 集落で共同作業の機会が多い集落では出役頻度が高い。

Hayami and Godo (2005) や Aoki (2001) が指摘するように,共同活動の機会が多いコミュニティでは,構成員が密に交流することで,社会的制裁 (social ostracism) が信用ある脅し (credible threat) として機能しやすい。標本となった雲南省の農業集落には,灌漑施設の管理や分水ルールの他に,森林の保全,道路の整備・補修,消防・防犯など,様々な共同作業の機会が存在する。冠婚葬祭などもコミュニティの共同作業に含まれる。前節 (d) によれば,公の制裁(制裁金の徴収)は確実に相互協調確率を高める。しかし,ここで指摘されている社会的制裁は,「ただ乗り」を許さないという隠然たる制裁であり,相手のC行動に対してD行動を選択したプレイヤーに対するペナルティである。それが有効に働けば,β の上昇を抑えることができる。また,共同体でそうした雰囲気が醸成されると,「ただ乗り」の被害が最小限に抑えられることもあるだろう。つまり,γ の値が1に接近する。こうしたことから,上記の仮説を得る。

【仮説6】 出役頻度は集落規模と逆U字の関係で結ばれている。

集落サイズ(集落内の世帯数)が極端に小さいと,村内の灌漑施設を保全・管理することはそもそも困難であり,そうした集落では α の値が小さい。反対に,集落サイズが大きいと,「ただ乗り」のインセンティブが高まる。つまり,そうした集落では β の値が大きい。以上のことから,出役頻度は集落サイズと逆U字の関係で結ばれていると考えられる。

推計方法と推計結果

既述の通り,回帰式の被説明変数は,灌漑施設(用水路,パイプライン,ため池)の清掃や修繕に要した年間の出役頻度で,観察単位は集落である。第7-6表に推計結果を示した。「用水不足の深刻度」が説明変数に含まれるが,出役頻度が高まれば,用水不足の深刻度が軽減されるから,この変数については逆の因果関係が疑われる。そこで,操作変数として過去10年間の

第 7-6 表　出役頻度の推計結果

	OLS 係数	SE	CFA 係数	SE
割替え回数	1.265**	0.559	1.263**	0.583
家屋資産のジニ係数	−2.148	3.433	−2.863	3.701
村内の非農業就業機会	−3.620**	1.810	−3.852**	1.923
出不足金の徴収	6.374***	1.570	6.233***	1.671
用水不足の深刻度	−1.316**	0.630	−1.862*	1.044
出役以外の共同作業	0.972	1.484	1.063	1.569
集落サイズ	3.803	2.390	3.796	2.533
集落サイズ 2	−0.666	0.537	−0.664	0.565
上級政府への依存度	−3.135*	1.692	−3.164*	1.768
分水ルールの番人	1.336	1.245	1.237	1.346
社会的異質性	−0.086	0.069	−0.090	0.072
1 戸当たり平均耕地面積	0.056	0.240	0.041	0.250
ため池がおもな水源	0.229	1.429	0.353	1.527
補助水源の有無	1.448	1.497	1.665	1.605
灌漑施設の使用年数	0.007	0.024	0.005	0.027
第 1 段階残差	—		0.837	1.349
郷・鎮固定効果	YES		YES	
標本サイズ	85		81	
修正済み決定係数	0.370		0.355	

注：*，**，*** はそれぞれ 10%，5%，1% 水準で有意であることを意味する。
SE は標準誤差を表す。

干ばつ回数，地形が原因で用水の供給が困難である場合を 1，そうでない場合をゼロとするダミー変数を用いた。この 2 つの変数は，「用水不足の深刻度」と強い相関関係にある（ともに 1% 水準で有意）。ここでは，操作変数法の 1 つである CFA（Control Function Approach）法を用いて，パラメータを推定した。第 7-6 表に示す通り，第 1 段階の回帰式（被説明変数は用水利用の深刻度）から計算される残差（「第 1 段階残差」）を，第 2 段階の説明変数として用いたが，その係数は有意ではなく，外生性に関する帰無仮説は棄却されなかった。

【仮説 1】に関係する変数としては，人民公社解体後の「割替え回数」と「家屋資産のジニ係数」をとった。第 3 章で述べたように，割替えとは生産責任制度の下で，農業所得の世帯間格差を是正するために，世帯員あるいは労働者 1 人当たりの請負耕地面積を農家間で均等化するための行政措置であ

る。したがって，頻繁に割替えを行ってきた集落ほど，農地は平等に配分されていると考えてよい。【仮説2】については，村内に農業以外の就業機会があれば1，なければゼロのダミー変数を用いた。【仮説3】については，出役の出不足金を徴収していれば1，していなければゼロのダミー変数を用いた。【仮説4】については，「用水不足の深刻度」を Likert scale（大きいほど深刻）で測った。【仮説5】については，「出役以外の共同作業」の機会が集落内にあれば1，なければゼロのダミー変数を用いた。回帰分析では，これら以外にいくつかの control variables を説明変数に加えた。

【仮説1】については，「家屋資産のジニ係数」は出役に有意な影響を及ぼしていないが，「割替え回数」の係数はプラスで有意であった（5％水準）[15]。推計結果は，所得分配が平等な集落ほど出役が促されるという仮説を支持しており，Ostrom（1990），Bardhan（1993），Lam（1996）の議論とも一致する。一方，Olson（1965），Wade（1988）は，出役頻度が所得格差の増加関数であると述べている。貧富の格差が大きい共同体では，共有資源から多くの便益を得ている富裕層（大土地所有層）が管理コストの大部分を負担しているというのが，後者の主張の根拠となっている。つまりそのような集落では，応益ルールが適用され，貧困層（土地なし層）の「ただ乗り」が許容されているのである（Hayami and Godo, 2005；Molinas, 1998；Baland and Platteau, 1999）。しかし中国の農村では，農地の請負経営権が平等に分配されるため，農家間の経営規模格差は小さく，その結果，共有資源の保全・管理に，このような双務的・互酬的な関係（patron-client relationship）が成立する余地は小さいと考えられる。

「村内の非農業就業機会」の係数はマイナスで有意であり（5％水準），「出不足金の徴収」の係数はプラスで有意（1％水準）であった。よって，【仮説2】と【仮説3】は肯定されたと考えてよい。農業集落への市場経済の浸透，それに伴う農業労働の機会費用の上昇が協調行動を阻害する点については，論者の間で意見が一致している（Baland and Platteau, 1996, p. 282）。「出不足金

---

15) 被説明変数を出役参加率が100％の場合を1，それ以外の場合をゼロとして，これをプロビット（probit）モデルで推計すると，「割替え回数」の係数はプラス，「家屋資産のジニ係数」の係数はマイナスでともに有意であった。

の徴収」が出役頻度を高めることも，期待通りの結果と言える。

　【仮説4】については，逆U字仮説は検証されなかったが，水不足が深刻であるほど，出役頻度は低下することが判明した。西山区全域で農業用水を潤沢に利用できる集落は皆無であるから，協調行動が配水量の減少関数となる局面（つまり，逆U字の右半分の領域）は存在しないと考えてよい。「出役以外の共同作業」の係数がプラスであったが，ゼロと有意差を持っておらず，【仮説5】は肯定されなかった。「集落サイズ」とその2乗の係数は，それぞれプラスとマイナスであるから，出役日数は集落サイズと逆U字の関係にあるが，2つの係数は有意ではない。逆U字の関係について，Agrawal and Goyal (2001) は「ただ乗り」する者の排除不可能性とモニタリングにおける規模の経済を原因として，最適な集落規模が存在すると述べている。

　コントロール変数の係数が有意であったのは，「上級政府への依存度」だけであった。これは過去5年間で，集落内における用水利用の紛争解決を上級政府に依頼したことがある場合を1，そうでない場合をゼロとするダミー変数である。計量分析の結果は，政府の関与が出役頻度を高めることなく，むしろそれを阻害する効果を持っていることを示している。当地には少数民族が支配する集落が数多く存在する。このことから，漢族の地方官吏と地元農民との確執も疑われたが，収集されたデータからそのような関係を見出すことはできなかった。

　「分水ルールの番人」とは，集落内に用水配分のルール違反を取り締まる番人を置いている集落を1，そうでない集落をゼロとするダミー変数である。現地での調査によれば，番人は地元で雇用され，集落の構成員とも日常的にコミュニケーションをとっている。仕事に対するモチベーションも高く，モニタリングやルールの執行に関してその職務を全うできる立場にある。回帰係数はプラスで期待通りだが，ゼロと有意差を持っていない。「社会的異質性」は第2民族の構成比（％）のことで，この値が高いほど，集落の社会的異質性は高いと言える[16]。一般的に，社会的に異質なコミュニティでは規範や互助の精神を共有したり，相手の行動を予見したりすることが難しく，

16）　当地の少数民族の多くは，漢民族と中国語によるコミュニケーションができないため，このように考えた。

多くの局面でコーディネーションの失敗（coordination failure）が発生しやすいと考えられている。マイナスの符号はこうした通説と矛盾しないが，推定値はゼロと有意差を持っていない。

まとめ

　市場機構の作用が弱く，政府介入の余地も少ない共同体では，それを構成するメンバーの戦略的な行動が共有資源管理のパフォーマンスを決定する。これはまさにゲーム論が想定する世界に他ならない。実際に本節の考察は，進化ゲーム理論が集団行動の原理を理解する上できわめて有用な概念であり，そこから導出された仮説が共有地問題の争点と深く関係していることを示唆している。具体的には，利用者の間で相互協調が成立する確率は，集落内に非農業就業機会が乏しく，割替えを頻繁に行い，農家間の所得格差が小さく，用水の賦存量が適度に少ない集落で高い。言いかえれば，これらの条件を満たすコミュニティでは相互協調の機運が醸成されやすく，そうではない集落では，共有資源の保全・管理は悲劇的な結末を迎える可能性が高い。計量分析の結果は上記の仮説をほぼ肯定するものであった。

補論1　ナッシュ交渉解

　2人の漁師の漁獲量の合計が50となっても，これを折半するか否かは，2人の交渉力に依存する。ナッシュ（J. F. Nash）が提示した交渉解（Nash bargaining solution）は次式によって与えられる。

$$\max_{x_1, x_2} \varphi = (x_1 - d_1)(x_2 - d_2)$$
$$\text{s.t.} \quad x_1 + x_2 = 50$$

上式の d_1, d_2 は，交渉が決裂した場合に得られる利得のことで，外部オプション（outside option or exist option）と呼ばれている。解は次式で与えられる。

$$x_1^* = 25 + \frac{d_1 - d_2}{2}, \quad x_2^* = 25 + \frac{d_2 - d_1}{2} \quad (A.7.1)$$

ナッシュ交渉解は，以下の4つの公理を満たす唯一の解である。① 個人合

理性，② 対称性，③ 1次変換に関する不変性，④ 無関係な選択肢からの独立性。詳細は青木・奥野編著（1996）を参照して欲しい。

（A.7.1）式から明らかなように，外部オプションが大きいプレイヤーが，より多くの利得を得ることができる。そうしたプレイヤーが強い交渉力が発揮できるというのは道理に適っている。本章第3節の例に即して言えば，交渉が決裂した場合の2人の漁師の外部オプションは，ナッシュ均衡に対応する利得であるから，$d_1 = d_2$ が成り立つ。よって，$x_1^* = x_2^* = 25$ を得る。

補論2　漁場で多数の漁師が操業するケース

本章第3節のモデルを一般化し，漁場で n 人の漁師が操業するものと仮定する。ここで，i 番目の漁師が「自分が漁獲量を変化させても，他の漁師は漁獲量を変化させない（$\Delta g_i = \Delta G$）」と思い込み，自身にとって最適な g_i を決定するものと仮定する。i 漁師の利得は $\pi_i = (100 - G)g_i$ と表されるから，この漁師の利得最大化の1階条件は，次式で表される。

$$\frac{d\pi_i}{dg_i} = 100 - G - g_i\left(\frac{dg_1}{dg_i} + \frac{dg_2}{dg_i} + \cdots + \frac{dg_i}{dg_i} + \cdots + \frac{dg_n}{dg_i}\right) = 0 \quad (A.7.2)$$

仮定により，$dg_j/dg_i = 0$（for all $j \neq i$）であり，i 番目の漁師が代表的な存在であれば，$G = ng_i$ が成立するから，（A.7.2）式は

$$\frac{d\pi_i}{dg_i} = 100 - G - g_i = 100 - (n+1)g_i = 0$$

となる。これより π_i を最大化する g_i は $100/(1+n)$ となる。さらに，すべての漁師が i 漁師と同じように行動すれば，漁場全体の漁獲量は $G^+ = 100n/(1+n)$ となる。したがって，漁場全体の利得は $(100 - G^+)G^+ = 10000n/(1+n)^2$ となり，漁師1人当たりの利得は $10000/(1+n)^2$ となる。

第 A.7-1 表にモデルの解を示した。既述の通り，漁場全体の利得を最大化するためには，漁師の数に関係なく，全体の漁獲量を $G^* = 50$ とすればよい。その結果，漁場全体の利得は2500となる。ケースA（全体の利得最大化）ではこれを漁師に平等に分配している。表に明らかな通り，$n > 1$ であれば，漁場の漁獲量はケースB（個人利得の最大化）のほうがケースAよりも常

第A.7-1表　モデルの解

漁師の数	ケースA（全体の利得最大化）			ケースB（個人の利得最大化）		
	漁場の漁獲量	全体の利得	個人の利得	漁場の漁獲量	全体の利得	個人の利得
1	50	2500	2500	50	2500	2500
2	50	2500	1250	67	2222	1111
3	50	2500	833	75	1875	625
4	50	2500	625	80	1600	400
5	50	2500	500	83	1389	278
⋮						
100	50	2500	25	99	98	1

に多い（$G^* < G^+$）。つまり，個人の利得最大化行動は乱獲を招く。漁場全体の利得は $n=1$ のときに限り，両ケースで一致するが，漁師数の増加に伴い，乱獲の程度が深刻化するため，漁場全体の利得が減少する。当然の結果として，個人の利得は $n=1$ の場合を除き，ケースAのほうが常に大きい。

仮定を変更し，$dg_j/dg_i = 1$（for all $j \neq i$）とした場合，（A.7.2）式から $G=50$ を得る。要するに，すべての漁師が「自分が漁獲量を変化させると，他の漁師も同じ分だけ漁獲量を変化させる」と信じ，自身の g_i を決定すれば，社会的に最適な漁獲量が実現する。これは第3節の「仮定の吟味」で検討した結果と同じである。

補論3　混合戦略を含むナッシュ均衡

第7-4表で，相手プレイヤーのC行動に対してD行動をとったプレイヤーに対して，（7.8）式を満たす制裁を科すとした場合，農家1の期待利得は

$$ave\, u_1 = [(1-x_2+x_2\beta)y_1^- - x_2 P] - [(1-x_2)(1-\gamma)y_1^- - x_2\{P-(\beta-\alpha)y_1^-\}]x_1$$
$$= [(1-x_2+x_2\beta)y_1^- - x_2 P] - N_1 x_1$$

となる。したがって，$ave\, u_1$ を最大化するために，農家1は $N_1 > 0$ であれば，$x_1 = 0$ とし，$N_1 < 0$ であれば，$x_1 = 1$ とするはずである。また，$N_1 = 0$ であれば，$[0, 1]$ のすべてが最適反応となる。農家2についても同様で，

$$ave\, u_2 = [(1-x_1+x_1\beta)y_2^- - x_1 P] - [(1-x_1)(1-\gamma)y_2^- - x_1\{P-(\beta-\alpha)y_2^-\}]x_2$$

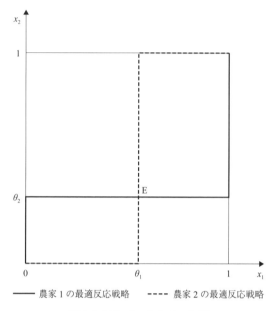

第 A.7-1 図　3 つのナッシュ均衡

$$= [(1-x_1+x_1\beta)y_2^- - x_1 P] - N_2 x_2$$

となるから，農家2は $N_2>0$ であれば，$x_2=0$ とし，$N_2<0$ であれば，$x_2=1$ とする。また，$N_2=0$ であれば，$[0,1]$ のすべてが最適反応となる。

　第 A.7-1 図は2人のプレイヤーの最適反応を描いたものであり，この交点がナッシュ均衡となる。図に明らかな通り，2つの純粋戦略（$x_1=x_2=0$, $x_1=x_2=1$）と1つの混合戦略（$x_1=\theta_1$, $x_2=\theta_2$）がナッシュ均衡となる。

【演習】

7-1

　第 7-1 図で，任意の g_1 に対して，漁師2の最適反応（g_2）が決まり，その g_2 に対して漁師1の最適反応（g_1）が決まる。これを繰り返していくと，2人の漁師の選択が NE に収束することを確認しなさい。

7-2

（7.5）式を証明しなさい。

7-3

第 7-2 図で 2 人の漁師がナッシュ均衡を起点として，漁獲量について交渉すると，どのよう交渉解が実現するか考察しなさい。

7-4

漁師 i $(i=1, 2)$ の利得を $\pi_i = (1 - \alpha l_j) l_i - l_i^2$ で表す（$i \neq j$）。l_i は漁の労働投入を表し，α は正の定数である。ここでは，終始 $dl_i/dl_j = 0$ を仮定する。ケース 1 として，$\Pi = \pi_1 + \pi_2$ を最大化する労働投入（$L^* = l_1^* + l_2^*$）と，ケース 2 として，個々の漁師が利得を最大化するように行動した場合の労働投入（$L^+ = l_1^+ + l_2^+$）を計算し，$L^+ > L^*$ となることを証明しなさい。また，漁師の利得をケース 1 とケース 2 で比較し，$\pi_i^* > \pi_i^+$ となることを証明しなさい。

第8章　環境支払いの理論と実証

　環境・生態系サービスに対する支払い（PES：Payments for Environmental/Ecosystem Services）に関する学術的，実務的な関心が，近年急速に高まっている。PESとは環境・生態系サービスの受益者あるはその代理人が，サービスの提供者に支払う報酬のことである。そうしたサービスの基盤となる自然資源（natural resources）の保全・管理活動を促すために供与されるインセンティブと言いかえてもよい。外部効果を内部化し，「市場の失敗」を是正する手段としては，汚染者負担原則（第6章第4節）に代わる新しい政策手法の登場である（Mauerhofer et al., 2013）。

　Salzman et al.（2018）によれば，当時，世界では550を超えるPESプログラムが進行しており，年間360〜420億米ドルの資金が投入されていた。支払制度の世界的な普及には，環境・生態系サービスの劣化や自然資源の稀少化が影響しているものと思われるが，農業関連のPESに関して言えば，1993年に決着したWTO農業交渉が，環境保全と条件不利地域に対する政府支出を削減対象から除外したことも，無関係ではないであろう。

　環境や生態系に対する関心が高まる一方で，PESについては，国際的に合意された定義が存在しないため，その範囲や役割などを巡って，研究者や実務家の認識に齟齬が生じている。そこで本章の前半では，先行研究に依拠しながら，このテーマに関する争点や論点を整理した。章の後半では，日本農業におけるPESの必要性を論じた上で，日本型直接支払制度について，2つの研究テーマを取り上げた。1つは環境・生態系サービスの提供者である農業者の制度への参加要因とその成果に関するものであり，もう1つは政策の効果を高めるための制度設計に関する仮説の提示とその実証である。

8.1　環境・生態系サービスに対する支払い

　世界で代表的な PES としては，米国の土壌保全留保計画（CRP：Conservation Reserve Program），EU の農業・環境計画（AES：Agri-Environmental Scheme），途上国の REDD+（Reducing Emissions from Deforestation and forest Degradation and the role of conservation, sustainable management of forests and enhancement of forest carbon stocks in developing countries），中国の退耕還林政策（Grain for Green Program or Sloping Land Conservation Program）などがあり，日本型直接支払制度もこれに含まれる。

　PES の形態や対象，交付の仕方は様々であり，金銭もあれば現物支給もある。長期的かつ継続的なものもあれば，一時的な支給もある。交付金の単価が固定されているものもあれば，地目や地域，保全・管理活動の機会費用に応じて差別化されているものもある。活動に対して支払われる場合もあれば，成果に対して支払われる場合もある。交付の対象が個人か集団かという区別もある。もちろん，こうした政策を実施するためには，提供されるサービスの根源である農地や森林などの所有権が明確に設定されていなければならない。言うまでもなく，PES の交付を受けるのは，そうした資源の所有者であるが，世界では権利が曖昧に定義されたまま，支払いが行われている事例も少なくない。

　PES が対象とする環境・生態系サービスは実に多様であって，それをここで明確に定義することはできない。国連が 2001 年から 2005 年にかけて行ったミレニアム生態系評価は，人間の福利に影響するすべての自然・環境因子を生態系に含めている[1]。また，2015 年に国連総会で採択された持続可能な開発目標（SDGs：Sustainable Development Goals）では，環境・生態系サービスに係るものとして，水，気候，海洋，土壌に関係する 4 つの目標（ゴール 6，13，14，15）が設定された（環境省生物多様性及び生態系サービスの総合評価に関する検討会，2021）。明らかに，PES と SDGs は環境・生態系サービスの向上という点で，共通する目標を掲げているが，前者の後者に対する貢献や，

---

[1]　COP10（2010 年）では生物多様性の損失が議論され，2020 年を最終年とする愛知目標が設定された。

手段としての有効性については依然として定説がなく，十分な知見が蓄積されているとは言い難い[2]。

　経済学の観点から言えば，PES の目的は，環境・生態系サービスの提供者に，資源を保全・管理するインセンティブを与え，そうしたサービスが生み出す外部効果を内部化することにあるが，ここから派生する議論は，環境支払いの定義や制度設計，効果とその測定方法など多方面に及んでいる（Engel et al., 2008；Engel, 2016；Muradian et al., 2010；Wegner, 2016；Wunder, 2015）。そこで次節では，筆者が行った文献レビューに基づいて，PES に関する争点と論点を整理した。

8.2 PES に関する争点と論点

PES に関する争点

　Wunder（2015）によれば，PES とは環境・生態系サービスの使用者と提供者が，資源保全に関する契約に基づいて行う金銭の授受のことである。ミネラルウォーターを販売する Vittel 社（Nestle Waters）は上流で農業を営む農民に対して，農法を制限してもらう代わりに，その機会費用を補償し，高品質で清浄な飲料水の原料を確保している。こうした当事者間のやりとりは，user-financed PES と呼ばれている。Wunder et al.（2008）は，サービスの使用者と提供者が取引に自主的に参加する PES を想定し，このタイプの環境支払いは第 3 者（政府）が介入する場合よりも，はるかに効率的な結果をもたらすと述べている[3]。S. Wunder を代表格とする環境経済学者が，コース的アプローチを念頭に，PES の性格付けを行ったことは間違いない。

　一方，Vatn（2010）は，当事者間の取引や交渉に基づく PES は，環境問題を解決する一助とはなるものの，提供される財の属性を考慮すれば，その取

---

[2] Li et al.（2023）によれば，ゴール 13, 14, 15 と PES の関係が，先行研究によって指摘されているが，PES の貢献が明確に証明されているわけではない。

[3] Bingham（2021）は Vittel 社と農民の間に取り交わされる契約の問題点を指摘した上で，user-financed PES は Wunder et al.（2008）が指摘するほど効率的なものではないと主張する。

引には莫大なコスト（取引費用）がかかるとして，コース的アプローチの有効性に疑問を呈している。彼は環境に係わる外部性に起因する問題を解決する最も効率的な方法は，ピグー的アプローチであるとして，government-financed PES の普及を強く提唱している[4]。さらに同氏は，国家や NGOs，コミュニティといった取引当事者以外の第3者が介在しない PES は，マイナーな存在であるとして，環境経済学者に定義の再考を促している。

　生態経済学者の立場から，Muradian and Rival（2012）は，user-financed PES が学術的な関心を集めていることを認めながらも，そうした環境支払いは必ずしも PES の支配的な形態ではないと断言する。環境・生態系サービスの商品化（commodification）が困難である以上，取引そのものの成立が困難である，というのがこうした主張の根拠である[5]。さらに彼らは，サービスの効率的な取引よりも，環境・生態系の維持を目的とする PES を念頭に，政府の指揮と制御，市場取引，共同体の関与の3つが結合したハイブリッドな統治機構こそが，そうしたサービスの保全・管理を担うべきだと主張する。

　以上の論争を踏まえた上で，Engel（2016）は PES の特徴を以下のように整理した。(1) 環境・生態系サービスの提供者による制度への自主的な参加。(2) サービス提供者に対するサービス使用者によるインセンティブの供与あるいは所得補償。(3) サービス提供者に対する強い加入・交付条件の提示。(1)～(3) は密接に関連しており，サービスの提供者は，PES が設定する条件を満たさなければ，プログラムに参加できない。農地や森林などの所有者は，事業に参加することの機会費用と交付額を比較考量し，参加・不参加を自主的に決めるが，加入・交付条件を満たしていないことが発覚すると，契約の更新を拒否されるか，あるいは事後に何らかの制裁を受けることになる。

---

[4] ピグー的アプローチとコース的アプローチについては，本書の第6章第4節を参照。排出量取引などは，compliance PES という別のカテゴリに含まれる（Salzman et al., 2018）。Government-financed PES では，政府が環境サービスの受益者を代表してコストを負担するが，もちろんそれば税金によってカバーされる。

[5] Vittel 社の例は，環境・生態系サービスが商品化されている適例である。こうした論争については，Tacconi（2012）の整理が有益である。

PES に関する論点

(1) Conditionality

　PES 研究にはいくつかの専門用語があるが，これもその1つであり，ここでは加入・交付要件と訳した。PES 研究の第一人者の1人である Wunder は2015年の *Ecological Economics* 誌の中で，環境・生態系サービスに対する支払いを最も際立たせている特徴は，この conditionality であり，これを制度に取り込むことで，PES は環境支払いの新しいパラダイムとして認知されるに至ったと述べている。

　環境・生態系サービスの提供者が，PES の交付を受けるためには，様々な条件を満たす必要があり，その総称が conditionality である。農業者や森林所有者にとって，PES は環境・生態系サービスを維持するために投下された労働に対する報酬であるから，彼らはそのサービスを実際に提供するか，あるいはそのための活動に従事する必要がある。一方，サービスの使用者（受益者）あるいはその代理人は，サービスの提供者と事前に契約（協定）を交わした上で，仮に提供者の行動や成果が加入・交付要件を満たしていなければ，支払いを停止するか，事後に何らかの制裁を加えることになる。後述するが，日本型直接支払制度に組み込まれている遡及返還（交付金の全額返還）はその適例である。とくに，PES の対価やサービスの取引量を交渉で決めることができず，環境・生態系サービスがオフサイト（off-site）で提供される場合，代理人（政府）は一般の受益者に代わり，提供者の行動や成果を監視する責務を負う。

(2) Additionality

　これもこの領域における専門用語の1つだが，PES 研究ではこれを厳密に定義する。Engel (2016) によれば，PES の additionality（効果）とは，支払いプログラムが実施されたときの成果（outcome）と，仮にそれが実施されなかったときの成果（仮想的な反事実：counterfactual）との差によって把握される。統計的因果推論（causal inference in statistics）に沿った定義であり，プログラムの対象者あるいはプログラムが実施された地域の成果と，非対象者

あるいはプログラムが実施されなかった地域の成果の差は additionality とはみなされない。もちろん，PES の対象となった農業者・森林所有者やその地域が，ランダムに選択されたのであれば，成果の平均値の差が PES の additionality として把握される。しかし，世界で実際に実施されている環境支払いのほとんどは，非実験的に行われているから，制度の対象となった主体の無作為化（randomization）は保証されていない。つまり，対象者と非対象者の成果の差にはセレクション・バイアス（selection bias）が紛れ込んでいる可能性が高い。

非実験データに基づいて additionality を測定する 1 つの方法は，処理効果（treatment effect）モデルの採用であり，本章の後半ではこれを用いて，日本型直接支払制度の additionality を推定した。また，このトピックとの関連で，PES 効果の永続性（permanence）も重要な論点となるが，これについては本章第 5 節でその意味を具体的に検討する。

(3) PES への集団的参加

日本型直接支払制度（とりわけ，多面的機能支払交付金制度と中山間地域等直接支払制度）は，農村共有資源や農地の保全・管理を目的とする共同活動を財政的に支援しており，交付金の受給対象は基本的に個人ではなく共同体（集落）である。日本では多くの場合，個人が農地の所有権を有しているが，個々の農家は零細で農地も分散しているため，個人を対象とした PES の交付は非効率であり，それに伴う行政コストも割高となる。もちろん，共同体が農地や森林の所有者であれば，PES の交付は個人ではなく共同体に対して行われる。

共同体を交付の対象とする別の理由として，農地を含む農村資源の保全・管理から発生する経済的な便益（多面的機能）が，強い外部性を帯びていることが挙げられる（Cooke and Moon, 2015）。加えてそうした便益の源泉を，個々の農業者や森林所有者のレベルにまで遡って把握することは，ほとんど不可能である。したがって，構成員による共同活動を条件に，補助金が共同体に交付される[6]。Banerjee et al.（2017）によれば，世界では共同体や団体を交付の対象とする環境支払いが，徐々に増えているとのことだが，Kerr et al.

(2014) や Murtinho and Hayes (2017) が指摘するように，PES への集団的参加や共同体の意思決定については不明な点が多く，加入・交付要件に関する制度設計については，個人参加の場合よりもはるかに複雑な問題をはらんでいる。

中山間地域等直接支払制度について言えば，集落の構成員は地元の市町村と協定を締結した上でプログラムに参加する。協定締結から 5 年後に，直接支払いの成果である農地保全の状況が精査され，すべての構成員の農地について協定が遵守されていなければ，交付金の全額を国庫に返納しなければならない。遡及返還と呼ばれるこの制度は，構成員に共同責任（joint liability）を負わせることで，加入・交付要件を満たそうとする構成員の士気を鼓舞している。また，構成員同士の相互監視（peer monitoring）も成果の向上に寄与する[7]。

こうしたポジティブな側面とは逆に，共同体に対する PES の交付は，周知の「ただ乗り（free riding）」を助長するから，成果の向上は必ずしも保証されない（Engel, 2016；Kaczan et al., 2017；Narloch et al., 2017；Ito et al., 2018）。結局，共同体を対象とした PES の成果は，構成員の規範や結束力，慣習的なルールに依存すると考えられるから，環境支払いの団体交付が個人に対する支払いよりも，優れた成果を生み出すとは断言できない。

(4) PES の交付と隠された情報

これも PES に関する大きな論点であり，government-financed PES の場合には，とくにそうである。サービスの受益者あるいはその代理人にとって，その提供者（農地・森林所有者）の属性は隠された情報（hidden information）であり，これが PES の効果を低下させる 1 つの原因と考えられている。PES 研究ではこうした現象を，逆選抜（adverse selection）の一形態として捉えている[8]。

---

[6] 環境サービスの提供者が集団的に協調関係（spatial coordination）を構築し，保全活動に取り組んだ場合，追加的な報酬（agglomeration bonus）が交付される場合がある。日本型直接支払制度では，これがそもそもの加入・交付要件となっている。

[7] ただし，同制度の第 5 期対策から，遡及返還の対象農用地は，協定農用地全体から当該農用地だけとなった。その結果，共同責任や相互監視の機能が弱まると予想される。

森林伐採により農地を開墾し，農業収益を得ようとする森林所有者の集まりを想定しよう。第8-1図の横軸は農地（森林）面積で，その農業収益（限界収益）が低い者から順番に左から右方向に並べられている[9]。PESが交付されなければ，x^Nよりも右の森林が伐採されるが，面積当たりPのPESが交付されると，$[x^N, x^P]$の森林所有者は伐採を止めるので，結局，$[0, x^P]$の森林が保全される。しかし，$[0, x^N]$の森林を所有する者は，PESの交付とは無関係に森林を保全するので，ここに対する補助金は本来不要なはずである。森林保全を計画する者（資金の提供者）が，農業収益に関する情報にアクセスできなければ，$[0, x^N]$の森林所有者をこの計画から排除することはできない。このときのPESの交付金総額はOPEx^Pの面積で表される。

一定額のPESに対して，保全される森林面積が多いほど，環境支払いの効果（additionality）が大きいとすれば，すべての森林所有者に均一の交付金単価（P）を提示するのも得策ではない。OPEx^Pと同額のPESを用いて，保全事業の効果を最大化するためには，それぞれの森林所有者に対し，保全の機会費用と同額の交付金単価を提示すればよい[10]。そのときの保全面積は，PESの交付を受けない所有者の森林面積$[0, x^N]$と交付を受けた所有者の森林面積$[x^N, x^R]$の合計となる。言うまでもなく，x^Rは面積OPEx^P＝面積x^NFx^Rを満たす。もちろん，この場合も上と同様に，事業の実施者が隠された情報の問題を解決できなければ，交付金単価の差別化は不可能である。

PESを巡り頻繁に議論されるのは，政策のターゲティング（targeting）の重要性であるが，実際に，支払いに値する環境・生態系サービスの提供者を正確に見きわめ，適正額を交付することはきわめて困難である。繰り返しになるが，$[0, x^N]$の森林所有者は本来事業に参加すべきではなく，PESの単価が一律にPであれば，$[x^N, x^P]$の森林所有者は必要以上の補助金を受け取っている。農業の限界収益に関する情報が開示されない限り，PESの効果を

---

[8] Pates and Hendricks (2020) は，PESの効果が低い別の原因として，モラル・ハザード（moral hazard）に起因する問題を指摘した。

[9] Robalino and Pfaff (2013) の図に筆者が加筆した。農業の限界収益は森林保全の機会費用でもある。

[10] 農業収益と交付額が同じであれば，伐採と保全が無差別となるので，交付額を農業収益よりも僅かに高いレベルに設定すればよい。

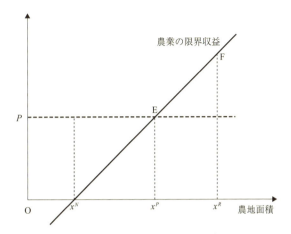

第 8-1 図　PES の交付と隠された情報

最善の状態に持っていくことは，不可能であろう。

コスタリカの森林保全の実態を分析した Robalino and Pfaff（2013）は，PES が必ずしも伐採の危機に瀕した森林をターゲットとしておらず，事業に参加した森林所有者も深刻な森林破壊に直面していなかったために，制度が十分な成果を収めることができなかったと述べている。メキシコの森林保全を扱った Alix-Garcia et al.（2015）は，森林破壊のリスクが高く，比較的貧しい森林所有者を支払いのターゲットとしていれば，PES の効果は著しく改善していたはずだと述べている[11]。PES を実施する事業者（政府や企業）は，隠された情報の問題や環境・生態系サービス提供者の異質性を考慮しながら，プログラムを設計しなければならない。本章第 5 節では，日本の中山間地域等直接支払制度を例に，隠された情報に起因する非効率を軽減する PES の制度設計について理論的な考察を試みる。

(5) PES の支払い基準

PES の支払い基準には，活動ベース（practice-based）と成果ベース（outcome-based）の 2 種類があり，それぞれの PES について，どちらかの基準が

---

11) メタ分析を行った Ezzine-de-Blas et al.（2016）は，PES の空間的なターゲティング，差別的な補助金単価，強力な加入・交付要件の設定により，PES の効果は大幅に改善されると結論した。

加入・交付要件として採用される。たとえば，日本の多面的機能支払交付金制度であれば，交付金単価は単位面積当たりで与えられ，地目や地域によって異なる金額が設定されている。単価は2005年に全国415箇所で実施された資源保全実態調査事業に基づき算定された。具体的には，活動項目ごとに農地面積当たりの平均活動量（労働時間）を足し上げ（基準活動量），これを費用換算して交付金単価が決められている（小宮山・伊藤，2017）。したがって，ここでは活動ベースが採用されている。

他方，中山間地域等直接支払制度では，平地と中山間地域の生産費格差の補填が，交付の根拠となっており，地目やその傾斜によって差別的な交付金単価が設定されている。農水省によれば，加入・交付要件には，農用地の拡大，機械・農作業の共同化，高付加価値型農業の実践，担い手への農地集積・農作業委託などの他，集落を基礎とした営農組織の育成，担い手の集積化などが含まれるが，補助金の交付はあくまで，新たな耕作放棄地を生まないことが条件となっているから，ここでは成果ベースが採用されている。

Wegner (2016) によれば，世界のPESの多くは活動ベースでの支払いであるが，そうした保全・管理活動と実際に提供される環境・生態系サービス（成果）を数量的に結びつけることは，ほとんど絶望的である。Engel (2016) が指摘するように，成果ベースのPESは，環境・生態系サービスの保全・管理と直接的に繋がっているから，効果（additionality）の向上という観点から言えば，活動ベースよりは望ましい結果をもたらす。しかし，成果ベースの支払いでは，仮に良好な結果が生まれなかった場合，その責任をサービスの提供者（農業者，森林所有者）が一身に負うことになる。保全・管理活動を行ったにもかかわらず，成果の創出に失敗することもあり得るから，サービスの提供者は事業への参加を躊躇することも考えられる。

(6) クラウディング効果

モチベーション・クラウディング（motivation crowding）理論は，Deci (1971) の心理学研究とTitmuss (1970) の献血者の行動に関する研究を嚆矢とする。何らかのボランティア活動を促進するために，金銭的なインセンティブをその活動主体に与えると，予想とは逆の結果がもたらされることがある。

この場合は，crowding-out が発生したとみなし，反対に，活動が期待以上の成果を上げた場合は，crowding-in が起きたとみなす。Rode et al. (2015) が行った環境・生態系サービスに関するフィールド・自然実験の文献レビューによると，クラウディング・アウト効果を肯定する研究が，クラウディング・イン効果を示す研究よりも数の上では上回っている。メタ分析の結果は，PES の成果について悲観的であるが，Wegner (2016) は環境・生態系サービスに対する PES の支払いが，常にクラウディング・アウト効果を伴うとは断言できず，それは状況次第であると述べている。

Gneezy and Rustichini (2000) は，クラウディング効果について重要な示唆を与えている。論文はイスラエルのハイファの託児所で行われた社会実験の結果を紹介している。実験の内容は，子供を迎えに来る親が遅刻した場合に，罰金を科した託児所（処理群）と科さなかった託児所（対照群）で，親の行動にどのような変化が生じたのかを，20 週間にわたり観察するというものである。遅刻の割合は予想に反し，処理群のほうが有意に高く，16 週間後に罰金を廃止しても，その割合はその後も高いままであったが，対照群の遅刻率には変化がなかったのである。遅刻という行為を取引する「市場」を創設することで，託児所の運営に協力するという親のインセンティブが減退し，「市場」での取引を停止しても，親のモラルは回復しなかったのである。

共有資源の保全・管理を目的とする共同体の活動に補助金を投入すれば，託児所の例が示すように，組織のメンバーは管理労働の機会費用を強く意識するようになる。また，政策介入が構成員の異質化や社会の分断を助長すれば，最悪の場合，制度の導入後に，共同体のルールや規範が崩壊するといった事態さえ懸念される。

この問題について考慮されるべきは，社会的規範や互恵性などに基づいて共有資源を保全・管理している人々の内発的動機（intrinsic motivation）が，第 3 者の介入によって損なわれるか否かという点に係わる（Cardenas et al., 2000; Ostrom, 2005; Van Hecken and Bastiaensen, 2010）。仮にクラウディング・アウト効果が PES の直接的な成果を上回るほど大きければ，PES を財政的に支える納税者や資金提供者は，事業の継続を支持しないであろう。

多くの研究が示唆するように，PES の事業内容がサービス提供者の行動を

支援するようなものであれば，彼らは自身の過去の行動や決定が認められたと感じるため，内発的な動機がいっそう鼓舞され，活動が活発化する。反対に，事業の内容がサービス提供者の行動を制限するような要素を含んでいれば，決定権と自尊心が損なわれ，従来の内発的動機が崩壊するかも知れない。つまり，クラウディング・インかアウトかは，PES に参加する農業者や森林所有者の特性よりも，むしろ事業の性質や目的に依存している可能性が高いと言える（Frey and Jegen, 2001；Ostrom, 2005；Vollan, 2008；Frey and Stutzer, 2012；Murtinho et al., 2013；Rode et al., 2015；Wegner, 2016）。

(7) その他

上に掲げた 6 つ以外にも，たとえば PES の支払い形態としての現物支給の是非，PES の最適な契約期間，環境保全活動の置き換え（displacement）[12]，途上国における開発政策と環境政策の二重目標の設定などの論点があるが[13]，ここでは省略した。詳細は Engel（2016）を参照して欲しい。

以下ではその他として，2 つのことを指摘しておきたい。1 つは汚染者負担者原則（PPP）との相違である。冒頭で述べたように，PES は自然資源の保全・管理を促すために供与されるインセンティブであり，外部不経済の発生抑止に対しても報酬が支払われる（報酬は機会費用をカバーする水準に設定される）。第 6 章第 4 節の「農産物貿易の自由化と環境保全」では，農業者が外部不経済のコストを負担することで最善の状態が実現することを指摘したが，PES は農業者に対する補助金の交付によって「市場の失敗」を回避している。つまり，PPP と PES では事後の所得分配がまったく異なる。Mauerhofer et al.（2013）は，近年，「市場の失敗」を解決する手法が，汚染者負担原則から環境支払いへと移行したが，これは環境に関する財産権が，一般国民から環境サービスの提供者へと移行したことを意味すると述べている。

---

12) たとえば森林伐採を禁止する PES を導入した結果，対象地域での森林は保護されるが，それ以外の地域で伐採が進行することを，ここでは活動の置き換えと呼んでいる。森林保護の機会費用が高くなると，このような事態が起こる可能性が高くなる。

13) 最後のテーマは，PES が環境・生態系保全と貧困解消という複数の政策目標を抱えることを意味している。明らかに，1 つの政策目標に 1 つの政策手段というティンバーゲン（J. Tinbergen）の原則に反している。

もう1つは，栽培作物や農法の違いとPESの目的・必要性との関係に関するものである。たとえば，水田を中心とするアジアの稲作農業では，灌漑用水によって，投入された化学肥料や農薬が浄化され排出されるのに対し，麦作と牧畜を中心とする地域の農業では，肥料や農薬が農地に残留し，あるいは地下水に浸透して飲用水源を汚染する危険性を持っている（荏開津，1994：p.187）。仮に，アジアの水田農業が多面的機能を伴い，その価値が外部不経済を上回るものであれば，PESは継続的な農業を促すための支払いとなる。反対に，外部不経済の発生が甚大であれば，PESは農業生産を抑制する手段として使用される。

8.3　日本農業とPES

農村社会の変容

　1993年に妥結したウルグアイ・ラウンド農業交渉は，生産を刺激し貿易を歪める国内支持政策の削減を謳っているが，これについては例外規定が設けられている。本章の冒頭で述べたように，協定の附属書（Annex）によれば，政府が定める環境保全対策と条件不利地域で農業者が被るコスト面での不利益を補填する支払いは，削減の対象とはならない。日本型直接支払制度が，この例外規定に則っていることは明白だが，これとは別に，日本の農村社会や集落機能の変容が，PESの導入を必要としていたのではないかと考えられる。

　現在，日本には14万弱の農業集落が存在するが，橋詰（2021）によれば，それを構成する世帯数は2000年を境に減少している。世帯には非農家も含まれるから，ここには国内農業の縮小だけではなく，日本の人口減少も係わっている。また2015年時点で1農業集落当たりの世帯数は，全国平均で50戸であったが，その内，農家と販売農家はそれぞれ，11戸と6戸に過ぎない。つまり，農業集落の中で農業を営む世帯は，もはや少数派となっている。集落規模については「9戸以下」と「10〜19戸」といった小規模集落の構成割合が，2010〜15年の間だけでも上昇しており，とくに山間地帯でそうした

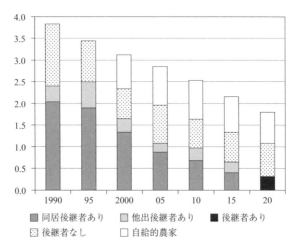

第 8-2 図　後継者の有無別農家世帯数(100 万戸)

資料:「農林業センサス」(農水省).
注:1990, 95 年の数字は総農家を対象としており, 2000〜2015 年の数字は販売農家を対象としている。2020 年の調査対象は農業経営体で, それは「後継者を確保している」,「していない」,「5 年以内に農業経営を引き継がない」に分類される。

傾向が強い。加えて, 1 集落当たりの農家戸数は総世帯数を上回る速度で減少している。つまり, 集落内の農家世帯割合が低下し, 混住化の程度が強まっている。こうしたことに加えて, 農業の後継者不足や労働力の高齢化が, 集落機能の低下を招いていると予想される。

第 8-2 図は後継者の有無別農家世帯数を 1990〜2020 年について示したものである。注記したように, 1990 年と 95 年の調査(センサス)は総農家を対象としているが, 2000〜2015 年は販売農家だけを, 2020 年は農業経営体を対象としている。2000 年以降については, 自給的農家の後継者の有無が把握されておらず, 時系列の比較には若干の問題がある。しかし, おおよその傾向はつかめるであろう。2000 年まで後継者なしの農家割合は 30％程度であったが, 2015 年には 50％を超え, 2020 年には 70％に達している。後継者あり世帯に占める同居後継者世帯の割合もこの間, 一貫して低下している。第 3 章第 2 節で, 家族経営の弱点として, 経営の存続が世帯の継承や相続に

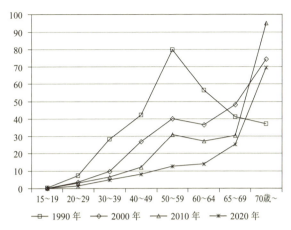

第 8-3 図　年齢階層別基幹的農業従事者数の推移(万人)

資料:「農林業センサス」(農水省).

依存することを指摘したが,親族以外や第 3 者への継承が行われなければ,後継者の不在は長期的には農業の衰退と同時に,農地や農村共有資源の劣化に繋がる。PES の後継者育成に果たす役割については,本章第 5 節の最後で取り上げることにしよう。

第 8-3 図は,年齢階層別にみた基幹的農業従事者数の推移を表したものである。基幹的農業従事者とは,農業に主として従事した世帯員(農業就業人口)のうち,調査期日前 1 年間のふだんの主な状態が「仕事(自営農業)に従事していた者」のことをいう。1990〜2020 年の間にこうした農業従事者は 293 万人から 136 万人へと半減したが[14],それ以上に際立っているのは,高齢化の進展度合いである。70 歳以上の基幹的農業従事者が全体に占める割合は,1990 年の 12.7％から 2020 年には 51.1％まで上昇した。日本は 2007 年に「超高齢社会」へと突入したと言われているが[15],農業のコアとなるべき労働者については,形容すべき言葉が見つからない程に高齢化が進んでいる。

---

[14] 1990 年の数字は販売農家,2020 年の数字は個人経営体のものだが,この違いは基幹的農業従事者の統計に大きく影響しない。

[15] 一般的に,65 歳以上の高齢者の割合が人口の 7％を超えると「高齢化社会」,14％を超えると「高齢社会」,21％を超えると「超高齢社会」と呼ぶ。

基幹的農業従事者に代わり，それをサポートする労働者の数が増えたかと言えば，必ずしもそうではない。農業従事者に占める基幹的農業従事者の割合は，1960年，65年の66.5％，57.9％から，1975～2000年の間にはいったん30％台まで低下したが，それ以降再び上昇し，2015～2020年には50％を超えている。農業就業人口に占める割合についても，同じことが言える。1980年代に50％台まで低下した基幹的農業従事者の割合は，2015年に83.6％まで上昇した。要するに，日本農業は高齢化した基幹的農業者に依存する程度を急速に高めている。橋詰（2016）の指摘によれば，高齢化率が高く，規模が小さな集落ほど，農村資源の保全や管理に支障が生じており，農業集落の混住化がこうした問題に追い打ちをかけている。

　専業的に農業に従事する住民が集落の大多数を構成し，相互扶助の精神や平等ルールが社会を覆っていた時代，彼らが分け合って享受する利益の追求が推進力となり，農村の共有資源はきわめて良好な状態に保全・管理されていた。第7章第4節でみたように，将来の利得を大きく割り引かない状況が未来永劫続くのであれば，「フォークの定理」に従って，「共有地の悲劇」が回避される。またそうした社会では，隠然たる制裁が信用ある脅しとして機能しており，「ただ乗り」を許さない雰囲気が醸成される（第7章第6節）。しかし，集落規模の縮小や農業就業者の高齢化，後継者不足，混住化は農村社会の仕組みを根本から変化させた。

　第8-1表は農村共有資源の保全・管理に関するゲームの標準型を表しており，第7-4表で $\alpha=2$，$\beta=3$，$\gamma=0.6$，$y_1^-=y_2^-=5$ としたときの利得行列である。(D, D) がナッシュ均衡であるが，ここで，相手のC行動に対してDを選択したプレイヤーに，たとえば6のペナルティが科せられると，(C, C) が新たなナッシュ均衡として加わる（y_1^- と y_2^- が異なる場合のナッシュ均衡については，演習として残しておく）。中国雲南省の灌漑管理を論じた第7章で，出不足金の徴収（D行動を選択した者への制裁）に言及したが，こうした慣習は日本の農村でも決して珍しいことではない。

　公のペナルティとは別に，隠然たる社会的制裁が，「ただ乗り」の報酬を引き下げると同時に，「ただ乗り」被害の軽減にも寄与していた。第7章第6節で述べたように，これは β の低下と，γ の1への接近を意味する。こう

第 8-1 表　農家の利得行列

		農家 2	
		Defection (D)	Cooperation (C)
農家 1	D	(5, 5)	$(y_1^+, y_2^-) = (15, 3)$
	C	$(y_1^-, y_2^+) = (3, 15)$	$(y_1^*, y_2^*) = (10, 10)$

した村の伝統的なルールや慣習を，封印すべき遺風と捉える向きもある一方で，それ自体が集落の結束力を表していたと解釈することもできる．しかし，農村社会の変容に伴い，相互監視の機能や共同責任といった慣習が廃れ，社会的制裁が発動されなくなると，(D, D) が唯一のナッシュ均衡となり，「共有地の悲劇」を生み出す構造が再現される[16]．

こうした事態を避けるために，政府は第 8-1 表の (C, C) 行動に対して，たとえば 6 の利得をそれぞれのプレイヤーに交付する．共同行動 (collective action) を促すために，個人の C 行動ではなく，両者の C 行動に対してのみ，補助金を交付するのである．その結果，ペナルティの導入の場合と同様に (C, C) が新たなナッシュ均衡として復活する．実際の制度設計として意識されていたか否かは別として，相手の D 行動に対して，C を選択したプレイヤーにも 6 の補助金を交付すれば，(C, C) が唯一のナッシュ均衡となる．しかし制度は，あくまで共同行動を加入・交付要件としたのである．

(D, D) がナッシュ均衡として残る以上，補助金の交付が望ましい結果をもたらすとは限らないが，ここで留意すべき別の問題は，前節で指摘したクラウディング効果である．補助金の交付により，仮に (C, C) がナッシュ均衡として復活したとしても，資源利用者の内発的動機が後退すれば，制度の導入により (C, C) を選択する集落が増えるとは限らない．協業や協調とは本来「人の心の問題」であり，必要だからといって鉦や太鼓で無理強いすべきものではないという田代（2006, p. 16）の指摘は，まことに正鵠を射たものである．

---

16) このような文脈で生源寺（2016）は，「決まりごとが通用しにくい状況が強まりつつある」と述べている．

農業の多面的機能と PES

　日本では，農地の継続的な利用と農村共有資源の共同管理が，生物多様性の維持と自然環境の保全に不可欠であるだけでなく，国土保全，水源涵養，景観形成等においても重要な役割を演じている。そこで政府は，農業の有する多面的機能の発揮の促進に関する法律（2015 年施行）を制定し，多面的機能の発揮のための地域活動や営農の継続に対して，支援を行うこととしたのである。

　繰り返しになるが，農業集落が多数の専業農家によって構成されていた時代，農家は農村共有資源の保全・管理活動から生み出される利益を，資源の保有量に応じて享受していた。また，そうした活動から生み出される利益は，地元の農業者だけに帰属するものだと考えられていた。共有資源の維持・管理に対する環境支払いは，農業生産活動に伴うプラスの外部効果が社会的に認知されたことを意味するが，最大のポイントは，その効果の一部が農村を離れ，オフサイトで提供されるが，農業者はその対価を得ていないという点にある（Hegde and Bull, 2011）。

　したがって，農業者・森林所有者が自然資源の財産権を有しているとすれば，環境支払いは「市場の失敗」を克服するオーソドックスな手法であると同時に，彼らが受け取るべき正当な報酬であるとみなすことができる。ただし，これも繰り返しになるが，資源のミスアロケーションを回避する手法は，政府主導のピグー的アプローチ（government-financed PES）が全てではない。第 6 章第 4 節で述べたように，消費者が農業の多面的機能を正直に評価し申告すれば，コース的アプローチ（user-financed PES）も「市場の失敗」に対処する有効な手段として機能する。

8.4　向上対策への加入要因と成果

　PES への参加は環境・生態系サービス提供者の自主的な判断に委ねられている。どのような属性を備えた主体が PES に加入し，どのような成果（additionality）を残していくのかは，学術的な関心事であると同時に，補助金の

交付を差配する行政や施策の執行費用を負担する納税者にとっては看過できない問題である。本節では，農地・水・環境保全向上対策（以下，向上対策）を取り上げ，そこへの加入要因と成果に関する分析結果を示す。

全国の加入状況と向上対策の加入・交付要件

農水省によると向上対策の目的は，耕作放棄地の発生防止，水田の畦畔や法面の除草，排水路の清掃，水田の砂利除去，灌漑水路やため池の浚渫，灌漑システムの修復，農業用水の循環利用などであり，地域の生態系や景観を保全するための取り組みもこれに含まれる。また，より高度な取り組みを行う組織に対しては，追加的な促進費が交付される。既述の通り，向上対策では活動ベースに基づいて交付金が支給されている。

向上対策に加入した組織は，2007〜2022 年の間に 1 万 7 千から 2 万 6 千にまで増加し[17]，交付の対象となった農地（認定農用地）面積も，この間 116 万 ha から 232 万 ha へと変化した。ただし，これは日本全体の農用地面積の半分程度に過ぎない。つまり，何らかの理由で向上対策への参加を見合わせている集落が多数存在する。2022 年における向上対策の総額は 941 億円で，半分が国庫から，残りの半分は地方自治体からの支出である。この額を認定農用地面積で除した交付金単価は，1 ha 当たり 4 万円程度となり，先進国の環境支払いと比較しても遜色ない水準にある（Ito et al., 2019）。

世界に展開する PES は，個人参加を基調としているが，経営規模の零細性と分散圃場を特徴とする日本では，個人ではなく組織での参加が原則として義務づけられている。本章第 2 節で述べたように，多面的機能が強い外部性を有しており，その根源を個々の農家レベルにまで遡って把握できないことも，組織参加の根拠となっている。向上対策に加入するためには，地元市町村と協定を締結する必要があり，ほとんどの農村では集落を活動組織として登録している。市町村は参加集落の活動をモニターし，交付金の目的外使用や活動要件を満たさなかった場合には，交付金の返還という厳しいペナルティを科している。言うまでもなく，これらが向上対策の加入・交付要件（con-

---

17) 厳密に言うと，これは農地維持支払交付金に加入する組織数である。向上対策にはこの他に資源向上支払交付金がある。

ditionality）を構成している。

滋賀県の取り組み

　以下の分析のフィールドである滋賀県は，環境政策の先進県で，とくに行政と農業者は農業濁水の発生防止に多くのエネルギーを割いてきた。増田（2003）によれば，琵琶湖の水質汚染の最大の原因は，流域面積の15％を占める水田から流出する農業用肥料や農薬である。畦の傷みによる漏水や杜撰な用水管理による溢水が，水質汚染の一般的な原因であるが，当地の特殊事情として，琵琶湖からポンプでくみ上げた水を水田に配水し，それを琵琶湖に排水するシステム（逆水灌漑）も農業濁水の主な要因だと言われている。

　滋賀県では，向上対策が導入される以前から，「みずすまし構想」をはじめとして，様々な農業環境対策が講じられてきたが，向上対策への取り組みにも積極的で，2022年時点で県の農用地面積の72％が同対策の認定農用地となっている[18]。しかし一方で，滋賀県は典型的な兼業水田地帯であり，都市化に伴う農業集落の混住化や担い手不足が，こうした保全活動の懸念材料にもなっている。

農村のソーシャル・キャピタル

　向上対策への参加・不参加は，サービスの提供者である集落の判断に委ねられている。一体，どのような属性を備えた集落が向上対策に参加し，どのような集落が参加を断念しているのだろうか。小宮山・伊藤（2017），Ito et al.（2018）では，それを明らかにするために，「世代をつなぐ農村まるごと保全向上対策の取り組み一覧表（一覧表）」（滋賀県提供）と「農業集落カード」を利用して，プロビット・モデル（probit model）を推計した。「一覧表」によれば，2009年時点で滋賀県内の1411集落のうち，向上対策に参加したのは804集落であった。第8-1表で（C, C）を選択した集落に対して補助金が交付されたとしても，（D, D）が依然としてナッシュ均衡であれば，不参加集落の選択が理不尽であるとは言い切れない。

---

[18] この値が最も高いのは兵庫県の82％で，滋賀県は全国で5番目に高い。

第 8-2 表　向上対策への参加に関するプロビット分析

	平均限界効果	SE
集団転作ダミー	0.105***	0.028
65 歳以上の農業就業者割合(%)	0.002**	0.001
農地貸借率(%)	0.003**	0.001
経営耕地面積が 0.5 ha 未満の農家割合(%)	−0.006***	0.001
建物面積割合(%)	−0.498***	0.079
DID まで 30 分以上ダミー	0.122***	0.037
農業経営体数(100)	1.305***	0.218
農業経営体数(100)^2	−1.088***	0.274
農協幹部ダミー	0.128**	0.058
農協幹部ダミー＊農業経営体数	−0.277	0.174
水田率	0.001	0.002
兼業農家割合(%)	0.000	0.001
後継不在の農家割合(%)	−0.001	0.001
女性農業者割合(%)	−0.001	0.002
基幹的農業従事者割合(%)	0.001	0.001
耕作放棄地率(%)	−0.003	0.003
貸付農地面積割合(%)	−0.003	0.002
農業経営体の経営耕地面積割合	0.073	0.049
経営耕地面積のジニ係数	0.111	0.160
標本サイズ	1050	
対数尤度	−509.7	
Pseudo R^2	0.264	

注：**，*** はそれぞれ 5％，1％水準で有意であることを意味する。SE は標準誤差を表す。

プロビット・モデルによる平均限界効果の推定結果を第 8-2 表に示した。同表の「集団転作ダミー」とは，集落の農家がコメの転作を集団で行った場合を 1，個人で対応した場合をゼロとするダミー変数である[19]。前者に属する集落は，滋賀県全体の 40％程度であった。集団的な転作対応とは，転作物をまとまった農地区画（団地）で栽培しながら，その区画をローテションで回していく取り組みのことで，農地の効率的な利用と転作の負担を集落内で平等にシェアするために考案された措置である。

1969 年にスタートしたコメの生産調整は，日本のすべての稲作農家に，経

---

[19] 「農業集落カード」の項目で，集団転作を集落や市町村単位で行っている場合を 1，そうでない場合を個人対応とみなし，ゼロとした。

済的な負担を強いただけでなく[20]，荒幡（2010）が指摘したように，割当面積（数量）の消化は，農家にとって心理的にも相当な重荷であった。減反の方法は県内でも様々であり，集落が一括して割当面積を受け入れる所もあれば，それを各世帯に割り振る所もある。前者では農家間で利害が調整され，集落全体で目標面積をクリアする。こうした手法を採った集落では，長い生産調整の歴史を経て，構成員間で社会的な紐帯が築かれていった可能性が高い。

第8-2表によれば，「集団転作ダミー」の係数は，プラスで1％水準で有意である。また平均限界効果の値は，集団転作を行っている集落では，そうでない集落に比べて，向上対策への参加率が10.5％高いことを示している。過去に集落の構成員で共有した苦難が，その後の合意形成を容易にし，向上対策への参加に繋がったのであれば，集団転作がソーシャル・キャピタル（SC：Social Capital）の形成に寄与していたと考えることもできる[21]。

フィリピンの共同体（Barangay）に伝統的に存在している相互扶助慣行（バヤニハン：Bayanihan）に注目したLabonne and Chase（2011）は，構成員の共同作業を容易にする無形資産（intangible asset）をSCと呼び，それは世帯ごとではなく，コミュニティ・レベルで蓄積されるものだと指摘する[22]。バヤニハンとは，共同体の一体性を意味するフィリピン語で，彼らの研究はコミュニティの共通目的を達成するためには，事前準備としてこうした資産の形成が不可欠であると主張している。Andriani and Christoforou（2016）やLópez-Gunn（2012）も，過去にコミュニティで実践された協調的行動が，共通の価値観や規範だけでなく，相互信頼を通じてグループの主体性を高め，それにより，構成員の社会的な結束や社会関係資本の結合が強化されると述べている。本節の推計結果は，事前にコミュニティ内に形成されていたSC

---

20) 第6章第3節で述べたように，転作率が上昇する過程で，生産調整の交付金（奨励金）単価が切り下げられたばかりではなく，2009年まで生産調整が未達成の地域にはペナルティが科せられていた。
21) 松下（2009）は，向上対策による共同活動の実施とソーシャル・キャピタルの関係を，こことは異なる観点から論じている。
22) SCの概念を広く世に知らしめたJ. ColemanはSCの公共財としての性質に言及しているが，Fukuyama（2021）は，SCが持つ外部効果の重要性を指摘している。

が，PES への参加を促したという他の先行研究の議論とも矛盾しない（Bodin and Crona, 2008；Bremer et al., 2014；Ishihara and Pascua, 2009；Rodríguez-Robayo et al., 2016；Kerr et al., 2014）。

「集団転作ダミー」以外にも，いくつかの変数が向上対策への参加に有意な影響を及ぼしている。「65 歳以上の農業就業者割合」や「農地貸借率」が高く，遠隔地（「DID まで 30 分以上ダミー」が 1 の集落）に立地し，農協幹部が居住している集落（「農協幹部ダミー」が 1 の集落）ほど，参加確率は高い。最後の点については，農水省の政策を地元の構成員に周知させる農協組織の役割を示唆している。反対に，小規模農家（「経営耕地面積が 0.5 ha 未満の農家割合」）が多く，「建物面積割合」が高い集落ほど，参加確率は低い。「建物面積割合」は都市化の代理変数と考えてよい。「農業経営体数」とその 2 乗の係数から，経営体数と参加確率は逆 U 字の関係で結ばれていることが分かる。これは，協調行動がもっとも促進されやすい最適集落規模の存在を意味するが，第 7 章第 6 節で述べたように，そこには，「ただ乗り」する者の排除不可能性とモニタリングにおける規模の経済が関係している。

向上対策の効果とその解釈

向上対策に実施により，（C, C）行動に対して補助金が交付されると，第 7-4 表の α の値が上昇する。その結果，第 7-3 図の E 点（鞍点）が左下方へ移動し，シャドー部分が拡張する。第 8-4 図がこのような状況を表している。第 7 章で議論したように，C の選択確率である x_i の初期値（x_i^0）が，[0, 1] を一様に分布していれば，シャドー部分の拡張により，相互協調確率（φ）が上昇する。しかし，補助金の交付が強いクラウディング・アウト効果を伴えば，φ の値は必ずしも上昇せず，向上対策には資源保全効果がないと判断される[23]。

分析では，2010 年の「農業集落カード」を利用して，向上対策の成果を活動ベースで測定した。具体的には，農業用水路，河川・水路，農地，ため池・湖沼といった 4 つの資源に注目し，それらを集落の共同活動を通して保

---

23) 拡張したシャドー領域に x_i^0 が存在していない場合も，相互協調確率は上昇しない。

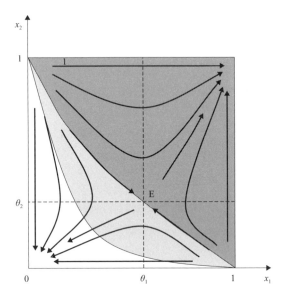

第8-4図　環境支払いによる位相図の変化

全・管理している場合を1，そうでなければゼロとして，そのスコアの合計を4で除した値を共同活動の指標とした[24]。ただし，多くの標本集落にはため池・湖沼が存在しないため，ここではそれを除く3つの資源について，スコアの合計を3で除した値も同様に成果指標とした。効果の推定はPSM法を用いた。第8-2表のプロビット・モデルの推計結果から傾向スコアが計算されるが，逆の因果関係（成果が向上対策への参加・不参加に及ぼす影響）を排除するため，2005年（一部は2000年）のデータを用いて傾向スコアを推計した。第8-3表が平均処理効果（ATE）の推定結果である。

　ATEの推定値が意味を持つためには，covariate overlapとcovariate balanceという2つの条件を満たさなければならない。前者については，この条件を制約として課した上で推定を行った。後者については簡単な検定を行い，条件の成立を確認した（詳細は次節で述べる）。スコアの単純差は資源が3つの場合も4つの場合も，処理群のほうが対照群よりも大きいが，ここには

---

24) Ito et al. (2018) では，主成分分析を用いて成果指標を作成したが，ここではスコアの単純合計とした。どちらの成果指標を用いても結論には影響しない。

第 8-3 表　向上対策の平均処理効果

	3つの資源	4つの資源
処理群の指標	0.829	0.791
対照群の指標	0.592	0.499
指標の単純差	0.237***	0.293***
SE	0.018	0.028
平均処理効果	0.164***	0.233***
AI robust SE	0.028	0.040
Γ値	2.9	3.9

注：*** は1％水準で有意であることを意味する。平均処理効果の標準誤差は Abadie-Imbens SE を示した。「3つの資源」とは、農業用水路、河川・水路、農地のことで、「4つの資源」とは、これにため池・湖沼を加えたものを指す。

selection bias が紛れ込んでいる可能性が高く、これを向上対策の効果とみなすことはできない。第 8-3 表の下段に ATE の推定値を示したが、2つの指標ともにプラスで1％水準で有意である。単純差に占める ATE の割合は、「3つの資源」で7割、「4つの資源」で8割を占める。要するに、共同活動を促す向上対策の効果は、絶大であったと判断される。

　PSM 法に限らず、計量分析の推計結果は、観察不能な変数の影響を受けるが、仮にそうした変数の存在により、条件付き独立性の仮定（CIA：Conditional Independence Assumption）が満たされなければ、ATE の推定値はバイアスを持つ。Rosenbaum（2002）が開発した、感応度テスト（sensitivity test）は、隠されたバイアス（hidden bias）の有無をチェックするためのもので、Γ値（閾値）が2～3以上であれば、バイアスはないものと判断される。「3つの資源」の閾値は2.9、「4つの資源」の閾値は3.9であったから、処理効果の推定値はこのテストをクリアしている。

　以上のことから、向上対策には、その直接的な成果を相殺するほどに大きなクラウディング・アウト効果は作用していなかったと断言できる。向上対策は長い間、集落構成員が無償で行ってきた活動を財政的にサポートしているから、彼らが培ってきた資源保全・管理に対する内発的な動機を鼓舞するものであったと考えられる。向上対策の処理効果がプラスであったもう1つの理由は、個人ではなく集団（集落）への支払いが、共同責任に対する自覚

を促すと同時に，集落内の相互監視機能を強化したことが挙げられる。

　本分析で強調すべきもう1つの点は，向上対策への参加を促した要因に関するものである。コメの生産調整を巡る過去の集落内連携，とりわけ経済的な負担や精神的なプレッシャーを共有するという経験は，構成員の結束力を高め，結果的に向上対策への参加を後押ししている。これを本節ではソーシャル・キャピタルと呼んだが，それはメンバーの長期にわたる相互交流や農村社会に固有な不公平回避といった規範や伝統的なルールに基づいて形成された無形資産である。Fukuyama (2001) が指摘するように，その形成には集落の人間だけが関与し，部外者はそこに立ち入ることすら許されない。したがって，ソーシャル・キャピタルが蓄積されていない集落では，構成員の合意形成は困難であり，仮に地元市町村が向上対策への参加を強要したとしても，良好な成果を上げることは期待できないであろう。PESへの参加・不参加は，構成員の自主的な判断に委ねられるべきであり，それが世界に展開する環境支払い事業の原則にも適っている。

8.5　中山間地域等直接支払の制度設計

　政府主導のPES（government-financed PES）では，公平かつ透明性のあるルールに基づいて，環境支払いの対象者を予め絞り込んでおく必要がある。財源が限られている以上，政策のターゲティングは不可欠かつ不可避であり，本章第1節で述べた通り，この作業を怠ると政策の十分な効果が期待できない。

　効果を高めるもう1つの方法は，政策担当者による監視と制裁であり，日本型直接支払制度では，市町村が参加者の成果を精査し，協定違反を犯した集落には，交付金の遡及返還という厳しいペナルティを科している。これは事後的な措置であるが，事業の実施主体（政府）は，事前にそこに参加する農業者（集落）の属性をすべて知っているわけではない。隠された情報（hidden information）により逆選抜が助長され，政策のパフォーマンスが低下するのであれば，実施主体はそれを阻止するメカニズムを制度の中に，最初から埋め込んでおく必要がある。制度に参加したとしても，十分な成果を上

げられない者に，参加を断念させるための仕組みとはどのようなものか。その理論的な考察と実証が本節の目的である。

中山間地域等直接支払制度の概要

2000年に創設された中山間地域等直接支払制度（以下これを中山間事業あるいは事業と略称する）は5年間を1期とし，2020年度より第5期対策がスタートした。事業の背景には，同地域で止むことなく進行する過疎化や高齢化，農地利用率の低下，定住条件の悪化といった厳しい現実がある。このテーマを扱った先行研究には，こうした問題をこのまま放置すれば，中山間地域の農村社会そのものが崩壊しかねないという危機感が色濃く滲み出ている（小田切，2006；田畑，2004）。

橋詰（2016）によれば，農山村地域対策として登場した山村振興法や過疎法は，一時的には地域雇用の拡大や所得確保といった経済効果をもたらしたが，懸案であった農山村の過疎化や高齢化の進行を食い止めることはできなかった。また，1993年に制定された特定農山村法（特定農山村地域活性化法）も，深刻化する中山間地域の問題を解決する切り札とはならなかった。こうした反省を踏まえ，1999年に制定された新基本法の下で，農村振興が地域政策として位置づけられ，2000年から中山間地域等直接支払制度がスタートした。事業はその名称が示す通り，平地や市街地に隣接する農村を対象とはしていない。これは上記の問題が最も深刻化している地域に，施策を集中させようとする政府の意図に他ならない。

事業の目的を達成するために，政府は対象地域を限定した上で，域内の集落に対し協定の締結を要求している。そして，事業開始から5年間以上，農業を継続して行うことを約束した集落の農用地（協定農用地）に対し，補助金を交付している。さらに政府は，協定締結面積（実施面積）を維持できなかった集落に対し，補助金の全額返還を求めている（ただし既述の通り，第5期対策からは，遡及返還の対象農用地が協定農用地全体から当該農用地に変更された）。すべての対象集落が事業の経済的な得失を比較しながら，そこへの参加・不参加を決定しているのである。

中山間事業の対象となるのは，特定農山村法，山村振興法などの法律（地

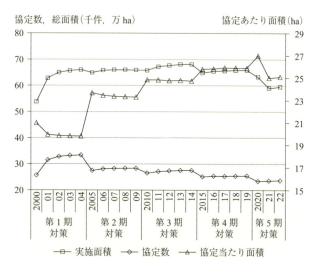

第 8-5 図　中山間地域等直接支払制度への参加（集落協定）

資料：「中山間地域等直接支払交付金の実施状況」（農水省）．

域振興立法の 8 法）が定める地域と，都道府県知事が実態に応じて特認する地域の農振農用地であるが，橋口（2008）の計算によれば，事業の対象となる農用地は，全国の耕地面積の 16%，都府県の耕地面積の 12% を占めるに過ぎない。また，実際に事業が実施される農用地は，不参加集落の存在により，それよりも狭くなる。

　第 8-5 図は，2000 年から 2022 年までの集落協定の締結数，実施面積，協定 1 件当たりの実施面積の推移を示したものである。同図から 2005 年と 2010 年に，集落協定 1 件当たりの実施面積が増加していることが分かる。これは事業の切り替え時に，複数の集落が協定を統合したからである。その一方で第 1 期対策から第 2 期対策への切り替え時に，4278 もの協定（第 1 期対策最終年度の 13%，協定締結面積ベースでは 3%）が更新を断念している（協定の統合を除く）。農水省（2009）はその原因として，農業集落における高齢化の進行とリーダーの不在を挙げている。

第 8-4 表　交付単価(抜粋)

地目	区分	交付単価(円/10a)
田	急傾斜地(1/20 以上)	21000
	緩傾斜地(1/100 以上)	8000
畑	急傾斜地(15°以上)	11500
	緩傾斜地(8°以上)	3500
草地	急傾斜地(15°以上)	10500
	緩傾斜地(8°以上)	3000

資料：「中山間地域等直接支払制度　第 5 期対策」(農水省)．

補助金の交付

　集落協定あるいは個別協定に基づき，農業を 5 年間以上継続して行う農業者は対象農業者と呼ばれ，実施面積の維持を条件に彼らに補助金が交付される[25]。第 8-4 表は，農水省が公表している交付単価（通常単価）の抜粋である。急傾斜に対する単価が突出して高く，この傾向は田以外の地目についても同様である。交付単価の算定基準は，平地地域とのコスト差の 8 割とされており，WTO 農業協定の規律に沿うことが強く意識されている（生源寺，2006）。

　集落協定の締結は，補助金受給の最低条件であり（この条件に適用される単価は基礎単価と呼ばれ，通常単価の 8 割の額となる），これにいくつかの要件を満たした場合に限り，通常単価が適用される（単価の 10 割交付）。農水省の表現を借りれば，要件とは通常単価を受けるための「前向きな取り組み」を指し，これには，機械・農作業の共同化，高付加価値型農業の実践，生産条件の改良，担い手への農地集積・農作業委託など（A 要件），女性・若手等が参画する取組（B 要件），集団的かつ持続可能な体制の整備（C 要件）が含まれる。A～C の要件から 1 つを選択すれば，通常単価が適用される。さらに，担い手が規模を拡大した集落や，小規模・高齢化集落を支援した集落，集落連携を行った集落や法人を設立した集落に対しては，補助金が

---

[25] 個別協定の件数は全体の 2%程度を占めるに過ぎない。

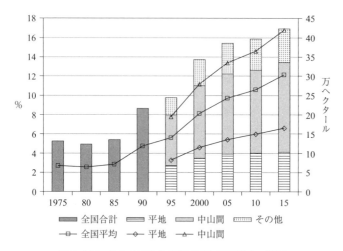

第 8-6 図　日本の耕作放棄地面積と放棄地率の推移

資料：「農林業センサス」（農水省）．

加算される。

　第 3 期対策の 2 年目（2011 年度）以降，政府は協定集落に対して補助金の過半を個人（農家）配分とするよう指導している。これは向上対策（現多面的機能支払のなかの資源向上支払）との役割分担に関係している。つまり向上対策の補助金が，共同活動に伴う経費の補填を目的としているため，中山間事業の補助金を所得補償に振り向けたと考えられるのである。もう 1 つの理由は，戸別所得補償制度（2010 年から先行導入）の創設にある。同制度の補助金が生産条件とは無関係に交付されたため，条件不利地域に対する追加的な補償の必要性が生じたのである。要するに，事業の直接支払には，農業の生産条件に関する不利を補正するといった目的が含まれる。

　日本の耕作放棄地面積と放棄地率を第 8-6 図に示した。2015 年の耕作放棄地は全国で 42.3 万 ha に達し，放棄地率は平地で低く（6.6％），中山間で高い（16.8％）。図にはないが，2015 年における中山間地域の耕地面積は 139 万 ha に達し，全体の 4 割程度を占めている。第 2 章第 6 節で述べたように，耕作放棄地率の上昇は，日本の農業が抱える最も深刻な問題の 1 つと考えてよい。中山間事業のスタートは 2000 年だが，少なくとも図の目視だけでは

その効果を確認できない。PES の additionality（効果）は事業が実施されたときの成果と，仮にそれが実施されなかったときの成果，すなわち仮想的反事実（counterfactual）の成果との差によって把握される。

制度設計のモデル[26]

(1) 社会的便益の最大化

中山間地域の集落では農地保全のために
$$C = aA^2/2$$
の費用が発生するものと仮定する。a は各集落に固有な正の定数で，A は経営耕地面積を表す。当然，急傾斜地ほど a の値は大きいが，保全コストはそうした地理的な要因以外にも依存する。そこで $a = a(S)$ として，S を集落の属性を表す集合とする。集合の構成要素には，外部の者（地元の市町村）でも入手できる情報と集落の構成員のみが知る情報が含まれる。後者の例としては，集落のソーシャル・キャピタル（前節）などが考えられる。

耕作のために保全された農地は，多面的機能という外部効果を発揮する。そこで，その面積当たりの経済的価値を $b = b(T)$ で表す。T は農地の属性を表す集合で，その構成要素は外部の者でも観察できるものと仮定する。したがって，面積 A の農地を保全することから生まれる社会的便益は，$\Pi = b(T)A - a(S)A^2/2$ と表される。この最大化の1階条件から次式を得る（2階条件は満たされている）。

$$A^* = b(T)/a(S) \tag{8.1}$$

この面積の農地を保全した集落に対して，政府が単位面積当たり t の補助金を交付すると仮定すれば，集落は $y^* = tA^* - a(S)A^{*2}/2$ の利得を得る。一方，当該集落がこの施策に参加しなければ，彼らが得る利得は $-a(S)A_0^2/2$ となる[27]。A_0 はそのときの農地面積である。したがって，$y^* \geq -aA_0^2/2$ であれば，この集落は施策に参加する。一般的に，これはプリンシパル＝エージェント

---

[26] 以下に展開するモデルは，Ito (2022) に基づいている。

[27] 対策に参加しない場合の保全コストは $A_0 = 0$ で最小化される。しかし，農業所得が保全コストを上回るほどに大きければ，$A_0 = 0$ とすることなく，その集落は営農を継続するであろう。なお以下のモデルでは，農地面積の決定に農業所得は影響しないものと仮定した。

（PA：Principal-Agent）理論における参加条件（participation condition）と呼ばれ，ここではこれを PC1 と記す。これより，交付金単価の最小値として次式を得る。

$$t^* = \frac{b^2 - a^2 A_0^2}{2b}$$

農地保全から得られる社会的便益を最大化するために，政府は個々の集落に $t^* A^*$ を交付しながら，A^* を割り当てなければならない。以下ではこれを政府の直接的関与と呼ぶが，この政策は t^* と A^* の値が集落ごとに異なるため，莫大な行政コストを発生させるだけでなく，実施そのものが困難である。というのは，(8.1) 式から明らかなように，政府にとっては隠された情報が，S の構成要素の中に含まれているため，政府は A^* の値を知ることができない。交付単価についても同様である。

(2) 中山間事業の実施

実際の中山間事業は政府の直接的関与とは異なる方法で実施されている。集落は政府が提示する交付金単価（第8-4表）を所与として，保全すべき農地面積を自らの判断で決定する。すなわち，

$$\max_{A} \quad y = tA - a(S) A^2/2$$

である。これより $A^+ = t/a(S)$ を得る。これは集落の最適反応関数（BRF：Best Response Function）であるが，PA 理論では一般的に，誘因両立性条件（incentive compatibility condition）と呼ばれる。政府は集落が選択する A^+ が $A^+ \geq A_c$ を満たすことを条件に，事業への参加と補助金（tA^+）の交付を認める。A_c は協定締結面積である（言うまでもなく，これは集落ごとに異なる）。これが事業の加入・交付要件であり，以下ではこれを PC2 と記す。事業に参加した集落が，この要件を満たしていないことが5年後に発覚すれば，受け取った補助金の全額を返還しなければならない[28]。

---

28) 繰り返しになるが，第5期対策から遡及返還の対象農用地は，協定農用地全体から当該農用地だけとなった。第4期対策まで，中山間事業の実施面積が 20 ha でそれがすべて急傾斜地にある水田であれば，協定違反の返還額は 2千100 万円にも及ぶ。

8.5 中山間地域等直接支払の制度設計

　農業の多面的機能は外部効果であるが，それは公共財としての特性を備えているから，政府が国民を代表しその恩恵を享受し，補助金を交付するものと仮定する。政府は以下の π が最大となるように，交付金（補助金）単価を決める。なお，ゲーム論の後ろ向きの推論（backward induction）に従い，政府は集落の BRF を知っているものと仮定する[29]。

$$\max_{t} \quad \pi = (b-t)A^+$$
$$\text{s.t.} \quad A^+ = t/a(S)$$

これより $t^+ = b(T)/2$ を得る[30]。最適な交付金単価は $b(T)$ の関数であるから，政府が多面的機能の経済的価値を正確に把握していれば，t^+ を集落に提示できる。この方式を以下では，政府による間接的関与と呼び，農地保全がもたらす社会的便益は，$\Pi = y + \pi$ で表される。2 人のプレイヤー，すなわち集落と政府は，相手の戦略を所与として，自身の利得が最大となる戦略を選択しているから，間接的関与の下で実現する (t^+, A^+) はナッシュ均衡である。

　第 8-5 表で直接的関与と間接的関与の結果を比較した。間接的関与に比べ直接的関与では，低い交付単価で $(t^* < t^+)$，より広い面積の農地を保全することができる $(A^* > A^+)$。つまり，より効率的に耕作放棄地の発生をコントロールすることができる。集落の利得は間接的関与の方が大きく $(y^* < y^+)$，反対に政府の利得は直接的関与の方が大きい $(\pi^* > \pi^+)$。また 2 人のプレイヤーの合計利得は，直接的関与の方が大きい $(\Pi^* > \Pi^+)$。しかし既述の通り，集落の属性 S に関する情報の非対称性から，政府は直接的関与による施策を実行できない。以上のことから，間接的関与は次善の策（second best）と解釈できる。

　第 8-7 図は直接的・間接的関与の均衡を表したものである。図の E^* 点が直接的関与の均衡であり，集落の参加条件（PC1）はこの E^* 点を通過して

---

29) 政府の利得は各集落の意思決定に依存するから，集計値として定義されるが，ここではそれを無視した。

30) 合崎（2007）は，多面的機能が 20％減少したときの評価額を 4.6 千円/10 a と推計している。これを 5 倍して，100％減少したときの評価額を 2.3 万円/10 a とすると，間接的関与が提示する交付金単価はその半額ということになる。一方，2013 年度における対策の補助金総額を実施面積で除した値は，都府県平均で 1.3 万円/10 a，全国平均で 8 千円/10 a であった。本節では農地の保全コストを，きわめてシンプルな数式で表現したが，間接的関与における交付単価の理論値は，現実の数字と極端に離れているわけではない。

第 8-5 表　直接関与と間接関与の比較

	直接的関与	間接的関与	
交付金単価	$t^* = \dfrac{b^2 - a^2 A_0^2}{2b}$	$t^+ = \dfrac{b}{2}$	$t^* < t^+$
保全される農地面積	$A^* = \dfrac{b}{a}$	$A^+ = \dfrac{b}{2a}$	$A^* > A^+$
集落の利得	$y^* = -\dfrac{aA_0^2}{2}$	$y^+ = \dfrac{b^2}{8a}$	$y^* < y^+$
政府の利得	$\pi^* = \dfrac{b^2}{2a} + \dfrac{aA_0^2}{2}$	$\pi^+ = \dfrac{b^2}{4a}$	$\pi^* > \pi^+$
合計利得	$\Pi^* = \dfrac{b^2}{2a}$	$\Pi^+ = \dfrac{3b^2}{8a}$	$\Pi^* > \Pi^+$

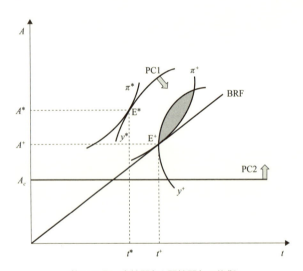

第 8-7 図　直接関与と間接関与の均衡

いる。一方，E^+ 点が間接的関与の均衡であり，ここでは PC2 の成立を前提とした。同図には E^+ 点に対応する集落と政府の等利得曲線が描かれている。集落と政府の等利得曲線の勾配は，それぞれ

$$\left.\dfrac{dA}{dt}\right|_{dy=0} = \dfrac{A}{a(S)A - t} \tag{8.2}$$

$$\left.\frac{dA}{dt}\right|_{d\pi=0} = \frac{A}{b-t} \tag{8.3}$$

で表されるから，集落の等利得曲線の勾配は反応曲線上（$A^+ = t/a(S)$）で垂直となり，政府の等利得曲線の勾配は常に正で，E^+点で集落のBRFの勾配と一致する[31]。(8.3)式をもう一度tで微分すると，$d^2A/dt^2 = 2A/(b-t)^2$となるから，政府の等利得曲線の傾きは図に示す通り，tの増加関数となる。

集落の利得は等利得曲線の右側でy^+より大きく，政府の利得は等利得曲線の上側でπ^+よりも大きい。したがって，ナッシュ均衡のE^+点を基準とすると，そこを通過する2つの等利得曲線で囲まれた部分にパレート改善の余地がある。言いかえれば，E^+点はパレート劣位の均衡である（第7章第3節）。集落と政府の再交渉により，パレート効率性を改善することは可能だが，合意形成に伴う取引費用を考慮すれば，E^+点からの移動は現実的ではない。また社会全体の利得という観点から言えば，E^*点が最善の選択だが，事業の目的には，条件不利地域の集落に対する直接支払いや営農支援が含まれるから，$y^* = -aA_0^2/2 < 0$（直接的関与における集落の利得が負）は，中山間事業の目的に適っていない。反対に，間接的関与では社会的便益は最大化されないが，$y^+ > 0$が成立しているから（第8-5表），条件不利地域における集落の所得を補償しており，この意味で中山間事業の目的と矛盾しない。

(3) 加入・交付要件と事業の効果

間接的関与の均衡は

$$t^+ = \frac{b(T)}{2}, \quad A^+ = \frac{t^+}{a} = \frac{b(T)}{2a(S)}$$

であった。ここで，$T = \{s, m\}$，$S = \{s, \theta\}$とし，sを農地の区分とし，集落の農地が急傾斜地であれば1，そうでなければゼロのダミー変数とする。したがって，$a(0, \theta) < a(1, \theta)$が成り立つ。$m$は地目で，水田であれば1，そうでなければゼロのダミー変数である。第8-4表に示したように，事業の交付金単価は農地の区分と地目に基づいて差別化されている。θは構成員の相互協

---

[31] (8.2)式と(8.3)式を使えば，E^*点で集落と政府の等利得曲線が接していることを示すことができる。

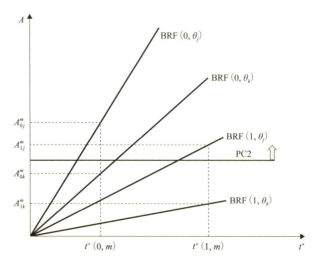

第8-8図　交付単価の提示に対する集落の選択

調の程度を測ったもので，以下では一般性を失うことなく，$\partial a(s, \theta)/\partial \theta > 0$ を仮定した。集落の構成員は θ の値を把握しているが，外部の者にとっては隠された情報である。メンバーの合意形成が不得意な集落では，θ の値が大きく農地保全コストが割高となる。

ここで地目 (m) を固定して，4つのタイプの集落を想定し，$a(S) = a(s, \theta)$ を次のように定める。$a(s, \theta) = a(0, \theta_j)$，$a(0, \theta_k)$，$a(1, \theta_j)$，$a(1, \theta_k)$，$\theta_j < \theta_k$。政府が提示する交付金単価と集落が選択する農地保全面積を第8-8図に示した。急傾斜の集落に対して，政府は $t^+(1, m)$ の単価を提示する。これに対し，$s=1$ の集落は自身の利得が最大となるように，A_{1i}^m ($i = j, k$) を選択する。政府が $t^+(0, m)$ を提示した場合も同様である。図の PC2 ($A^+ \geq A_c$) が加入・交付要件を表しており，これを満たしていない集落は，事業への参加を躊躇する。$\theta = \theta_k$ の集落がこれに該当する。集落と協定を交わし，彼らの行動や成果を監視する市町村は，事前に集落のタイプを知ることができないが，加入・交付要件の設定と，それに対する集落の反応により隠された情報 (θ) が顕示されるのである。

仮に PC2 が設定されなければ，すべての集落が事業に参加するから，そ

8.5 中山間地域等直接支払の制度設計

のときの平均処理効果（ATET：Average Treatment Effects on the Treated）は次式で与えられる。本章第2節（2）で述べたように，PESのadditionalityは現実と潜在的成果の差によって把握される。

$$\text{ATET（without PC2）} = \frac{\sum_{m}\sum_{s}\sum_{l=j,k}[A_{sl}^m - A_{sl}^m(0)]}{N_{jk}}$$

ここで，N_{jk}は参加した集落の総数，$A_{sl}^m(0)$は仮に該当集落が中山間事業に参加しなかった場合の農地面積を表す。一方，PC2が第8-8図のレベルに設定されると，$\theta = \theta_k$の集落は参加を断念するから，ATETは

$$\text{ATET（with PC2）} = \frac{\sum_{m}\sum_{s}[A_{sj}^m - A_{sj}^m(0)]}{N_j}$$

となる。N_jは$\theta = \theta_j$を満たす集落の数である。実際には集落のタイプ（θの値）は広い範囲に分布していると考えられるが，いずれにせよ，加入・交付要件を満たすことができない集落は，遡及返還を忌避し，最初から事業への参加を断念する。以上のことからATET（without PC2）＜ATET（with PC2）が成立する。要するに，スクリーニング・ゲーム（screening game）の顕示メカニズム（revelation mechanism）を取り入れることで，成果（additionality）の低下を未然に防止することができる。

仮説の検証

中山間事業の加入・交付要件をクリアできると確信している集落は，事業に参加する確率が高く，そうした集落では事業の成果を高く維持することができる。これが本項における作業仮説である。実証分析では，PSM法を用いて中山間事業の効果を推定した[32]。使用するデータは，北陸・近畿（石川，福井，滋賀，京都，兵庫の1府4県）から成る3836集落で，その内，1542は中山間地域に該当しないため標本から除外した。残りの2294集落の内，999が事業に参加し，1295が参加していない。

---

32) PSM法以外の推定方法として，IPW（Inverse Probability Weighting）やDR（Doubly Robust）があるが，これらについてはIto et al.（2019）を参照して欲しい。

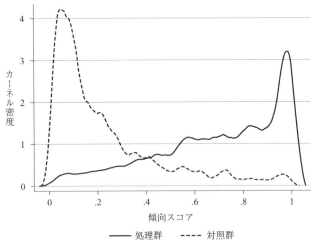

第8-9図　傾向スコアのオーバーラップ

分析では前者を処理群，後者を対照群とみなし，成果変数を2010年の耕作放棄地率とした。なお，因果推論に関する内生性の問題を回避するために，2005年のデータを用いて傾向スコアを計算した（プロビット・モデルの推計結果は省略する）。処理効果分析では，当該主体（この場合は集落）の選択（事業への参加・不参加）が，観察されるデータにのみ依存することを前提としている（selection on observables）。したがって，プロビット分析では，できるだけ多くの説明変数（共変量）を用いた。

処理群と対照群の傾向スコアのカーネル密度（Kernel density）推定を第8-9図に示した。傾向スコアの全域で，両群の事業への参加確率はプラスである。つまりcommon support or covariate overlapの条件を満たしている。また，第8-6表は共変量のバランス（covariate balance or balancing property）を検定した結果である。標準化された差の絶対値は，多くの変数でマッチング前よりも後のほうが小さく，加重分散比はマッチング前よりも後のほうが1に接近している。これは共変量がマッチング後に概ねバランスしていることを示唆している。つまり，PSM法における条件付独立性の仮定（CIA）を満たしている。

8.5 中山間地域等直接支払の制度設計

第 8-6 表　バランス検定

	標準化された差 マッチング 前	標準化された差 マッチング 後	加重分散比 マッチング 前	加重分散比 マッチング 後
DID まで 30 分未満ダミー	-0.061	0.156	1.004	0.988
水田急傾斜ダミー	0.755	-0.098	3.821	0.869
水田平地ダミー	-0.717	0.074	0.686	1.028
水田率	-0.196	0.060	1.290	0.720
2005 年の耕作放棄地率	0.361	-0.062	1.520	0.950
農家世帯数変化率(%)	-0.047	0.005	0.702	0.742
人口変化率(%)	-0.038	0.067	0.589	0.762
専業農家率(%)	0.102	-0.047	0.994	0.822
農業従事者割合(%)	0.115	-0.056	1.188	0.901
男性農業従事者割合(%)	-0.071	-0.069	0.969	0.962
65 歳以上農業従事者割合(%)	0.116	0.122	0.816	0.875
基幹的農業従事者割合(%)	0.442	-0.041	1.012	0.922
経営耕地面積が 0.5 ha 未満の農家割合(%)	-0.034	-0.031	0.876	1.107
1 農家世帯当たり農業機械保有台数	-0.246	0.051	1.186	0.989
農家世帯数(100)	0.206	0.052	1.438	0.943
農家世帯数 2	0.170	0.016	2.098	1.193
経営耕地面積のジニ係数	-0.139	-0.064	0.757	0.916
貸出農地面積割合(%)	-0.121	-0.024	0.688	0.900
貸付農地面積割合(%)	-0.244	-0.082	0.405	0.494

　なお，処理効果分析の推定値がバイアスを持たない条件として，SUTVA（Stable Unit Treatment Value Assumption）がある。これは，他のユニット（この場合だと集落）が処理を受けたか否かとは無関係に，当該ユニットの処理効果は一定でなければないという条件である。ユニット間で何らかの外部効果（spill-over）が存在すれば，この仮定は満たされない。本分析で処理群に交付される補助金は，参加集落が行う農地保全に要する活動費に充てられ，それにより，保全の外発的動機（extrinsic motivation）が鼓舞されると考えられるから，外部効果は発生しないものと判断した。

　第 8-7 表に推定された事業の処理効果を示した。2010 年データについては，処理群と対照群の耕作放棄地率の単純差が 3.27％ で，処理群のほうが有意に大きい。しかし，セレクション・バイアスを除去した処理効果は，ATET で -4.43％（処理群の耕作放棄地率の期待値は，仮に当該集落が事業に参加

第 8-7 表　中山間事業の処理効果

	2010 年データ	DID マッチング
処理群の耕作放棄地率	9.84	0.61
対照群の耕作放棄地率	6.57	0.45
単純差	3.27***	0.16
SE	0.39	0.28
平均処理効果（ATET）	-4.43***	-3.14**
AI robust SE	1.41	1.32
平均処理効果（ATE）	-2.20***	-1.67**
AI robust SE	0.71	0.71

注：**，*** はそれぞれ 5%，1% 水準で有意であることを意味する。
平均処理効果の標準誤差は Abadie-Imbens SE を示した。

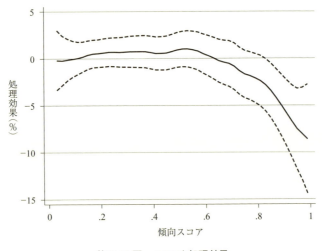

第 8-10 図　ヘテロな処理効果

していなかった場合の値に比べて 4.43％ポイント低い），ATE で －2.20％ で，ともに 1％ 水準で有意であった。同表右列の DID マッチングとは，2005～2010 年の耕作耕地率の差にマッチング手法を当てはめたもので，2 つの処理効果はマイナスで，5％ 水準で有意であった。要するに，中山間事業は耕作放棄地の発生抑止に寄与していたと言える。

　第 8-10 図は横軸に傾向スコアを，縦軸に処理効果をとったもので，実線が平均値，破線が 95％ の信頼区間である。傾向スコア（PS）が 0.8 の周辺

まで，処理効果はゼロと有意差を持っていないが，PSがそれ以上になると，処理効果の絶対値は徐々に大きくなり，PS＝1で最大となる。つまり，事業への参加確率が高い集落ほど，耕作放棄地の発生抑止に成功している。こうした結果は，仮説の妥当性を強く肯定している。つまり，中山間事業の加入・交付要件をクリアできると確信している集落の多くが事業に参加しており，そのことで事業の処理効果が高く維持されていたとの推論が成り立つ。

会計検査院が2006年度に行った検査によれば，第1期対策（2000～2004年）に参加した集落がある489市町村（全体の37％）の内，協定に違反する事案は全体の0.22％に過ぎなかった。このことは加入・交付要件が，信用ある脅しとして機能していたことを示唆している。

永続性

PESの永続性（permanence）とは，交付金の効果が長期間に及ぶことであり，たとえ補助金の交付が途絶えたとしても，効果が継続的に発生するような状況を指す（Engel, 2016）。集落属性に関する他の条件を一定とすれば，耕作放棄地の発生が長期間，抑止されるか否かは，事業に参加した集落でどの程度，農業労働力が確保されるかに強く依存する。そこでここでは，耕作放棄地率以外の成果変数として，経営耕地面積，世帯員数，農業従事者数，農業後継者がいる世帯数の2005～2010年の間の変化率をとり，その平均処理効果を推定した。データは本節の処理効果分析で用いたものと同じである。第8-8表に推計結果を示した。

「経営耕地面積の変化率」は，ATE，ATETともにプラスで10％水準で有意であった。これは事業が耕作放棄地の発生を抑止する効果を持つという本節の分析と矛盾しない[33]。「世帯員数の変化率」も同様で，処理群の世帯数数の変化率は，対照群のそれよりも有意に高い。「農業従事者の変化率」については有意な差はないが，年齢で区切ると興味深い事実が見えてくる。「65歳以上の農業従事者数の変化率」については，ATETがプラスで有意となっているが，「65歳未満」については，ATE，ATETともに，有意ではな

---

33) ATEの3.28％は処理群と対照群の差であり，処理群の集落で経営耕地面積が平均で3.28％増加したという意味ではない。

第8-8表 耕作放棄地率以外の変数の処理効果(%)

		処理効果	SE
経営耕地面積の変化率	ATE	3.28*	1.82
	ATET	5.50*	2.92
世帯員数の変化率	ATE	2.55*	1.45
	ATET	4.88**	2.29
農業従事者の変化率	ATE	2.70	1.86
	ATET	4.83**	2.17
65歳以上の農業従事者数の変化率	ATE	2.22	1.98
	ATET	8.89***	2.53
65歳未満の農業従事者数の変化率	ATE	-2.24	4.71
	ATET	-2.65	5.00
農業後継者がいる世帯数の変化率	ATE	-0.43	3.40
	ATET	4.48	5.03

注：*，**，***はそれぞれ10％，5％，1％水準で有意であることを意味する。
平均処理効果の標準誤差はAbadie-Imbens SEを示した。

いが処理効果はマイナスであった。また第8-8表の結果は，中山間事業には，農業後継者を育成する効果がないことを示唆している。基幹的農業従事者の年齢構成を示した第8-3図も，最近における高齢者の奮闘ぶりを示しているが，農地や農村共有資源を永続的に保全・管理するためには，農業後継者を含む若年労働力が，新たに集落の構成員として加わらなくてはならない。

　山下（2001, p. 126）によれば，中山間地域等直接支払制度の検討会では，「対症療法的に耕作放棄地を防止するという短期的，防御的なものにとどまるのではなく，持続的な農業生産を確保するという観点から青年が地域に残り，新規就業者も参入し，世代交替もできる永続的な集落営農の実現という長期的，積極的，体質改善的なものも目指すべき」との意見が出されたという。こうした指摘は，中山間地域のみならず，日本の農村社会が共通して抱えている問題の所在を明らかにしており，的を射たものであるが，本節の分析結果は，若年労働力の確保や後継者の育成という点で，事業は十分な成果を上げておらず，対処療法的なものにとどまっていることを示唆している。

　中山間地域等直接支払制度とは別に，2013年の農政改革では，認定農業者と集落営農に加え，認定新規就農者が農業の担い手に指定された[34]。また，2022年からはそれまでの農業次世代人材投資事業に代わり，新規就農者育

成総合対策が講じられている。新規就農者本人やそうした者を雇用する法人に対する資金の助成，技術面でのサポートが事業の内容であり，その評価は今後の課題として残されている。

【演習】

8-1
第 7-4 表で，$\alpha=2$，$\beta=3$，$\gamma=0.6$，$y_1^-=1$，$y_1^-=4$ としたときのナッシュ均衡を答えなさい。

8-2
全微分を用いて，(8.2) 式と (8.3) 式を導出しなさい。

---

34) 2014 年から認定新規就農者制度は農業経営基盤強化促進法に位置づけられている。新規就農者に関する分析としては，倪（2019）がある。

補章　経済数学の補足的説明

A.1　時間微分と合成関数の微分

時間微分と全微分

　ミクロ経済学は微分を多用する。このテキストも例外ではないが，遠山 (2012) によれば，そもそも微分とは難問を解決するために，全体を「細かく分けること」を意味する。

　いま，関数 $y=f(x)$ が第 A-1 図のように描かれたとする。x が x_0 から x_1 まで変化したとき，y は y_0 から y_1 まで変化するが，微分ではこれを $f'(x_0)(x_1-x_0)=f'(x_0)\Delta x$ と近似する。すなわち，$x=x_0$ における $y=f(x)$ の傾き（勾配）に，Δx を乗じたものを $\Delta y=y_1-y_0$ とみなすのである。もちろんこの操作は，$y=f(x)$ を正確に把握できないことが前提となっており，Δx が大きければ，$f'(x_0)\Delta x$ は近似値として相応しくない。つまり x を細かく分けなければ，近似は不正確なものとなる。

　関数が $z=f(x,y)$ の場合も同様である。z の値は x と y に依存するが，x と y は自由に動くことができるものと仮定する。x が x_0 から x_1 まで変化し，y が y_0 から y_1 まで変化したとき，z の変化量 (Δz) は $f(x_1,y_1)-f(x_0,y_0)$ であるが，$y=f(x)$ の場合と同様に，「細かく分ける」と，Δz は次式で近似される。

$$\Delta z = \frac{\partial f(x,y)}{\partial x}\Delta x + \frac{\partial f(x,y)}{\partial y}\Delta y \tag{A.1}$$

ちなみに Δ は微小変化のことで，(A.1) 式は

$$dz = \frac{\partial f(x,y)}{\partial x}dx + \frac{\partial f(x,y)}{\partial y}dy \tag{A.2}$$

と表すこともできる。これを全微分と言う。

　$z=f(x,y)=bx^\alpha y^\beta$（$b, \alpha, \beta$ は定数）とした場合，(A.2) 式から，

$$dz = b\alpha x^{\alpha-1}y^\beta dx + b\beta x^\alpha y^{\beta-1}dy$$

となるから，この両辺を z で除すと，次式を得る。

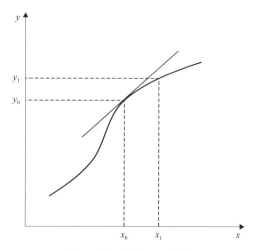

第 A-1 図　微分による近似

$$\frac{dz}{z} = \alpha \frac{dx}{x} + \beta \frac{dy}{y} \quad (\text{A.3})$$

ここで（A.3）式の両辺を dt（時間の変化で，食料・環境経済学では1年を想定することが多い）で除すと

$$\frac{dz}{zdt} = \alpha \frac{dx}{xdt} + \beta \frac{dy}{ydt} \quad (\text{A.4})$$

となる。（A.4）式は，z の期間変化率が $\alpha \times$（x の期間変化率）と $\beta \times$（y の期間変化率）の合計に等しい（近似できる）ことを意味する。（A.4）式を以下のように表記することもある。

$$\frac{\dot{z}}{z} = \alpha \frac{\dot{x}}{x} + \beta \frac{\dot{y}}{y}$$

合成関数の微分

　関数 $z = f(x, y)$ で，y が x の関数になっている場合はどうであろうか。$y = g(x)$ であるから，x と y は自由に動くことができない。$z = f(x, y)$ を全微分すると，

$$dz = \frac{\partial f}{\partial x}dx + \frac{\partial f}{\partial y}dy$$

であるが，$y = g(x)$ の全微分は $dy = (\partial g/\partial x)dx$ であるから，これを代入し，

$$dz = \frac{\partial f}{\partial x}dx + \frac{\partial f}{\partial y} \cdot \frac{\partial g}{\partial x}dx$$

を得る。したがって，上式は

$$\frac{dz}{dx} = \frac{\partial f}{\partial x} + \frac{\partial f}{\partial y} \cdot \frac{\partial g}{\partial x} \tag{A.5}$$

となる。(A.5) 式は合成関数の微分公式である。

A.2　市場均衡の比較静学

ある財の需給均衡を以下で表す。

$$S(p) = D(p, y) \tag{A.6}$$

p は価格，y は所得を表す。(A.6) 式から，需給均衡価格 (p^*) が決まるが，所得の増加は p^* にどのような影響を及ぼすのであろうか。(A.6) 式を全微分すると，次式を得る。

$$\frac{\partial S}{\partial p}dp = \frac{\partial D}{\partial p}dp + \frac{\partial D}{\partial y}dy$$

これより，以下を得る。

$$\frac{dp}{dy} = \frac{\partial D/\partial y}{\partial S/\partial p - \partial D/\partial p} \tag{A.7}$$

(A.7) 式で，$\partial S/\partial p > 0$（供給曲線は価格に関して右上がり），$\partial D/\partial p < 0$（需要曲線は価格に関して右下がり）であれば，$dp/dy$ の符号は，当該財が正常財か下級財かに依存する。正常財であれば，$\partial D/\partial y > 0$ であるから，所得の増加に伴って均衡価格は上昇する。第 A-2 図がこのような状況を表している。当該財が正常財であれば，所得の増加に伴って需要曲線は D から D′ へとシフトする。その結果，均衡価格は p^* から p^{**} へと移動する。明らかに $dp/dy > 0$ である。この例が示すように，比較静学は均衡式の全微分からスタートするのが常である。

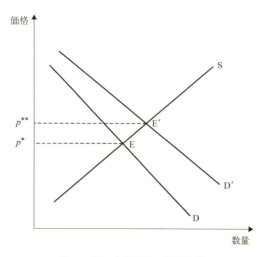

第 A-2 図　市場均衡の比較静学

A.3　利潤最大化問題とホテリングのレンマ

利潤最大化問題の一般型は以下のように定式化される。

$$\max_{x} \pi = pq - wx$$
$$\text{s.t.} \quad q = f(x)$$

これを解くと，要素需要関数が次式で与えられる。

$$x_i^* = x_i(p, w) \quad (i = 1, 2, \cdots, n)$$

これより，均衡利潤（最大化された利潤）が次式で表される。

$$\pi(p, w) = pf[x(p, w)] - wx(p, w)$$

したがって，合成微分の公式を使うと次式を得る。

$$\frac{\partial \pi}{\partial p} = f + p\sum_{j} \frac{\partial f}{\partial x_j} \cdot \frac{\partial x_j}{\partial p} - \sum_{j} w_j \frac{\partial x_j}{\partial p} = f + \sum_{j} \left[p\frac{\partial f}{\partial x_j} - w_j \right] \cdot \frac{\partial x_j}{\partial p}$$

利潤最大化の 1 階条件である $p\partial f/\partial x_j = w_j$ を，これに代入すれば，

$$\frac{\partial \pi}{\partial p} = f = y(p, w)$$

を得る。同様にして展開すれば，次式を得る。

補章　経済数学の補足的説明

$$\frac{\partial \pi}{\partial w_i} = -x_i(p, \boldsymbol{w})$$

この2式がホテリングのレンマ（Hotelling's lemma）である。

A.4　費用最小化問題：ラグランジュ未定乗数法による解法

費用最小化問題は，以下のように定式化される。

$$\min_{x} \quad c = \boldsymbol{wx}$$
$$\text{s.t.} \quad q = f(\boldsymbol{x})$$

生産者は要素価格（$\boldsymbol{w}$）と生産量（q）を所与として，要素投入量に関して費用を最小化する。費用最小化問題を解くためには，ラグランジュ未定乗数法を理解する必要がある。

ラグランジュ関数（Lagrange function）は

$$L = \boldsymbol{wx} + \lambda [q - f(\boldsymbol{x})]$$

で与えられるので，費用最小化の1階条件は

$$\frac{\partial L}{\partial x_i} = w_i - \lambda \frac{\partial f}{\partial x_i} = 0 \quad (i = 1, 2, \cdots, n)$$

$$\frac{\partial L}{\partial \lambda} = q - f(\boldsymbol{x}) = 0$$

であり，これを解くと，条件付き要素需要関数が次式で与えられる。

$$x_i^* = x_i(\boldsymbol{w}, q)$$

これより，費用関数が次式で与えられる。

$$c^* = \boldsymbol{wx}^* = c(\boldsymbol{w}, q)$$

A.3と同じ方法を用いれば，シェパードのレンマ（Shephard's lemma：$\partial c^*/\partial w_i = x_i^*$）を証明することができる。

A.5　規模の経済の双対的表現

コブ＝ダグラス型生産関数を制約条件とした場合，費用最小化問題は以下のように定式化される。

$$\min_{x_1, x_2} \quad c = w_1 x_1 + w_2 x_2$$
$$\text{s.t.} \quad q = x_1^\alpha x_2^\beta$$

$\alpha+\beta>1$ であれば，規模の経済が存在する（規模の経済が存在する場合，利潤最大化問題の解は存在しないが，生産関数が準凹であれば，費用最小化問題の解はユニークに決まる）。

ラグランジュ関数を
$$L = w_1 x_1 + w_2 x_2 + \lambda (q - x_1^\alpha x_2^\beta)$$
とすれば，費用最小化の1階条件（必要条件）から，以下を得る。

$$x_1^* = \left(\frac{\alpha}{\beta}\right)^{\frac{\beta}{\alpha+\beta}} \left(\frac{w_2}{w_1}\right)^{\frac{\beta}{\alpha+\beta}} q^{\frac{1}{\alpha+\beta}}, \quad x_2^* = \left(\frac{\alpha}{\beta}\right)^{-\frac{\alpha}{\alpha+\beta}} \left(\frac{w_2}{w_1}\right)^{-\frac{\alpha}{\alpha+\beta}} q^{\frac{1}{\alpha+\beta}}$$

これより，費用関数が

$$c^* = w_1 x_1^* + w_2 x_2^* = \left[\left(\frac{\alpha}{\beta}\right)^{\frac{\beta}{\alpha+\beta}} \left(\frac{w_2}{w_1}\right)^{\frac{\beta}{\alpha+\beta}} w_1 + \left(\frac{\alpha}{\beta}\right)^{-\frac{\alpha}{\alpha+\beta}} \left(\frac{w_2}{w_1}\right)^{-\frac{\alpha}{\alpha+\beta}} w_2 \right] q^{\frac{1}{\alpha+\beta}}$$

$$= \psi(\boldsymbol{w}) \, q^{\frac{1}{\alpha+\beta}}$$

で与えられる。平均費用は c^*/q であり，要素価格（$\boldsymbol{w}$）一定の下で，$\alpha+\beta>1$ であれば，平均費用曲線は q に関して右下がりとなる。一般的に，生産技術を把握するためには，生産関数，費用関数，利潤関数のどれを使っても構わない。3つの関数は同じテクノロジーを描写しており，この関係を双対性（duality）と呼ぶ。

引用文献

【日本語・中国語文献】

合崎英男　2007.「表明選好法による農業・農村の持つ多面的機能の経済評価」『システム農学』第 23 巻第 1 号，pp. 41-46.
青木昌彦・伊丹敬之　1985.『企業の経済学』岩波書店.
青木昌彦・奥野正寛編著　1996.『経済システムの比較制度分析』東京大学出版会.
荒井聡　2011.「集落営農再編の成果と課題」荒井聡・今井健・小池恒男・竹谷裕之編著『集落営農の再編と水田農業の担い手』筑波書房，pp. 233-251.
荒幡克己　2010.『米生産調整の経済分析』農林統計出版.
有本寛・中嶋晋作　2010.「農地の流動化と集積をめぐる論点と展望」『農業経済研究』第 82 巻第 1 号，pp. 23-35.
池上彰英　2017.「新型農業経営体系の構築」田島俊雄・池上彰英編『WTO 体制下の中国農業・農村問題』東京大学出版会，pp. 341-384.
池上彰英　2023.「中国の農業生産構造の現状と展望」『中国経済経営研究』第 7 巻第 1 号，pp. 20-34.
池上甲一　2020.「食料貿易の新潮流とフードセキュリティ」『農業と経済』第 86 巻第 3 号，pp. 6-24.
石田正昭　1999.『農家行動の社会経済分析』大明堂.
伊藤順一　1996.「農産物貿易の自由化と環境保全」『農総研季報』第 29 号，pp. 37-51.
伊藤順一　2010.「農村共有資源の管理と農民間の協調行動―中国雲南省における灌漑管理の事例分析―」一橋大学経済研究所『経済研究』第 61 巻第 4 号，pp. 289-301.
伊藤順一・包宗順・蘇群　2010.「PSM 法による農民専業合作組織の経済効果分析―中国江蘇省南京市スイカ合作社の事例研究―」アジア経済研究所『アジア経済』第 51 巻第 11 号，pp. 44-73.
伊藤順一　2013.「中国農業の選択的拡大―生産補助政策下における作物選択の合理性―」『農業経済研究』第 85 巻第 1 号，pp. 1-15.
伊藤順一・包宗順・倪鏡　2014.「中国江蘇省における農地の流動化―土地株式合作制度による取引費用の節減―」『農業経済研究』第 85 巻第 4 号，pp. 205-219.
伊藤順一　2023.「穀物の国際取引と中国の農業生産」『中国経済経営研究』第 7 巻第 1 号，pp. 52-60.
伊藤順一　2024.「穀物の国際貿易における政策バイアスと顕示比較優位」『農業経済研究』第 96 巻第 1 号，pp. 1-17.
伊藤元重・大山道広　1985.『国際貿易』岩波書店.
井堂有子　2023.「ウクライナ危機と中東・アフリカ―「人間の安全保障」としての食糧問題―」『移行期にある国際秩序と中東・アフリカ』日本国際問題研究所，pp. 187-

204.
井上龍子　2007.『在ローマの国際機関の活動―FAO を中心として―』国際農林業協働協会.
今井賢一・宇沢弘文・小宮隆太郎・根岸隆・村上泰亮　1982.『価格理論Ⅱ』岩波書店.
植田大祐　2021.「WTO の概要と課題」『レファレンス』第 849 号，国立国会図書館調査及び立法考査局，pp. 45-72.
梅本雅　2010.「水田作担い手の構造と経営行動」『農業経済研究』第 82 巻第 2 号，pp. 102-111.
荏開津典生　1985.『日本農業の経済分析』大明堂.
荏開津典生　1987.『農政の論理をただす』農林統計協会.
荏開津典生　1994.『「飢餓」と「飽食」　食料問題の十二章』講談社.
荏開津典生　2008.『農業経済学　第 3 版』岩波書店.
荏開津典生・生源寺眞一　1995.『こころ豊なれ　日本農業新論』家の光協会.
大川一司　1974.『日本経済の構造　歴史的視点から』勁草書房.
小田切徳美　2006.「中山間地域の実態と政策の展開　課題の設定」矢口芳生編集代表／小田切徳美・安藤光義・橋口卓也著『中山間地域の共生農業システム　崩壊と再生のフロンティア』農林統計協会，pp. 1-15.
加古敏之　2006.「日本における食糧管理制度の展開と米流通」伊東正一編著『危機に瀕する世界のコメ―その 2―世界の学校給食とコメ消費：日米台湾タイの現状と可能性』科学研究費補助金報告書，pp. 155-183.
加治佐敬　2020.『経済発展における共同体・国家・市場　アジア農村の近代化にみる役割の変化』日本評論社.
梶原武　2021.「農地の権利を取得して農業経営を行う法人の制度的枠組み　その変遷と課題」『レファレンス』第 848 号，国立国会図書館調査及び立法考査局，pp. 31-65.
環境省生物多様性及び生態系サービスの総合評価に関する検討会　2021.『生物多様性及び生態系サービスの総合評価 2021　政策決定者向け要約報告書』環境省自然環境局.
神取道宏　2014.『ミクロ経済学の力』日本評論社.
草野栄一・小山修　2010.「中国の食糧生産補助政策と品目別供給反応」『2010 年度日本農業経済学会論文集』pp. 517-524.
小泉達治　2024.「フードセキュリティの国際的潮流から学ぶ　顕在化するリスク・不確実性」『農業経済研究』第 96 巻第 2 号，pp. 120-134.
経済産業省　2011.「総論　WTO 協定の概要」https://www.meti.go.jp/shingikai/sankoshin/tsusho_boeki/fukosei_boeki/pdf/2011_02_00.pdf.
経済産業省　2020.『令和 2 年版　通商白書』.
経済産業省　2023.『令和 5 年版　通商白書』.
小林弘明　2005.「国内保護が転化した輸出補助　EU の砂糖，インドのコメ・小麦の事例」農林水産政策研究所特別研究会資料.
小宮隆太郎　1999.『日本の産業・貿易の経済分析』東洋経済新報社.
小宮山碧・伊藤順一　2017.「農地・水・環境保全向上対策の政策評価　滋賀県を対象として」『農林業問題研究』第 53 巻第 2 号，pp. 72-83.

佐伯尚美　2005a.『米政策改革Ⅰ　迷走する改革』農林統計協会.
佐伯尚美　2005b.『米政策改革Ⅱ　再スタートする改革』農林統計協会.
佐伯尚美　2009.『米政策の終焉』農林統計出版.
塩野谷祐一　1984.『価値理念の構造　効用対権利』東洋経済新報社.
島本富夫　2006.「農地保有合理化事業35年の軌跡　制度の展開と実績」『土地と農業』第36号, pp. 47-126.
生源寺眞一　2006.『現代日本の農政改革』東京大学出版会.
生源寺眞一　2008.『農業再建　真価問われる日本の農政』岩波書店.
生源寺眞一　2010.『農業と農政の視野　論理の力と歴史の重み』農林統計出版.
生源寺眞一　2011.『日本農業の真実』筑摩書房.
生源寺眞一　2013.『農業と人間　食と農の未来を考える』岩波書店.
生源寺眞一　2016.「決まりごとが通用しない」『農業経営研究』第53巻第4号, pp. 1-5.
生源寺眞一　2017.『農業と農政の視野／完　論理の力と歴史の重み』農林統計出版.
新谷正彦　2005.「農業部門の過剰就業」泉田洋一編『近代経済学的農業・農村分析の50年』農林統計協会, pp. 47-73.
髙木賢　2008.『農地制度　何が問題なのか』大成出版社.
高橋明広・梅本雅・藤井吉隆　2008.「集落営農組織における生産・労務管理の新たな展開と特徴―特定農業団体N営農組合を事例に―」『農業経営研究』第46巻第1号, pp. 19-24.
高橋大輔　2013.「農地制度改革をめぐる論点整理と今後の展望―平成21年農地制度改正をめぐって―」『土地と農業』第43号, pp. 95-106.
田代洋一　2006.『集落営農と農業生産法人　農の協同を紡ぐ』筑波書房.
多田理紗子・伊藤順一　2018.「経営形態別にみた水田農業の経営成果と直接支払いの経済効果」『農業経済研究』第89巻第4号, pp. 261-276.
田畑保　2004.『中山間の定住条件と地域政策』日本経済評論社.
陳錫文　2013.「〈講演録〉中国農村政策と長期経済展望」『農林金融』第66巻第2号, pp. 2-19.
坪田邦夫・小林弘明　1996.「問題の背景と本特集の課題」『農総研季報』第29号, pp. 3-13.
遠山啓　2012.『現代数学入門』ちくま学芸文庫.
倪鏡著, 吉田俊幸監修　2019.『地域農業を担う新規参入者』筑波書房.
西村和雄　2009.『経済数学早わかり』日本評論社.
根岸隆　1983.『経済学の歴史』東洋経済新報社.
根岸隆　1985.『ワルラス経済学入門　「純粋経済学要論」を読む』岩波書店.
農林水産省　2009.「中山間地域等直接支払制度の最終評価　参考資料」http://www.maff.go.jp/j/nousin/tyusan/siharai_seido/, 2014/11/4
橋口卓也　2008.『条件不利地域の農業と政策』農林統計協会.
橋詰登　2016.「農村地域策の体系化と政策課題　中山間地域等直接支払制度に焦点をあてて」『農業経営研究』第88巻第1号, pp. 83-98.
橋詰登　2021.「農業集落の変容と将来予測に関する統計分析　集落構造の変化と西暦

2045 年の農業集落の姿」『農山村地域の人口動態と農業集落の変容　小地域別データを用いた統計分析から』農業・農村構造プロジェクト【農村集落分析】研究資料，農林水産政策研究所，pp. 39-81.
速水佑次郎　1986.『農業経済論』岩波書店.
原洋之介　2005.「日本農業経済学会の「旧くて新しい」課題」泉田洋一編『近代経済学的農業・農村分析の 50 年』農林統計協会，pp. 15-37.
樋口修　2006.「GATT/WTO 体制の概要と WTO ドーハ・ラウンド農業交渉」『レファレンス』第 670 号，国立国会図書館調査及び立法考査局，pp. 131-152.
樋口修　2022.「2022 年の穀物価格高騰とその背景」『調査と情報―ISSUE BRIEF―』No. 1201，8 月，国立国会図書館調査及び立法考査局，pp. 1-14.
福井清一・三輪加奈・高篠仁奈　2023.『開発経済を学ぶ』創成社.
寶劔久俊　2012.「農地貸借市場の形成と農地利用の効率性」加藤弘之編著『中国長江デルタの都市化と産業集積』勁草書房，pp. 280-302.
宝剣久俊　2017.『産業化する中国農業　食料問題からアグリビジネスへ』名古屋大学出版会.
本間正義　1994.「国際化と日本農政の課題」『農業経済研究』第 66 巻第 2 号，pp. 90-98.
本間正義　2010.『現代日本農業の政策過程』慶應義塾大学出版会.
本間正義　2014.『農業問題　TPP 後，農政はこう変わる』筑摩書房.
増田佳昭　2003.「「農業濁水」琵琶湖に負荷をかけない水田農業をめざして」『滋賀県立大学環境科学部年報』第 7 号（http://www.ses.usp.ac.jp/nenpou/np7/np7masuda/np7masuda.html）
松下京平　2009.「農地・水・環境保全向上対策とソーシャル・キャピタル」『農業経済研究』第 80 巻第 4 号，pp. 185-196.
宮澤健一　1988.『制度と情報の経済学』有斐閣.
森田果　2014.『実証分析入門』日本評論社.
山下一仁　2001.『制度の設計者が語る　わかりやすい中山間地域等直接支払制度の解説』大成出版社.
山下一仁　2022.「WTO は食料危機を解決できるのか」『論座』https://webronza.asahi.com/business/articles/2022062200001.html
山田七絵　2017.「中国の新たな農業経営モデルの特徴と存立条件」清水達也編『途上国における農業経営の変革』調査研究報告書，アジア経済研究所，pp. 33-53.
山本康貴・近藤功庸・笹木潤　2007.「わが国稲作生産性の伸びはゼロとなるか？―総合生産性，技術変化およびキャッチ・アップ効果の計測を通じて―」『農業経済研究』第 79 巻第 3 号，pp. 154-165.
黄祖輝・徐旭初・冯冠胜　2002.「農民専業合作組織発展的影響因素分析」『中国農村経済』3 月，pp. 13-21.
王士海・刘俊浩　2007.「「農民専業合作社法」的正負效應分析」『重慶工商大学学報』第 17 巻第 6 期，pp. 18-21.
張树川・刘永功　2004.「制約我国農民合作経済組織発展的深層思考」『経済問題』第 8 期，pp. 45-47.

周章跃　2004.「経済改革時期的中国農業合作社：発展与経験」『中国農業経済評論』第 2 巻第 2 号, pp. 238-257.

【英語文献】

Ackerberg, D.A., Botticini, M., 2002. Endogenous matching and the empirical determinants of contract form. *Journal of Political Economy* 110(3), 564-591.

Agrawal, A., Goyal, S., 2001. Group size and collective action: Third-party monitoring in common-pool resources. *Comparative Political Studies* 34(1), 63-93.

Aigner, D., Lovell, C.A.K., Schmidt, P., 1977. Formulation and estimation of stochastic frontier production function models. *Journal of Econometrics* 6(1), 21-37.

Alesina, A., La Ferrara, E., 2000. Participation in heterogeneous communities. *Quarterly Journal of Economics* 115(3), 847-904.

Alix-Garcia, J.M., Sims, K.R.E., Yañez-Pagans, P., 2015. Only one tree from each seed? Environmental effectiveness and poverty alleviation in Mexico's payments for ecosystem services program. *American Economic Journal: Economic Policy* 7(4), 1-40.

Anderson, K., 1992. Effects on the environment and welfare of liberalizing world trade: The case of coal and food. In: Anderson, K., and Blackhurst, R. (Eds.), *The Greening of World Trade Issues*. Harvester Wheatsheaf, New York, pp. 145-172.

Anderson, K., Nelgen, S., 2013. *Updated National and Global Estimates of Distortions to Agricultural Incentives, 1955 to 2011*. World Bank, Washington DC.

Anderson, K., Rausser, G., Swinnen, J. 2013. Political economy of public policies: Insights from distortions to agricultural and food markets. *Journal of Economic Literature* 51(2), 423-477.

Andriani, L., Christoforou, A., 2016. Social capital: A roadmap of theoretical and empirical contributions and limitations. *Journal of Economic Issues* 50(1), 4-22.

Angrist, J.D., Pischke, J-S. 2009. *Mostly Harmless Econometrics: An Empiricist's Companion*. Princeton University Press, Princeton and Oxford. [大森義明・小原美紀・田中隆一・野口晴子訳 2013.『「ほとんど無害な」計量経済学　応用経済学のための実証分析ガイド』NTT 出版].

Aoki, M., 2001. *Toward a Comparative Institutional Analysis*. The MIT Press, Cambridge. [瀧澤弘和・谷口和弘訳 2001.『比較制度分析に向けて』NTT 出版].

Arellano, M., Bond, S., 1991. Some tests of specification for panel data: Monte Carlo evidence and an application to employment equations. *Review of Economic Studies* 58(2), 277-297.

Arellano, M., Bover, O., 1995. Another look at the instrumental variable estimation of error-components models. *Journal of Econometrics* 68(1), 29-51.

Arouna, A., Fatognon, I.A., Saito, K., Futakuchi, K., 2021. Moving toward rice self-sufficiency in sub-Sahara Africa by 2030: Lessons learned from 10 years of the Coalition for African Rice Development. *World Development Perspectives* 21, 100291.

Ba, H.A., de Mey, Y., Thoron, S., Demont, M., 2019. Inclusiveness of contract farming along the vertical coordination continuum: Evidence from the Vietnamese rice sector. *Land Use Policy*

87, 104050.

Bai, X., Yan, H., Pan, L., Huang, H.Q., 2015. Multi-agent modeling and simulation of farmland use change in a farming-pastoral zone: A case study of Qianjingou town in Inner Mongolia, China. *Sustainability* 7(11), 14802-14833.

Baland, J.M., Platteau, J.P., 1996. *Halting Degradation of Natural Resources: Is there a Role for Rural Communities?* Clarendon Press, Oxford.

Baland, J.M., Platteau, J.P., 1999. The ambiguous impact of inequality on local resource management. *World Development* 27(5), 773-788.

Balassa, B., 1965. Trade liberalization and "revealed" comparative advantage. *Manchester School of Economics and Social Studies* 33, 99-123.

Banerjee, A.V., Duflo, E., 2011. *Poor Economics: A Radical Rethinking of the Way to Fight Global Poverty*. Public Affairs, New York. ［山形浩生訳 2012.『貧乏人の経済学』みすず書房］.

Banerjee, S., Cason, T.N., de Vries, F.P., Hanley, N., 2017. Transaction costs, communication and spatial coordination in payment for ecosystem services schemes. *Journal of Environmental Economics and Management* 83, 68-89.

Bardhan, P., 1993. Analytics of the institutions of informal cooperation in rural development. *World Development* 21(4), 633-639.

Basu, K., 1997. *Analytical Development Economics: The Less Developed Economy Revisited*. The MIT Press, Cambridge, Massachusetts, London, England.

Battese, G.E., Coelli, T.J., 1995. A model for technical inefficiency effects in a stochastic frontier production function for panel data. *Empirical Economics* 20, 325-332.

Berger, T., Schreinemachers, P., Woelcke, J., 2006. Multi-agent simulation for the targeting of development policies in less-favored areas. *Agricultural Systems* 88(1), 28-43.

Bernard, T., Spielman, D.J., 2009. Reaching the rural poor through rural producer organizations? A study of agricultural marketing cooperatives in Ethiopia. *Food Policy* 34(1), 60-69.

Bingham, L.R., 2021. Vittel as a model case in PES discourse: Review and critical perspective. *Ecosystem Services* 48, 101247.

Blizkovsky, P., Grega, L., Verter, N., 2018. Towards a common agricultural policy in Africa? *Agricultural Economics-Zemedelska Ekonomika* 64(7), 301-315.

Blundell, R., Bond, S., 1998. Initial conditions and moment restrictions in dynamic panel data models. *Journal of Econometrics* 87(1), 115-143.

Bodin, Ö., Crona, B.I., 2008. Management of natural resources at the community level: Exploring the role of social capital and leadership in a rural fishing community. *World Development* 36(12), 2763-2779.

Borodina, O., Krupin, V., 2017. Is it possible to utilise the agricultural potential of Ukraine under the current agrarian system? *EuroChoices* 17(1), 46-51.

Bowles, S., 2004. *Microeconomics: Behavior, Institutions, and Evolution*. Princeton University Press, Princeton and Oxford. ［塩沢由典・磯谷明徳・植村博恭訳 2013.『制度と進化のミクロ経済学』NTT 出版］.

Brandt, L., Rozelle, S., Turner, M.A., 2004. Local government behavior and property right formation in rural China. *Journal of Institutional and Theoretical Economics* 160(4), 627-662.

Bremer, L.L., Farley, K.A., Lopez-Carr, D., 2014. What factors influence participation in payment for ecosystem services programs? An evaluation of Ecuador's SocioPáramo program. *Land Use Policy* 36, 122-133.

Cardenas, J.C., Stranlund, J., Willis, C., 2000. Local environmental control and institutional crowding-out. *World Development* 28(10), 1719-1733.

Carlile, R., Kessler, M., Garnett, T., 2021. What is food sovereignty? TABLE Explainer Series. TABLE, University of Oxford, Swedish University of Agricultural Sciences and Wageningen University & Research.

Carter, M., Yao, Y., 2002. Local versus global separability in agricultural household models: The factor price equalization effect of land transfer rights. *American Journal of Agricultural Economics* 84(3), 702-715.

Clapp, J., 2017. Food self-sufficiency: Making sense of it, and when it makes sense. *Food Policy* 66, 88-96.

Cooke, B., Moon, K., 2015. Aligning 'public good' environmental stewardship with the landscape-scale: Adapting MBIs for private land conservation policy. *Ecological Economics* 114, 152-158.

Dayton-Johnson, J., Bardhan, P., 2002. Inequality and conservation on the local commons: A theoretical exercise. *Economic Journal* 112(481), 577-602.

de Janvry, A., Sadoulet, E., 2020. Using agriculture for development: Supply- and demand-side approaches. *World Development* 133, 105003.

Deci, E.L., 1971. Effects of externally mediated rewards on intrinsic motivation. *Journal of Personality and Social Psychology* 18(1), 105-115.

Deininger, K., Binswanger, H., 2001. The evolution of the World Bank's land policy. In: de Janvry, A., Gordillo, G., Platteau, J.P., Sadoulet, E.(Eds.), *Access to Land, Rural Poverty, and Public Action*. Oxford University Press, Oxford, pp. 406-440.

Deininger, K., Jin, S., 2005. The potential of land rental markets in the process of economic development: Evidence from China. *Journal of Development Economics* 78(1), 241-270.

Diallo, M., Wouterse, F., 2023. Agricultural development promises more growth and less poverty in Africa: Modelling the potential impact of implementing the Comprehensive Africa Agriculture Development Programme in six countries. *Development Policy Review* 41, e12669.

Duesberg, S., Bogue, P., Renwick, A., 2017. Retirement farming or sustainable growth — land transfer choices for farmers without a successor. *Land Use Policy* 61, 526-535.

Engel, S., 2016. The devil in the detail: A practical guide on designing payments for environmental services. *International Review of Environmental and Resource Economics* 9, 131-177.

Engel, S., Pagiola, S., Wunder, S., 2008. Designing payments for environmental services in theory and practice: An overview of the issues. *Ecological Economics* 65(4), 663-674.

Evenson, R.E., Kislev, Y., 1975. *Agricultural Research and Productivity*. Yale University Press, New Haven, Connecticut.

Ezzine-de-Blas, D., Wunder, S., Ruiz-Pérez, M., Moreno-Sanchez, R.D.P., 2016. Global patterns in the implementation of payments for environmental services. *PLOS ONE* 11(3), e0149847.

FAO (Food and Agriculture Organization of the United Nations), 1996. World Food Summit, Report of the World Food Summit. https://www.fao.org/3/w3548e/w3548e00.htm

Feng, G., Serletis, A., 2010. Efficiency, technical change, and returns to scale in large US banks: Panel data evidence from an output distance function satisfying theoretical regularity. *Journal of Banking & Finance* 34(1), 127-138.

Frey, B.S., Jegen, R., 2001. Motivation crowding theory. *Journal of Economic Surveys* 15(5), 589-611.

Frey, B.S., Stutzer, A., 2012. Environmental morale and motivation. In: Alan L.(Ed.), *The Cambridge Handbook of Psychology and Economic Behaviour*, Cambridge University Press, Cambridge, UK, pp. 406-428.

Fukuyama, F., 2001. Social capital, civil society and development. *Third World Quarterly* 22(1), 7-20.

Gallo, A., 2012. Trade policy and protectionism in Argentina. *Economic Affairs* 32(1), 55-59.

Glover, D., Kusterer, K., 1990. *Small Farmers, Big Business: Contract Farming and Rural Development*. Macmillan Press, London.

Gneezy, U., Rustichini, A., 2000. A fine is a price. *Journal of Legal Studies* 29(1), 1-17.

Gong, B., 2020. Agricultural productivity convergence in China. *China Economic Review* 60, 101423.

Hardin, G., 1968. The tragedy of the commons. *Science* 162, 1243-1248.

Harris, J.R., Todaro, M.P., 1970. Migration, unemployment and development: A two-sector analysis. *American Economic Review* 60(1), 126-142.

Hayami, Y., 1969. Sources of agricultural productivity gap among selected countries. *American Journal of Agricultural Economics* 51(3), 564-575.

Hayami, Y., Godo, Y., 2005. *Development Economics: From the Poverty to the Wealth of Nations: Third Edition*. Oxford University Press, Oxford and New York.

Hayami, Y., Kikuchi, M., 1981. *Asian Village Economy at the Crossroads: An Economic Approach to Institutional Change*. University of Tokyo Press, Tokyo. The Johns Hopkins University Press, Baltimore.

Hayami Y., Ruttan, V.W., 1971. *Agricultural Development: An International Perspective*. The Johns Hopkins University Press, Baltimore and London.

Hayami, Y., Ruttan, V.W., 1970. Agricultural productivity differences among countries. *American Economic Review* 60(5), 895-911.

Heckman, J., Ichimura, H., Smith, J., Todd, P.E., 1998. Characterizing selection bias using experimental data. *Econometrica* 66(5), 1017-1098.

Hegde, R., Bull, G.Q., 2011. Performance of an agro-forestry based Payments-for-Environmental-Services project in Mozambique: A household level analysis. *Ecological Economics* 71, 122-130.

Hicks, J.R., 1963. *The Theory of Wages, Second Edition*. MacMillan, London.

Holtz-Eakin, D., Newey, W., Rosen, H.S., 1988. Estimating vector autoregressions with panel data. *Econometrica* 56(6), 1371-1395.

Hopewell, K., 2016. The accidental agro-power: Constructing comparative advantage in Brazil. *New Political Economy* 21(6), 536-554.

Huang, C., Huang, T., Liu, N., 2014. A new approach to estimating the metafrontier production function based on a stochastic frontier framework. *Journal of Productivity Analysis* 42, 241-254.

Huang, J., Wei, W., Cui, Q., Xie, W., 2017. The prospects for China's food security and imports: Will China starve the world via imports? *Journal of Integrative Agriculture* 16(12), 2933-2944.

Huang, J., Yang, G., 2017. Understanding recent challenges and new food policy in China. *Global Food Security* 12, 119-126.

Huang, Z., Wu, B., Xu, X., Liang, Q., 2016. Situation features and governance structure of farmer cooperatives in China: Does initial situation matter? *The Social Science Journal* 53(1), 100-110.

IFPRI (International Food Policy Research Institute), 2020. *Agricultural Incentives*, Washington DC.

Ishihara, H., Pascual, U., 2009. Social capital in community level environmental governance: A critique. *Ecological Economics* 68(5), 1549-1562.

Ito, J., 2008. The removal of institutional impediments to migration and its impact on employment, production and income distribution in China. *Economic Change and Restructuring* 41(3), 239-265.

Ito, J., 2012. Collective action for local commons management in rural Yunnan, China: Empirical evidence and hypotheses using evolutionary game theory. *Land Economics* 88(1), 181-200.

Ito, J. 2022. Program design and heterogeneous treatment effects of payments for environmental services. *Ecological Economics* 191, 107235.

Ito, J., 2024. Impediments to efficient land reallocation in agriculture: Multi-agent simulation model of transaction costs and farm retirement. *Land Degradation & Development* 35(4), 1553-1566.

Ito, J., Bao, Z., Ni, J., 2016b. Land rental development via institutional innovation in rural Jiangsu, China. *Food Policy* 59, 1-11.

Ito, J., Bao, Z., Su, Q., 2012. Distributional effects of agricultural cooperatives in China: Exclusion of smallholders and potential gains on participation. *Food Policy* 37(6), 700-709.

Ito, J., Feuer, H.N., Kitano, S., Asahi, H., 2019. Assessing the effectiveness of Japan's community-based direct payment scheme for hilly and mountainous areas. *Ecological Economics* 160, 62-75.

Ito, J., Feuer, H.N., Kitano, S., Komiyama, M., 2018. A policy evaluation of the direct payment scheme for collective stewardship of common property resources in Japan. *Ecological Economics* 152, 141-151.

Ito, J., Li, X., 2023. Interplay between China's grain self-sufficiency policy shifts and interregional, intertemporal productivity differences. *Food Policy* 117, 102446.

Ito, J., Nishikori, M., Toyoshi, M., Feuer, H.N., 2016a. The contribution of land exchange institutions and markets in countering farmland abandonment in Japan. *Land Use Policy* 57, 582-592.

Jansuwan, P., Zander, K.K., 2021. What to do with the farmland? Coping with aging in rural Thailand. *Journal of Rural Studies* 81, 37–46.

Jones, E.C. 2004. Wealth-based trust and the development of collective action. *World Development* 32(4), 691–711.

Kaczan, D., Pfaff, A., Rodriguez, L., Shapiro-Garza, E., 2017. Increasing the impact of collective incentives in payments for ecosystem services. *Journal of Environmental Economics and Management* 86, 48–67.

Kerr, J.M., Vardhan, M., Jindal, R., 2014. Incentives, conditionality and collective action in payment for environmental services. *International Journal of the Commons* 8(2), 595–616.

Key, N., Runsten, D., 1999. Contract farming, smallholders, and rural development in Latin America: The organization of agroprocessing firms and the scale of outgrower production. *World Development* 27(2), 381–401.

Key, N., Sadoulet, E., de Janvry, A., 2000. Transactions costs and agricultural household supply response. *American Journal of Agricultural Economics* 82(2), 245–259.

Kikuchi, M., Hayami, Y., 1980. Inducements to institutional innovations in an agrarian community. *Economic Development and Cultural Change* 29(1), 21–36.

Kimura, S., Otsuka, K., Sonobe, T., Rozelle, S., 2011. Efficiency of land allocation through tenancy markets: Evidence from China. *Economic Development and Cultural Change* 59(3), 485–510.

Kislev, Y., Peterson, W., 1982. Prices, technology, and farm size. *Journal of Political Economy* 90(3), 578–595.

Koppenberg, M., Mishra, A.K., Hirsch, S., 2023. Food aid and violent conflict: A review and Empiricist's companion. *Food Policy* 121 102542.

Kornai, J., 1980. *Economics of Shortage*. North-Holland, Amsterdam.

Kripfganz, S., 2019. Generalized methods of moments estimation of linear dynamic data models. London Stata Conference. September 5, 2019.

Krugman, P., 1996. *Pop Internationalism*. The MIT Press, Cambridge, Massachusetts, London, England. [山岡洋一訳 1997. 『クルーグマンの良い経済学悪い経済学』日本経済新聞社].

Kuroda, Y., 1987. The production structure and demand for labor in postwar Japanese agriculture, 1952–82. *American Journal of Agricultural Economics* 69(2), 328–337.

Labonne, J., Chase, R.S., 2011. Do community-driven development projects enhance social capital? Evidence from the Philippines. *Journal of Development Economics* 96(2), 348–358.

Lam, W.F., 1996. Improving the performance of small-scale irrigation systems: The effects of technological investments and governance structure on irrigation performance in Nepal. *World Development* 24(8), 1301–1315.

Leonard, B., Kinsella, A., O'Donoghue, C., Farrell, M., Mahon, M., 2017. Policy drivers of farm succession and inheritance. *Land Use Policy* 61, 147–159.

Li, F., Liu, H., Wu, S., Wang, Y., Xu, Z., Yu, P., Yan, D., 2023. A PES framework coupling socio-economic and ecosystem dynamics from a sustainable development perspective. *Journal of Environmental Management* 329, 117043.

Li, X., Ito, J., 2021. An empirical study of land rental development in rural Gansu, China: The role

of agricultural cooperatives and transaction costs. *Land Use Policy* 109, 105621.
Li, X., Ito, J., 2023. Determinants of technical efficiency and farmers' crop choice rationality: A case study of rural Gansu, China. *Journal of Asian Economics* 84, 101558.
Li, X., Ito, J., 2024. Multiple roles of agricultural cooperatives in improving farm technical efficiency: A case study of rural Gansu, China. *Agribusiness*, 1-21.
Liang, Z., Ma, Z., 2004. China's floating population: New evidence from the 2000 census. *Population and Development Review* 30(3), 467-488.
Little, P.D., Watts, M.J., 1994. *Living Under Contract: Contract Farming and Agrarian Transformation in Sub-Sahara Africa*. University of Wisconsin Press, Wisconsin.
Liu, S., Carter, M.R., Yao, Y., 1998. Dimensions and diversity of property rights in rural China: Dilemmas on the road to further reform. *World Development* 26(10), 1789-1806.
Lohmar, B., 2006. Feeling for stones but not crossing the river: China's rural land tenure after twenty years of reform. *The Chinese Economy* 39(4), 85-102.
López-Gunn, E., 2012. Groundwater governance and social capital. *Geoforum* 43(6), 1140-1151.
Ma, W., Renwick, A., Yuan, P., Ratna. N., 2018. Agricultural cooperative membership and technical efficiency of apple farmers in China: An analysis accounting for selectivity bias. *Food Policy* 81, 122-132.
Ma, W., Zheng, H., Yuan, P., 2022. Impacts of cooperative membership on banana yield and risk exposure: Insights from China. *Journal of Agricultural Economics* 73(2), 564-579.
Ma, X., Heerink, N., Feng, S., Shi, X., 2015. Farmland tenure in China: Comparing legal, actual and perceived security. *Land Use Policy* 42, 293-306.
Mary, S., 2019. Hungry for free trade? Food trade and extreme hunger in developing countries. *Food Security* 11(2), 461-477.
Mauerhofer, V., Hubacek, K., Coleby, A., 2013. From polluter pays to provider gets: Distribution of rights and costs under payments for ecosystem services. *Ecology and Society* 18(4), 41.
McMillan, J., 2002. *Reinventing the Bazaar: A Natural History of Markets*. W.W. Norton & Company, New York and London. ［瀧澤弘和・木村友二訳 2007.『市場を創る バザールからネット取引まで』NTT 出版］.
Meeusen, W., van den Broeck, J., 1977. Efficiency estimation from Cobb-Douglas production functions with composed error. *International Economic Review* 18(2), 435-444.
Min, S., Waibel, H., Huang, J., 2017. Smallholder participation in the land rental market in a mountainous region of Southern China: Impact of population aging, land tenure security and ethnicity. *Land Use Policy* 68, 625-637.
Mishra, A.K., El-Osta, H.S., Shaik, S., 2010. Succession decisions in U.S. family farm businesses. *Journal of Agricultural and Resource Economics* 35(1), 133-152.
Molinas, J., 1998. The impact of inequality, gender, external assistance and social capital on local-level cooperation. *World Development* 26(3), 413-431.
Muradian, R., Corbera, E., Pascual, U., Kosoy, N., May, P.H., 2010. Reconciling theory and practice: An alternative conceptual framework for understanding payments for environmental services. *Ecological Economics* 69(6), 1202-1208.

Muradian, R., Rival, L., 2012. Between markets and hierarchies: The challenge of governing ecosystem services. *Ecosystem Services* 1(1), 93-100.
Murtinho, F., Eakin, H., López-Carr, D., Hayes, T.M., 2013. Does external funding help adaptation? Evidence from community-based water management in the Colombia Andes. *Environmental Management* 52, 1103-1114.
Murtinho, F., Hayes, T., 2017. Communal participation in payment for environmental services (PES): Unpacking the collective decision to enroll. *Environmental Management* 59, 939-955.
Narloch, U, Drucker, A.G., Pascual, U., 2017. What role for cooperation in conservation tenders? Paying farmer groups in the High Andes. *Land Use Policy* 63, 659-671.
O'Donnell, C.J., Rao, D.S.P., Battese, G.E., 2008. Metafrontier frameworks for the study of firm-level efficiencies and technology ratios. *Empirical Economics* 34, 231-255.
OECD, 2003. Farm Household Income: Issues and Policy Responses. OECD Publications Service, Paris.
OECD, 2018. Innovation, Agricultural Productivity and Sustainability in China, OECD Food and Agricultural Reviews. OECD Publishing, Paris.
OECD-FAO, 2021. OECD Agricultural Statistics. https://doi.org/10.1787/agr-data-en.
Olson, M., 1965. *The Logic of Collective Action, Public Goods and the Theory of Groups*. Harvard University Press, Cambridge, MA.
Ostrom, E., 1990. *Governing the Commons: The Evolution of Institutions for Collective Action*. Cambridge University Press, Cambridge.
Ostrom, E., 2005. Policies that crowd out reciprocity and collective action. In: Gintis, H., Bowles, S., Boyd, R., Fehr, E.,(Eds.), *Moral Sentiments and Material Interests: The Foundations of Cooperation in Economic Life*. The MIT Press, Cambridge, Massachusetts, London, England, pp. 253-275.
Otsuka, K., Liu, Y., Yamauchi, F., 2016. Growing advantage of large farms in Asia and its implications for global food security. *Global Food Security* 11, 5-10.
Otsuka, K., Muraoka, R., 2017. A Green Revolution for Sub-Saharan Africa: Past failures and future prospects. *Journal of African Economies* 26(S1), i73-i98.
Pate, N.J., Hendricks, N.P., 2020. Additionality from payments for environmental services with technology diffusion. *American Journal of Agricultural Economics* 102(1), 281-299.
Pingali, P., 2006. Westernization of Asian diets and the transformation of food systems: Implications for research and policy. *Food Policy* 32(3), 281-298.
Po, L., 2011. Property rights reforms and changing grassroots governance in China's urban-rural peripheries: The case of Changping district in Beijing. *Urban Studies* 48(3), 509-528.
Rizov, M., Pokrivcak, J., Ciaian, P., 2013. CAP subsidies and productivity of the EU farms. *Journal of Agricultural Economics* 64(3), 537-557.
Robalino J., Pfaff, A., 2013. Ecopayments and deforestation in Costa Rica: A nationwide analysis of PSA' initial years. *Land Economics* 89(3), 432-448.
Rode, J., Gómez-Baggethun, E., Krause, T., 2015. Motivation crowding by economic incentives in conservation policy: A review of the empirical evidence. *Ecological Economics* 117, 270-282.

Rodríguez-Robayo, K.J., Ávila-Foucat, V.S., Maldonado, J.H., 2016. Indigenous communities' perception regarding payments for environmental services programme in Oaxaca Mexico. *Ecosystem Services* 17, 163-171.

Roodman, D., 2009a. How to do xtabond2: An introduction to difference and system GMM in Stata. *The Stata Journal* 9(1), 86-136.

Roodman, D., 2009b. A Note on the theme of too many instruments. *Oxford Bulletin of Economics and Statistics* 71(1), 135-158.

Rosenbaum, P.R., 2002. *Observational Studies, Second Edition*. Springer, New York.

Runge, C.F., 1992. Common property and collective action in economic development. In: Bromley, D.W.(Ed.), *Making the Commons Work: Theory, Practice, and Policy*. ICS Press, San Francisco, California, pp. 17-39.

Salzman, J., Bennett, G., Carroll, N., Goldstein, A., Jenkins, M., 2018. The global status and trends of Payments for Ecosystem Services. *Nature Sustainability* 1(3), 136-144.

Schultz, T.W., 1964. *Transforming Traditional Agriculture*. Yale University Press, New Haven.

Sen, A., 1981. *Poverty and Famines: An Essays on Entitlement and Deprivation*. Clarendon Press, Oxford.

Sen, A., 1999. *Development as Freedom*. Oxford University Press, Oxford and New York. [石塚雅彦訳 2000. 『自由と経済開発』日本経済新聞社].

Shi, X., Chen, S., Ma, X., Lan, J., 2018. Heterogeneity in interventions in village committee and farmland circulation: Intermediary versus regulatory effects. *Land Use Policy* 74, 291-300.

Silva, J.V., Jaleta, M., Tesfaye, K., Abeyo, B., Devkota, M., Frija, A., Habarurema, I., Tembo, B., Bahri, H., Mosad, A., Blasch, G., Sonder, K., Snapp, S., Baudron, F., 2023. Pathways to wheat self-sufficiency in Africa. *Global Food Security* 37, 100684.

Simon, H.A., 1991. Bounded rationality and organizational learning. *Organization Science* 2(1), 125-134.

Skoufias, E., 1995. Household resources, transaction costs, and adjustment through land tenancy. *Land Economics* 71(1), 42-56.

Smith, J.A., Todd, P.E., 2005. Does matching overcome LaLonde's critique of nonexperimental estimators? *Journal of Econometrics* 125(1-2), 305-353.

Solow, R.M., 1957. Technical change and the aggregate production function. *The Review of Economics and Statistics* 39(3), 312-320.

Swinnen, J.F.M., 2007. *Global Supply Chains, Standards and the Poor*. CAB International, London.

Swinnen, J.F.M., Vranken, L., 2010. Reforms and agricultural productivity in Central and Eastern Europe and the Former Soviet Republics: 1989-2005. *Journal of Productivity Analysis* 33, 241-258.

Tacconi, L., 2012. Redefining payments for environmental services. *Ecological Economics* 73, 29-36.

Tang, L., Ma, X., Zhou Y., Shi, X., Ma, J., 2019. Social relations, public interventions and land rent deviation: Evidence from Jiangsu Province in China. *Land Use Policy* 86, 406-420.

Titmuss, R.M., 1970. *The Gift Relationship: From Human Blood to Social Policy*. George Allen and

Unwin, London.

Van Hecken, G., Bastiaensen, J., 2010. Payments for ecosystem services in Nicaragua: Do market-based approaches work? *Development and Change* 41(3), 421-444.

Vatn, A., 2010. An institutional analysis of payments for environmental services. *Ecological Economics* 69(6), 1245-1252.

Vollan, B., 2008. Socio-ecological explanations for crowding-out effects from economics filed experiments in southern Africa. *Ecological Economics* 67(4), 560-573.

Wade, R., 1988. *Village Republics: Economic Conditions for Collective Action in South India*. Cambridge University Press, Cambridge.

Wegner, G.I., 2016. Payments for ecosystem services (PES): A flexible, participatory, and integrated approach for improved conservation and equity outcomes. *Environment, Development and Sustainability* 18(3), 617-644.

Wegren, S.K., 2020. Can Russia's food export reach $45 billion in 2024? *Post-Communist Economies* 32(2), 147-175.

Weibull, J.W., 1995. *Evolutionary Game Theory*. The MIT Press, Cambridge, Massachusetts, London, England.

World Bank, 2006. China — Farmers Professional Associations Review and Policy Recommendations. Washington, DC.

Wunder, S., 2015. Revisiting the concept of payments for environmental services. *Ecological Economics* 117, 234-243.

Wunder, S., Engel, S., Pagiola, S., 2008. Taking stock: A comparative analysis of payments for environmental services programs in developed and developing countries. *Ecological Economics* 65(4), 834-852.

Zhang, H., Cheng, G., 2017. China's food security strategy reform: An emerging global agricultural policy. In: Wu, F., Zhang, H.(Eds.), *China's Global Quest for Resources*. Routledge, London and New York, pp. 23-41.

Zhang, Q.F., 2008. Retreat from equality or advance towards efficiency? Land markets and inequality in rural Zhejiang. *China Quarterly* 195, 535-557.

Zhang, Q.F., Ma, Q., Xu, X., 2004. Development of land rental markets in rural Zhejiang: Growth of off-farm jobs and institution building. *China Quarterly* 180, 1050-1072.

Zhang, S., Sun, Z., Ma, W., Valentinov, V., 2020. The effect of cooperative membership on agricultural technology adoption in Sichuan, China. *China Economic Review* 62, 101334.

Zhong, Z., Zhang, C., Jia, F., Bijman, J., 2018. Vertical coordination and cooperative member benefits: Case studies of four dairy farmers' cooperatives in China. *Journal of Cleaner Production* 172, 2266-2277.

あとがき

　本書は筆者の大学での講義ノートと既発表論文をベースに執筆された。論文の初出は引用文献を参照して欲しい。
　論考の一部は，中国の農業を対象としている。私の中国研究はIFPRI（International Food Policy Research Institute）でのプロジェクト研究を端緒としている。1985年に農業総合研究所（現農林水産政策研究所）に入所以来，もっぱら日本農業に関する研究に従事していた私にとっては，不惑の年でのチャレンジであった。
　1999年の1月に渡米し，その年の3月に中国大陸にはじめて足を踏み入れた。最初の調査地は甘粛省蘭州市であった。当地は黄土高原の裾野に位置しており，時節柄，農地はカラカラに乾燥し，黄河も断流寸前のように感じられた。1週間程度の滞在の後，江蘇省に移動して，農村企業（郷鎮企業）の発展をつぶさに観察する機会を得た。当時，中国農業科学院の院生であった王紅林君が通訳として随行してくれた。中国の事情に関してほとんど無知の私と，英語でのコミュニケーションが覚束ない王君との珍道中はおよそ1か月に及んだ。
　IFPRIでの3年間を終えて，帰国後も中国研究を続けることを決意した。中国に関連する様々な文献を濫読していたので，その投資コストを回収するといった程度の気持ちで始めた中国研究であった。当初は，江蘇省をフィールドとして，郷鎮企業の私有化や農地の貸借，農民専業合作社に関する調査を行った。現地で収集されたデータを用いての計量分析もさることながら，対面でのインタビューや調査票の作成にも，研究の面白さを感じることができた。江蘇省以外で言うと，生源寺眞一教授のお誘いで，雲南省での現地調査にも同行させていただいた。元陽県の棚田の美景は兎も角，少数民族の生活ぶりは，私にとっては強い衝撃であり，ある種のカルチャー・ショックで

もあった。

　言うまでもなく，外国研究の成否は共同研究者に係っている。そういった意味で，私は僥倖に恵まれた。感謝すべきすべての研究者の名前を記したいが，敢えて包宗順氏，蘇群氏，倪鏡氏の3名を挙げるにとどめる。

　20年余にわたる私の中国研究は，新型コロナウイルス感染症の蔓延によって中断し，どうもそのまま終末を迎えそうである。2018年に博士課程の学生として，私の研究室のメンバーとなった李欣儀さんが甘粛省の出身であったことから，当地での調査・研究が最後となった。最初と最後の調査地が同じというのは全くの偶然だが，蘭州市の町並みは20年前とは一変しており，経済成長のなんたるかを実感することができた。

［付記］
　本書は，以下の科学研究費助成事業（筆者代表者）による研究成果の一部である。

　基盤研究（B）　日中における農村共有資源の保全・管理に関する経済分析（課題番号　19380132）
　基盤研究（B）　企業の農業参入に関する日本・中国の比較研究（課題番号　24380123）
　挑戦的萌芽研究　日本の農地利用に関する経済分析（課題番号　16K14993）
　基盤研究（B）日中農業における直接支払制度の経済分析（課題番号　18H02284）
　基盤研究（B）日本・中国における農業経営体の経営成果と持続的発展（課題番号　21H02295）

索引

[アルファベット]

additionality　305, 306, 308, 310, 318, 331, 337

balancing property or covariate balance　338

CFA（Control Function Approach）　112, 113, 118-120, 292
common support or covariate overlap　338
compliance PES　304
conditionality　305
Correlated Random Effect（CRE）モデル　118-120
Cragg-Donald の Wald テスト　112

DID マッチング　340
Durbin-Wu-Hausman 検定　112
Doubly Robust　337

EPA: Economic Partnership Agreement　144

GATT（関税及び貿易に関する一般協定：General Agreement on Tariffs and Trade）　122, 142-145, 167, 257
　——ウルグアイ・ラウンド（Uruguay Round）　142-144
government-financed PES　307, 318, 326

Hansen test　206, 208

Inverse Probability Weighting（IPW）　337

MPS（Market Price Support）　140-142

PSE（Producer Support Estimate）　140-142, 205
PSM（Propensity Score Matching）　67, 69, 324, 325, 337, 338

selection on observables　338
SUTVA（Stable Unit Treatment Value Assumption）　39
System GMM　204, 206

user-financed PES　303, 304, 318

WTO（世界貿易機関：World Trade Organization）　53, 63, 64, 127, 135, 137, 141-145, 148, 151, 164, 167, 192, 257, 301
　——農業協定（6条, 10条, 12条）　145, 148, 329
　——農業合意　35, 56, 137, 158, 164, 202, 208

Zellner 推計（SUR: Seemingly Unrelated Regression Method）　112, 113

[ア行]

安定戦略（ESS: Evolutionary Stable Strategy）　283
鞍点（saddle）　283, 323
位相図（phase diagram）　282, 283, 324
一物一価　94, 127, 134, 135, 182, 188, 249, 250
1階条件（first-order condition）　14, 15, 18, 19, 31, 75, 88, 175, 187, 251, 252, 255, 270, 276, 296, 331, 348-350
一致推定量・値（consistent estimator/estimate）　51, 67, 113
一般化モーメント法（GMM: Generalized

Method of Moments） 203-205
一般均衡分析（general equilibrium analysis） 211
稲WCS 244, 247
因果推論（causal inference） 67, 68, 305, 307
請負農地 87
失われた30年 168
後ろ向きの推論（backward induction） 333
薄い市場（thin market） 127, 128, 130, 247
売渡価格（消費者価格） 232, 233, 245
ウルグアイ・ラウンド（Uruguay Round） 142-144
―― 農業交渉（農業合意） 142, 148, 257, 313
永続性（permanence） 306, 341
栄養不足人口（問題） 53, 128, 150, 158-163, 165
エコ・ファーマー制度 44
エッジワースのボックス・ダイアグラム（Edgeworth box diagram） 224, 225, 273
欧州連合（EU: European Union） 135, 249
オープン・アクセス（open access） 285
汚染者負担原則（PPP: Polluter Pays Principle） 218, 261-263, 301, 312

[カ行]

買入価格（生産者価格） 3, 52, 55, 137, 191, 201, 231-233
改革開放（政策） 66, 168
外出農民工 210
買付（価格）制度 53-55, 139, 209
外発的動機（extrinsic motivation） 339
外部性（externality）・外部効果（external effect） 218, 252, 253, 255, 256, 258-260, 265, 267, 268, 304, 306, 318, 319, 322, 331, 333, 339
―― の内部化 218, 301, 303
外部不経済の内部化 252

価格支持政策 49, 55, 115, 142, 232
価格受容者（price-taker） 1, 2, 14, 19, 36, 263
隠されたバイアス（hidden bias） 325
隠された情報（hidden information） 226, 307-309, 326, 332, 336
―― と行動（hidden information and action） 255
確信問題（assurance problem） 282
確率的フロンティア（生産）関数（SFPF: stochastic frontier production function） 13, 41, 50, 59, 73
過剰就業論 170
仮想的（な）反事実（counterfactual） 305, 331
価値判断 218-222, 224, 229
合作社 → 農民専業合作社
家庭農場 107, 118
株式会社 104, 105
貨幣の限界効用 230
可変的要素（variable input） 9, 11, 15, 16, 18
カレント・アクセス（current access） 137, 143
環境・生態系サービスに対する支払い（PES） 301-313, 315, 318, 323, 326, 331, 337, 341
環境保全型農業 44-46, 70, 254
環境保全型農業直接支払 44
慣習的農業（traditional agriculture） 6, 7
完全特化 182, 183, 185, 188
機械（M）技術・過程（mechanical or machinery technology/process） 5, 7, 12, 19-21, 23, 24, 30, 31, 33, 36, 41-43, 45-47, 70, 73, 74, 79
機会費用（opportunity cost） 14, 19, 302-304, 308, 311, 312
　農業労働の―― 93, 95, 191, 289, 290, 293
基幹的農業従事者 1, 3, 114, 315, 316, 321,

索 引

339, 342
技術効率性（technical efficiency） 1, 9-11, 13, 14, 26, 27, 35, 37, 40, 42, 43, 51, 59-63, 73, 74, 79
技術的限界代替率（MRTS: Marginal Rate of Technical Substitution） 21, 32, 49
偽装失業（disguised unemployment） 177
帰属価格（shadow price or imputed price） 18
規範的分析（normative analysis） 218, 221
規模の経済（economies of scale） 9, 11, 22-24, 32, 47, 294, 323, 349, 350
基本法農政 102
（売買）逆ざや 231, 233, 234, 237
逆選抜（adverse selection） 226, 255, 307, 326
逆の因果関係（reverse causality） 112, 195, 205, 291, 324
逆U字仮説 294
供給関数（supply function） 16, 17, 26
共同行動（collective action） 285, 317
共同責任（joint liability） 307, 317, 325
共有資源（CPR: Common Property Resource） 265-267, 270, 276, 277, 280, 285-287, 293, 295, 306, 311, 315, 316, 318, 342
共有地の悲劇（tragedy of the commons） 266, 270, 272, 279, 282, 285, 316, 317
共通農業政策（CAP: Common Agricultural Policy） 41, 152
共和分検定（cointegration test） 46, 205
局所的な因果効果（LATE: Local Average Treatment Effect） 67
クラウディング・イン，アウト（crowding in, out） 310-312, 317, 323, 325
経営所得安定対策 45, 78, 223
傾向スコア（PS: Propensity Score） 124, 324, 338, 340
――・マッチング（PSM: Propensity Score Matching） 67, 124
契約曲線（contract curve） 225, 273

契約栽培 69, 70
契約の不完備性（incomplete contract） 117
欠落変数 163, 195
限界生産力の逓減（diminishing marginal productivity） 11
顕示比較優位（RCA: Revealed Comparative Advantage）指数 168, 199, 208
顕示メカニズム（revelation mechanism） 337
減反（政策） 36, 44, 233-236, 238-243, 247, 248, 322
限定された合理性（bounded rationality） 280
交易条件（terms of trade） 3, 114, 115, 121, 188, 189
交換権原（exchange entitlement） 145, 147
攻撃的保護率 202, 203
攻撃的歪曲率（ADR: Aggressive Distortion Rate） 203, 207, 208
耕作者主義 104
耕作放棄地（abandoned farmland） 37, 78, 79, 81, 86, 92-94, 96-98, 100, 101, 103, 105, 108-110, 112-115, 310, 319, 321, 330, 333, 338-342
合成関数 17, 345-347
厚生経済学（welfare economics） ii, 217-221, 226
――の基本定理 86, 226
合成微分 348
高度経済成長（期） 48, 77, 102, 168, 251
効率的かつ安定的な経営体 40, 82, 103
コース的アプローチ（Coasean approach） 254, 256, 303, 304, 318
コースの定理（Coase theorem） 218, 223, 255, 257, 263
コーディネーション・ゲーム（coordination game） 281
コーディネーションの失敗（coordination failure） 295
国際小麦協定（IWA：International Wheat

Agreement) 152
国内支持 127, 141, 143, 144, 167, 202, 208, 313
互恵性 311
戸籍（戸口）管理制度 106, 173
個体固定効果と年次固定効果（2次元固定効果） 45, 161, 162, 206, 208
国家徴用 121, 122
国境措置 ii, 137, 143, 147, 167, 191, 208, 217, 218, 233, 247, 292
固定効果（FE: Fixed Effects） 45, 47, 112, 113, 119, 161, 204
──モデル（fixed effects model） 117, 161, 162, 195, 202
固定的要素（fixed input） 9, 17, 18, 33, 75
コブ＝ダグラス（CD: Cobb-Douglas form） 12, 349
分離型──（SCD: Separated Cobb-Douglas） 12, 41
戸別所得補償制度 239, 370
米政策改革大綱 35, 44, 238
コメの生産調整（減反政策） ii, 35, 44, 217, 233, 235, 321, 326
米の直接支払交付金 38, 46, 233, 245, 246
混合戦略（mixed strategy） 283, 297, 298
混住化 314, 316, 320

[サ行]

最恵国待遇，内国民待遇 143
最小2乗法（OLS） 45, 112
2段階──（2SLS: 2-Stage Least Squares method） 45
3段階──（3SLS: 3-Stage Least Squares method） 45, 162, 163
最低買付価格制度 54, 209
最適化問題（optimization problem） 2, 14, 30, 82
最適反応関数（BRF: Bes Response Function） 271, 332
参加条件（participation condition） 332, 333

3権分離 55, 105, 125
産出距離関数（ODF: Output Distance Function） 24, 27, 49, 52
山村振興法 327
3段階最小2乗法（3SLS: 3-Stage Least Squares method） 45, 162, 163
三農問題 64, 71
3面等価の原則 183
残余請求権者（residual claimant） 42, 95
シェパードのレンマ（Shephard's lemma） 349
死荷重（deadweight loss） 176, 178, 231, 234, 249
資源配分（resource allocation） 117, 217-219, 221-223, 226, 229, 250-252, 256, 257, 263, 268
自己選択（self-selection） 65, 67, 69
自作農主義 102
市場アクセス 127, 143-145
市場機構（market mechanism） 217, 226, 268, 295
市場統合 249-251
市場の失敗（market failure） 42, 252, 253, 255, 256, 261, 268, 301, 313, 318
次善の策 333
持続可能な開発目標（SDGs: Sustainable Development Goals） 53, 302
実証的分析（empirical/positive analysis） 218
私的供給曲線 255, 256, 258, 260, 262
ジニ係数（Gini coefficient） 209, 216, 287, 288, 292, 293, 321, 339
資本の分割不可能性 22
社会権規約（ICESCR: International Covenant on Economic, Social and Cultural Rights） 152
社会的異質性 292, 294
社会的規範 311
社会的供給曲線 255, 256, 258, 260, 262
社会的厚生（social welfare） i, 218-221

索 引　　371

社会的無差別曲線（social indifference
　　curve）　181, 183
社会的余剰（social surplus）　176, 226-228,
　　231, 234, 238, 243, 247, 250, 251, 254,
　　255, 257, 258, 260-263
社会的制裁（social ostracism）　291, 316,
　　317
弱相関仮説　119
借地主義　102
私有財産制度（private ownership）　217
囚人のジレンマ（prisoners' dilemma）　277,
　　278
集団転作　321-333
集団農場　207
自由で公正な国際貿易　128, 151
尤度比検定（likelihood ratio test）　60
収入減少影響緩和対策（「ナラシ」）　38
自由貿易協定（FTA: Free Trade Agreement）
　　131
シュタッケルベルグ均衡（Stackelberg
　　equilibrium）　273, 274
主要食糧の需給及び価格の安定に関する法
　　律（食糧法）　37, 43, 233, 235, 248
条件付独立性の仮定（CIA: Conditional
　　Independence Assumption）　325, 338
条件不利地域（対策）　101, 301, 313, 330,
　　335
小国の仮定（small country assumption）
　　247, 250
小農排除（smallholder exclusion）　65, 67,
　　69
消費者主権（consumer sovereignty）　219
消費者負担（型）　37, 38, 248
消費者余剰（consumer's surplus）　227-229,
　　231, 241-243, 247-250, 253, 255-257,
　　260, 262
消費の競合性・非競合性（集団性・非集団
　　性）　160, 267, 270
消費の排除可能性・不可能性　267
商品化（commodification）　304

情報の非対称性（information asymmetry）
　　86, 101, 227, 333
除外制約（excluded restriction）　67, 112
食料安全保障（food security）　ii, 36, 53, 55,
　　56, 127, 145, 147-149, 151, 152, 158, 161,
　　162, 164, 253
食糧管理法（食管法）　37, 232, 233, 235,
　　237
食料危機　56, 148, 151, 198
食料支援（food assistance）　156-158, 164
食料主権運動（food sovereignty movement）
　　56
食料の安定供給　43, 105, 142, 152, 156, 253
食料・農業・農村基本法（新基本法）　40,
　　43, 48, 327
食料不足問題　127
助成合計量（AMS: Aggregate Measurement
　　of Support）　141, 143, 202
所得分配（income distribution）　217, 218,
　　221-223, 263, 285, 290, 293, 312
処理効果　68, 69, 124, 125, 306, 325, 339-
　　342
　　──分析　125, 338, 339, 341
飼料用米（政策）　38, 39, 217, 218, 243-247
新型コロナウイルス感染症　148, 366
新型農業経営体系　82
進化論的ゲーム理論（evolutionary game
　　theory）　266, 279, 280
人民公社　65-69, 87, 105, 287, 288, 292
信用ある脅し（credible threat）　291, 316,
　　341
垂直統合（vertical integration）　48, 70-74,
　　115, 117, 120
水田活用の直接支払　38
　　──交付金　38, 233
水田「本作化」　39, 233, 243, 245, 246
スクリーニング・ゲーム（screening game）
　　337
生産者余剰（producer's surplus）　228, 229,
　　231, 234-236, 247-250, 254, 255, 257,

260, 262
生産可能性集合（production possibility set）　1, 9, 15, 19, 27, 180
生産関数（production function）　1, 8-10, 12-17, 21, 22, 24-26, 28, 32, 33, 41, 45-47, 50, 60, 74-77, 82-84, 89, 175, 176, 178
生産条件不利補正対策（「ゲタ」）　38
生産責任制度　87, 292
生産費及び所得補償方式　232, 233
生産補助政策　49, 52, 54, 55, 117, 139
成長会計分析（social accounting analysis）　29, 30, 57, 62
西部大開発　57
生物・化学技術（BC）・過程（biochemical technology/process）　5, 9, 12, 14, 30, 41-43, 45-47, 73, 74, 79, 95
世界食料（安全保障）サミット　53, 128, 145, 151, 152, 164
世界食糧計画（WFP: World Food Programme）　152
世界人権宣言（Universal Declaration of Human Rights）　112
絶対優位（劣位）　180, 184, 185
セレクション・バイアス（selection bias）　306, 339
ゼロ次同次（性）（homogeneity of degree zero）　17, 26, 83, 175, 184, 210, 211
選択的拡大　48, 102
選択的減反　238, 240
センの潜在能力　219, 220, 230
全微分　2, 21, 25, 28, 178, 213, 343, 345-347
占補平衡政策　122
戦略作物　38, 39, 218, 233, 243, 245
総合生産性（TFP: Total Factor Productivity）　30, 63
相互監視（peer monitoring）　307, 317, 326
相互協調確率　283, 284, 290, 291, 323
操作変数（instrumental variable）　67, 73, 80, 112, 118, 119, 204-206, 208, 291, 292

――法（instrumental variables estimation method）　41, 67, 112, 120, 163
双対性（duality）　350
双務的・互酬的な関係（patron-client relationship）　293
ソーシャル・キャピタル（social capital）　320, 322, 326, 331
遡及返還　305, 307, 326, 327, 332, 337
ソフトな予算制約（soft-budget constraint）　39, 41

[タ行]

ターゲティング（targeting）　308, 309, 326
ダイナミック・パネル分析（dynamic panel analysis）　203, 204
タイル指数（Theil index）　64, 209
多重比較（pairwise mean comparison）　42, 60
ただ乗り（free-ride）　282, 285, 291, 293, 294, 307, 316, 323
多面的機能（multifunctionality）　53, 142, 253, 254, 260, 261, 306, 313, 318, 319, 330, 331, 333
　農業の――（agricultural multifunctionality）　53, 142, 253, 254, 258, 318, 333
　――支払　44, 255, 258
　――支払交付金制度　306, 310
単位根検定（unit root test）　46, 161, 205
チーム生産における $1/n$ 問題　277
逐次体系（sequential system）　163
中山間地域等直接支払制度　306, 307, 309, 310, 327-329, 342
中立的技術進歩・変化（neutral technological progress/change）　28, 29, 45, 46
直接支払制度　ii, 35, 37, 38, 43, 55, 301, 302, 305-307, 313, 326
定常性テスト（stationary test）　46, 161, 205
出不足金　287, 289, 290, 292, 293, 316
デミニミス（de-minimis）　202

索引

転換点（turning point） 176, 177
転作奨励金（減反補助金，減反奨励金） 234-236, 239-241
統計的因果推論 305
等費用直線（iso-cost line） 20
等利潤直線（iso-profit line） 15, 17
等利得曲線 272-274, 334, 335
等量曲線（iso-quant） 19, 31, 273
ドーハ開発アジェンダ（DDA: Doha Development Agenda） 144, 202
特定農山村法 327
特定法人貸付 105
特別かつ異なる待遇（S&D：Special and Differential Treatment） 145
土地株式合作社（制度） 107, 122-125
土地管理法 106, 107, 122
土地持ち非農家 37, 76, 77, 108-110, 113, 114
トランス・ログ型（trans-log form） 50
トリガー戦略（trigger strategy） 277, 278
取引費用・取引コスト（transaction cost） 65, 69, 86, 90-93, 95, 97, 98, 101, 112, 117, 118, 120, 125, 223, 257

[ナ行]

内外価格差 134-137, 140, 141
内生性（問題） 41, 45, 67, 73, 112, 204, 205, 338
内発的動機（intrinsic motivation） 311, 312, 317
ナッシュ均衡（Nash equilibrium） 271-273, 275, 277, 278, 280, 281, 283, 296-299, 316, 317, 320, 333, 335, 343
ナッシュ交渉解（Nash bargaining solution） 295
2階条件（second-order condition） 15, 16, 20-22, 49, 51, 83, 175, 331
2段階最小2乗法（2SLS: 2-Stage Least Squares method） 45
2段階推計法（two-stage least squares method） 112
担い手（政策） 7, 35-38, 40-42, 64, 77, 78, 87, 115, 238, 310, 320, 329, 342
二分法 220, 223
日本型直接支払制度 ii, 301, 302, 305-307, 313, 326
ニュメレール（numéraire） 239
認定新規就農者 342, 343
認定農業者 103, 239, 342
ネガ方式・ポジ方式 35, 36, 44-47, 236
年次固定効果 119, 161, 202, 206, 208
農家以外の農業事業体 78, 107, 113-115, 120, 123
農家の主体均衡 76
農業基本法（旧基本法） 40, 48
農業経営基盤強化促進法 87, 103, 105, 343
農業経営体 7, 35, 38, 76, 78, 82, 87, 103, 107, 314, 321, 323
農業合意（AoA: Agreement on Agriculture） 35, 56, 137, 142, 143, 158, 164, 202, 208
農業産業化 36, 64
農業生産法人 82, 101, 103-105
農業の構造改善 87
農業の構造問題 75, 79
農業の多面的機能（agricultural multifunctionality） 53, 142, 253, 254, 258, 318, 333
農業保護政策 114, 127, 202
――と構造政策の結節点 114
農業モダリティ 202
農場規模と土地生産性の逆相関 73, 79
納税者負担（型） 37, 38, 248
農村生産者組織 35, 36
農地所有適格法人 104, 105
農地中間管理機構（農地バンク） 87, 92, 101, 105, 110
農地（賃）貸借 ii, 55, 70-73, 81, 82, 87, 89-91, 95, 97, 98, 100, 107-112, 114-118, 120-125, 321, 323
農地法 87, 92, 102-105, 111, 112

農地保有合理化法人　87, 102, 105, 110
農地・水・環境保全向上対策　44, 319
農地リース方式　105
農地利用集積円滑化事業　87
農民工・流動人口　106, 173, 179, 210
農民専業合作社（合作社）　36, 64-74, 82, 107, 115-120, 122, 123, 125, 365
農用地利用増進事業（法）　103

[ハ行]

ハーフィンダール＝ハーシュマン指数（Herfindahl-Hirshman index）　199
排他的経済水域（EEZ: Exclusive Economic Zone）　267
配分効率性（AE: Allocative Efficiency）　1, 36, 49, 51, 52, 55
派生需要（derived demand）　84, 126
畑作物の直接支払（「ゲタ」）　38
パネル・データ（panel data）　40, 117, 161, 195, 205, 208
ハリス＝トダロ・モデル（Harris-Todaro model）　167, 177
パレート効率性（Pareto efficiency）　226, 238, 239, 242, 248, 335
パレート最適（Pareto optimal）　220-226, 228, 229, 239, 273
パレート劣位（Pareto inferior）　265, 272, 273, 280, 284, 335
比較静学（comparative statics）　2, 16-18, 20, 84, 165, 347, 348
比較生産費　201, 202, 206
比較優位（comparative advantage）　167, 168, 179, 184-186, 197, 199-201, 203, 207
　――の原理（principle of comparative advantage）　167, 179, 182, 185, 186, 203, 207
ピグー的アプローチ（Pigouvian approach）　255, 256, 275, 304
非市場的価値　250, 253

非点源汚染（non-point source pollution）　263
人・農地プラン（地域計画）　86, 87, 101
費用最小化（cost minimization）　19-22, 349, 350
品目横断的経営安定対策　38, 103, 277, 279, 316
フォークの定理（folk theorem）　277, 279, 316
複数産出の生産関数（multiple-output production function）　1, 24, 26, 50
不公平回避　326
不測の事態への備え　145, 151
プリンシパル＝エージェント（PA: Principal-Agent）理論　331
フロンティア生産関数（frontier production function）　1, 35, 36, 62
平均処理効果（ATE: Average Treatment Effect, ATET: Average Treatment Effect on the Treated）　68, 69, 124, 125, 324, 325, 337, 340-342
ペティ＝クラーク法則（Petty-Clark's law）　167, 168, 170
変換曲線（transformation curve）　25, 26, 49, 180, 181
偏向的技術進歩・変化（biased technological progress/change）　28, 30, 31, 45
変量効果（RE: Random Effects）　117
貿易の利益　151, 183, 218, 247, 250, 258, 260-262
貿易歪曲的　202, 209
包括的アフリカ農業開発プログラム（CAADP: Comprehensive Africa Agricultural Development Program）　164
豊作貧乏　148, 234, 236, 249
ポジ数量配分（ポジ方式）　35, 44, 233
補償原理　218, 243, 247
補助金の地代化（capitalization of agricultural subsidy）　117

ホテリングのレンマ（Hotelling's lemma）
　348, 349
本作化　39, 218, 233, 243, 245, 246
　水田——　39, 233, 243, 245, 246

[マ行]

マルチ・エージェント・モデル（MMA:
　Multi Agent Model）　92
見えざる手（invisible hand）　82, 86
緑・青・黄の政策　143, 164, 202
緑の革命（Green revolution）　5-7, 165
緑の政策（green box policy）　143, 164
ミニマム・アクセス（minimum access）
　137, 143, 233
ミレニアム生態系評価　302
無限繰り返しゲーム　277, 279
無作為化　306
名目助成率（NRA：Nominal Rate of
　Assistance）　141, 205
名目保護率（NRP：Nominal Rate of
　Protection）　141, 205
メタ・フロンティア（生産）関数（meta
　frontier production function）　60, 61
モチベーション・クラウディング
　（motivation crowding）　310
モラル・ハザード（moral hazard）　255, 308

[ヤ行]

誘因両立性条件（incentive compatibility
　condition）　332
有益費問題　91
誘発的技術進歩（induced innovation）　32
輸出補助（輸出競争・輸出規律）　127, 143,
　144, 158, 165, 203, 208
輸入代替工業化　205
要素交易条件（factorial terms of trade）
　188, 189

要素需要関数（factor demand function）　16,
　17, 83, 348, 349
要素代替（factor substitution）　32
要素比率に関する収穫逓減　11, 13
要素賦存（factor endowments）　8, 32, 36, 57
予算制約（budget constraint）　183, 212
余剰処理原則（FAO principle of surplus
　disposal）　157

[ラ行]

ラグランジュ未定乗数法（Lagrange
　undetermined multiplier method）　20,
　349
利潤関数（profit function）　17, 350
利潤最大化（profit maximization）　14-16,
　18, 20, 22, 25, 26, 31, 51, 175, 187, 251,
　252, 255, 348, 350
離農（選択．点）　37, 76-79, 81, 92-98, 100,
　101, 109, 243
龍頭企業　82, 107, 120, 123, 125
留保価格（RP: Reservation Price）　146, 227,
　229, 253, 255
臨時買付保管制度　54, 210
レプリケーター・ダイナミックス（RD:
　Replicator Dynamics）　280
労働節約的・資本使用的（バイアス）　32,
　36, 47
ロールズ（Rawls）型厚生関数　220
ロシアによるウクライナ侵攻　133, 148,
　199

[ワ行]

和諧社会　57
割替え　87, 88, 106, 120, 287, 288, 292, 293,
　295
ワルラス的調整過程　182, 188
ワルラス法則（Walras' lawn）　184, 210-212

著者略歴

伊藤順一（いとう じゅんいち）
京都大学大学院農学研究科教授，農学博士（東京大学）
1959年長野県生まれ．東京大学農学部農業経済学科卒．1985年農林水産省農業総合研究所（現農林水産政策研究所）入所．農林水産省農林水産政策研究所評価・食料政策部食料需給研究室長，同研究所上席主任研究官を経て，2011年京都大学大学院農学研究科・地球環境学堂准教授．2013年京都大学大学院農学研究所教授，現在に至る．
1997年および2014年日本農業経済学会誌賞受賞，2018年地域農林経済学会誌賞受賞．
主要業績に，「穀物の国際貿易における政策バイアスと顕示比較優位」（『農業経済研究』第96巻第1号，pp. 1-17, 2024年）；"Interplay between China's grain self-sufficiency policy shifts and interregional, intertemporal productivity differences," *Food Policy* 117, 102446, 2023年；"Program design and heterogeneous treatment effects of payments for environmental services," *Ecological Economics* 191, 107235, 2022年，などがある．

食料・環境経済学
政策研究のテーマと実証

2025年2月18日　第1版第1刷発行

著　者　伊　藤　順　一

発行者　井　村　寿　人

発行所　株式会社　勁　草　書　房
112-0005 東京都文京区水道2-1-1　振替 00150-2-175253
（編集）電話 03-3815-5277／FAX 03-3814-6968
（営業）電話 03-3814-6861／FAX 03-3814-6854
本文組版　プログレス・印刷　平文社・製本　松岳社

©ITO Junichi　2025

ISBN978-4-326-50511-1　Printed in Japan

JCOPY　〈出版者著作権管理機構 委託出版物〉
本書の無断複製は著作権法上での例外を除き禁じられています．複製される場合は，そのつど事前に，出版者著作権管理機構（電話 03-5244-5088, FAX 03-5244-5089, e-mail: info@jcopy.or.jp）の許諾を得てください．

＊落丁本・乱丁本はお取替えいたします．
　ご感想・お問い合わせは小社ホームページから
　お願いいたします．

https://www.keisoshobo.co.jp